Hans-Jürgen Becker

US-SPIONAGE FLUGZEUGE

Eine Szene wie aus einem Science Fiction-Film: Die Besatzung einer SR-71 hat sich in ihren Spezialanzügen vor ihrem Flugzeug in Position gestellt. Mit der SR-71 verfügte die US Air Force viele Jahre über einen überlegenen Aufklärer, dessen Leistungen nach wie vor unübertroffen sind. (Foto: NASA)

Hans-Jürgen Becker

US-SPIONAGE FLUGZEUGE

Einbandgestaltung: Günther Nord unter Verwendung einer Vorlage der Boeingmedia.

Bildnachweis: Boeingmedia, Central Intelligence Agency, LAGL-Dokumentation, Gerhard Lang, Lockheed Martin, McDonnell Douglas, NASA, National Museum of the US Air Force, Northrop Grumman, Ralf Swoboda, Teledyne Ryan, US Air Force, US Navy, Sammlung Becker

Eine Haftung des Autors oder des Verlages und seiner Beauftragten für Personen-, Sach- und Vermögensschäden ist ausgeschlossen.

ISBN 978-3-613-02979-8

1. Auflage 2008

Copyright © by Motorbuch Verlag, Postfach 103743, 70032 Stuttgart.
Ein Unternehmen der Paul Pietsch Verlage GmbH & Co.

Sie finden uns im Internet unter: www.motorbuch-verlag.de

Nachdruck, auch einzelner Teile, ist verboten. Das Urheberrecht und sämtliche weiteren Rechte sind dem Verlag vorbehalten. Übersetzung, Speicherung, Vervielfältigung und Verbreitung einschließlich Übernahme auf elektronische Datenträger wie CD-ROM, Bildplatte usw. sowie Einspeicherung in elektronische Medien wie Bildschirmtext, Internet usw. ist ohne vorherige Genehmigung des Verlages unzulässig und strafbar.

Lektorat: Alexander Burden
Innengestaltung: Jürgen Knopf
Satz: Medien und Printprodukte, 74321 Bietigheim-Bissingen
Druck und Bindung: Koko Produktionsservice, 70900 Ostrava
Printed in Czech Republic

Inhalt

Vorwort 6

Danksagung 7

In geheimer Mission – Spionageflüge über dem Ostblock 8

Skunk Works – das sagenumwobene Projektbüro 31

Lockheed U-2 – Einsätze und Technik 42

A-12, YF-12 und SR-71 – die phänomenale Blackbird-Familie 88

Mythen und Legenden – Area 51 und die US-Black-Programme 128

Predator, Dark Star, Global Hawk – die automatisierte Aufklärung 136

Anhang 154

    Baureihen- und Einzelübersicht Boeing KC/RC-135-Aufklärer 154

    Lockheed U-2 Einzelübersicht 157

    Lockheed A-12, M-21, YF-12A und SR-71 Einzelübersicht 163

    Personenverzeichnis 167

    Verzeichnis der Kodenamen 169

    Quellenverzeichnis 171

Vorwort

Die vorliegende Arbeit versteht sich als eine Dokumentation der Zeit- und Technikgeschichte. Neben der ausführlichen Darstellung der wichtigsten Flugzeugmuster wird von den zahlreichen US-Spionageflügen über Osteuropa, der damaligen Sowjetunion und China, aber auch von den Einsätzen an anderen Brennpunkten des Weltgeschehens, wie Kuba, Nahost und Vietnam, berichtet.

Nach dem Ende des Zweiten Weltkrieges kam es rasch zu einer Blockbildung zwischen Ost und West, die in einer Auseinandersetzung der Systeme mündete, die mit äußerster Härte geführt wurde und als »Kalter Krieg« in die Geschichte einging. Mehrfach spitzte sich diese Konfrontation derart zu, dass der Dritte Weltkrieg in den Bereich des Möglichen rückte. Markantestes Beispiel dafür ist die Kuba-Krise. Für die USA und die damalige UdSSR war es in Zeiten höchster Anspannung von geradezu existenzieller Bedeutung, ein genaues Bild über die Stärken und Schwächen der Gegenseite zu erhalten, so dass die Spionage ein besonderes Gewicht erhielt.

Die Sowjetunion hatte bereits in den 30er-Jahren damit begonnen, sich gegen äußere Einflüsse abzuschirmen. Ein Prozess, der nach dem Krieg weiter verfolgt wurde. Beschränkungen und Behinderungen betrafen aber nicht nur die wenigen Ausländer, die sich im Land aufhielten, sie trafen auch die Bürger der UdSSR selbst. Sie durften unter anderem nicht ungehindert ihr eigenes Land bereisen. Es existierten Sperrgebiete und so genannte geheime Städte, die hermetisch nach innen und außen abgeriegelt und auf keiner Landkarte verzeichnet waren. Große Bereiche der Rüstungsindustrie befanden sich hier, aber auch Forschungs- und Entwicklungsstätten. Dies alles war nur ein Teil einer umfangreichen Geheimhaltungspraxis. Ein anderer betraf das Zurückhalten von Informationen, respektive das gezielte Ausstreuen von Desinformationen. Presseveröffentlichungen waren grundsätzlich der Zensur unterworfen. Über vieles durfte nicht berichtet werden, so wurden große Unglücke grundsätzlich verschwiegen. Die Geheimhaltung ging soweit, dass das Veröffentlichen von Todesanzeigen in solchen Fällen untersagt war. Nach Auffassung der Zensoren ließen sie bestimmte Rückschlüsse zu, so hätte eine gehäufte Anzahl von Todesmeldungen in einer Murmansker Zeitung den Westen auf einen Unfall, wie etwa den Verlust eines U-Bootes, hinweisen können.

Neben diesen passiven Maßnahmen gab es auch das Offensivmittel der Desinformation. Gezielt wurden der Gegenseite unwahre Informationen als richtig zugespielt oder falsche und wahre Fakten vermischt. Eine Maßnahme, die die Sowjets besonders im Luftfahrtbereich anwendeten. Aus diesen Gründen stellten die USA frühzeitig Überlegungen zur Beschaffung von gesicherten Informationen an. 1949 starteten die Amerikaner und Briten den Versuch, Agenten in Osteuropa und in die Sowjetunion einzuschleusen. Die Rede ist von etwa 3.000 Personen. Das Unterfangen misslang, durch Verrat wurde das Gros der Spione vorzeitig gefasst. In dieser Situation kam der Luftaufklärung eine besondere Bedeutung zu und so drangen ab Ende der 40er-Jahre die ersten amerikanischen und britischen Spionageflugzeuge mehr oder weniger weit in den Luftraum der UdSSR ein. Solche Missionen blieben der Öffentlichkeit ebenso verborgen wie die daraus resultierenden Luftkämpfe, die sich zu einem geheimen Luftkrieg zwischen den USA und der Sowjetunion entwickelten und die Amerikaner mindestens 40 Flugzeuge und zahlreiche Besatzungen kostete. Beide Seiten bewahrten jahrzehntelang Stillschweigen darüber und auch heute ist noch nicht alles darüber bekannt. Lediglich der Abschuss einer U-2 am 1. Mai 1960 über Swerdlowsk und die damit verbundene Gefangennahme des US-Piloten Gary Powers durchbrach vorübergehend die Mauer des Schweigens. Der damalige Präsident der UdSSR, Nikita Chruschtschow, nutzte den Zwischenfall propagandistisch geradezu meisterhaft aus. Während er die USA als Aggressor an den Pranger stellte, der rücksichtslos in fremden Luftraum eindrang, wurde die Rolle der Sowjetunion als friedliebender Staat in aller Breite herausgearbeitet.

Während die ersten US-Spionageflüge noch mit umgebauten Serienflugzeugen erfolgten, bekam die Luftaufklärung Mitte der 50er-Jahre mit dem Einsatz der Lockheed U-2 eine neue Qualität. Das Muster konnte lange Zeit völlig unbehelligt von der gegnerischen Abwehr über der Sowjetunion operieren. Erst der Maifeiertag des Jahres 1960 zeigte die Grenzen des Flugzeuges auf, das in den 80er-Jahren als TR-1 beziehungsweise ER-2 seine Wiedergeburt erlebte. Welche Bedeutung die U-2 für die USA im Kalten Krieg hatte, wurde erst Jahre später bekannt. Danach lieferte das Flugzeug 90% aller Informationen über die Rüstungsaktivitäten der UdSSR.

Als die U-2 über der Sowjetunion verloren gegangen war, befand sich mit der A-12 / SR-71 bereits ein neuer Aufklärer in der Entwicklung. Ein Flugzeug, das mit Fug und Recht als technische Großtat zu bezeichnen ist und das einen Quantensprung im militärischen Flugzeugbau bedeutete. Es stellte alles bis dahin bekannte in den Schatten und gilt nach wie vor als unangreifbar. Dennoch wurde das Flugzeug in den 90er-Jahren überraschend ausgemustert. Als Grund wurden hohe Betriebskosten genannt. Insider vermuten jedoch etwas anderes und zwar die Verfügbarkeit eines Nachfolgers namens Aurora. Gibt es dieses Flugzeug wirklich oder ist alles nur Fiktion? Dieser Frage wird hier im Buch ebenso nachgegangen wie der zukunftsträchtigen Entwicklung von unbemannten Fluggeräten, die unter den Sammelbegriffen UVA und Drohnen geführt werden. Wenngleich Dutzende von Spionagesatelliten den Erdball umkreisen, werden auch künftig Spionageflugzeuge – ob bemannt oder unbemannt – für Sonderaufgaben benötigt, aber auch weil Satelliten im Kriegsfall vergleichsweise leicht auszuschalten sind. Dabei wird die Technik immer komplexer. Grund genug, auch diesem Bereich gebührend Platz einzuräumen und sich den geheimnisumwitterten

Danksagung

Entwicklungsstätten, wie den Skunk Works und dem sagenumwobenen Erprobungszentrum Area 51, zu widmen.

Abschließend noch ein klarstellendes Wort. Nicht nur die Amerikaner und Briten, auch die Russen bedienen sich der geheimen Luftaufklärung. Überflüge der USA sind zwar nicht bekannt geworden, die »grenznahe Aufklärung«, wie sie von den Amerikanern seit den 60er-Jahren mit RC-135 Spezialaufklärern praktiziert wird, wird aber auch von Russen durchgeführt und von den betroffenen Nationen mit Argwohn registriert. So beschwerte sich Norwegen in einer offiziellen Protestnote an Russland im September 2007 darüber, dass russische Flugzeuge immer wieder zu dicht an den norwegischen Luftraum heranfliegen und Russland selbst musste sich im Herbst 2007 bei Finnland für eine Luftraumverletzung durch Aufklärer entschuldigen.

An dieser Stelle möchte ich mich herzlich bei Herrn Gerhard Lang, der US Air Force, der US Navy und den Presse-Abteilungen der Firmen Martin-Lockheed, Boeing und Northrop-Grumman für die Überlassung von Bildmaterial bedanken. Darüber hinaus stammt das Gros der Abbildungen aus den Archiven der NASA, so dass mein herzlicher Dank auch nach dort geht. Und last but not least gilt mein Dank Herrn Ralf Swoboda für die Erstellung der aussagekräftigen Farbzeichnungen.

Hans-Jürgen Becker
Dortmund im Sommer 2008

US-Spionageflugzeuge

In geheimer Mission – Spionageflüge über dem Ostblock

In den frühen Morgenstunden des 8. Mai 1954 fanden sich auf dem Royal Air Force Stützpunkt Fairford in England die Besatzungen von drei RB-47E-Aufklärern zur Einsatzbesprechung ein. Ungewöhnlich war daran, dass die Besatzungen einzeln unterrichtet wurden. Doch das hatte seinen Grund. Zunächst sollten die Aufklärer gemeinsam in die Barent See fliegen und sich dabei bis auf 180 km dem sowjetischen Flottenstützpunkt Murmansk nähern. Es war geplant, dass zwei Flugzeuge des Trios hier abdrehen und zur Basis zurückkehren, während die dritte Maschine – die Serial Number 52-0268 – in das Gebiet der Sowjetunion eindringen und neun Flugplätze fotografieren sollte.

Der Geheimauftrag kam von höchster Stelle. Der Oberkommandierende des Strategic Air Command, General Curtis E. LeMay, wollte wissen, ob und in welcher Stückzahl das neue russische Jagdflugzeug MiG-17 Fresco* dort stationiert war. Ein heikler und schwieriger Auftrag für die Besatzung Harold R. Austin (Pilot), Carl Holt (Kopilot) und Vance Heavillin (Navigator). Die Mission lief wie geplant an. Nach dem Start ging es unverzüglich auf Kurs Murmansk. Im Zielgebiet angekommen, setzte sich die 52-0268 wie befohlen von den übrigen RB-47E ab und überflog exakt um 12:00 Uhr mittags das sowjetische Festland. Die russische Luftabwehr hatte zu dieser Zeit den in 12.200 m fliegenden Eindringen entdeckt und die Abfangjäger alarmiert. Die RB-47E war aber nur schwer zu fassen. Hersteller Boeing hatte bei der Entwicklung des Musters als eine der ersten Firmen überhaupt den deutschen Forschungsergebnissen im Bereich der Aerodynamik vertraut und das Muster mit Pfeilflügel und weit vor die Flügelvorderkanten geschobenen Triebwerkgondeln ausgestattet. Attribute, die dem sechsstrahligen Kampfflugzeug hohe Geschwindigkeiten im Unterschallbereich verliehen. Eine Eigenschaft, die Austin und seine Männer nutzten. Unbehelligt von der gegnerischen Abwehr konnten sie bei bestem Wetter die ersten Flugfelder fotografieren. Auf Höhe von Archangelsk kam es dann doch zur ersten Feindberührung. Sechs MiG-15 Fagot näherten sich der Boeing. Die Jagdflugzeuge flogen nebeneinander in gestaffelter Höhe. Die oberste MiG leitete den Angriff ein. Geschossgarben der schweren 37 und 23 mm Bordwaffen gingen über und unter der RB-47E vorbei. Dann setzte die zweite MiG den Beschuss fort. Jedoch schlug auch dieser Angriff fehl. Kopilot Carl Holt hatte inzwischen seinen Sitz nach hinten gedreht und die beiden ferngerichteten 20 mm Kanonen im Heck des Aufklärers aktiviert. Aber wie so oft hatten sie Ladehemmung. Erst als die dritte MiG ins Geschehen eingriff, konnte Holt einen kurzen Feuerstoß abgegeben. Dann aber versagten die Waffen endgültig ihren Dienst. Anscheinend hatte der Abwehrversuch jedoch bereits Wirkung gezeigt. Die zur 1619. IAP (IAP für Russ. »Jagdregiment«) gehörenden Maschinen drehten ab. Austin hatte während des Luftkampfes die RB-47E leicht angedrückt und erheblich an Fahrt aufgenommen. Nun führte er das Flugzeug wieder von 930 km/h auf 820 km/h zurück und glich auch den Höhenverlust aus. Kaum war das Manöver abgeschlossen, als sechs MiG-17 der 614.IAP auf den Plan traten. Erneut sahen sich Austin und seine Crew Angriffen ausgesetzt und diesmal kamen sie nicht so glimpflich davon. Treffer beschädigten eine Landeklappe und legten Teile der Funkanlage lahm. So überraschend die Angreifer aufgetaucht waren, so schnell zogen sie auch wieder ab.

Vermutlich reichte der Kraftstoff für eine weitere Verfolgung nicht aus. Trotz der Schäden führte die 52-0268 ihre Mission fort und fotografierte ein Ziel nach dem anderen. Ein Beweis außergewöhnlicher Nervenstärke der Besatzung. Während die Boeing ihren Auftrag erfüllte, gaben die Russen indes nicht auf. Erneut setzten sie Jagdflugzeuge auf den Eindringling an. Drei MiGs kreuzten nun die Bahn des Aufklärers und beschossen ihn. Wieder ohne Erfolg. Austin berichtete Jahrzehnte später, dass sich eine MiG für zwei bis drei Minuten so dicht neben ihn gesetzt hätte, dass er glaubte, er könnte dem Russen die Hände schütteln. Als die Jagdflugzeuge abdrehten, hatte der Aufklärer seinen Einsatz erfüllt. Nun ging es auf direktem Weg quer über Skandinavien auf Heimatkurs. Dabei musste die Crew mit Entsetzen feststellen, dass der Kraftstoff nicht mehr reichte. Etwa 360 km von der britischen Insel entfernt stand sie vor der Frage, was zu tun sei. Natürlich wurde an einen Absprung gedacht, doch damit wäre das gesamte Filmmaterial verloren gegangen. Austin ergriff die letzte Chance und versuchte über das defekte Funkgerät Kontakt zu den Tankerflugzeugen auf dem RAF-Stützpunkt Brize Norton herzustellen. Tatsächlich gelang das Unmögliche. Eine der KC-97 Besatzungen schnappte Wortfetzen auf. Da sich die Tanker- und Aufklärercrews aus vielen Einsätzen kannten, war der KC-97-Mannschaft sofort klar, um wen es sich handelte. Rasch stieg der Tanker auf, um der RB-47E zu Hilfe zu eilen, jedoch war die genaue Position des Aufklärers unbekannt. Doch wieder hatten Austin und seine Männer Glück. In aussichtsloser Lage fand der Tanker die Boeing. Später schwor Kopilot Holt, dass beim Kontakt mit der KC-97 sämtliche Tanks der RB-47E leer gewesen seien.

---

* Das Kürzel MiG steht für das Konstruktionsbüro **Mi**kojan und **G**urewitsch. Der Name Fresco wurde von der NATO vergeben. Da die Sowjets die genaue Bezeichnung ihrer Flugzeuge so lange wie möglich geheim hielten, verlieh die NATO jedem sowjetischen Muster einen Namen, der zugleich Rückschlüsse auf die Verwendung zulässt. Jagdflugzeuge begannen mit F (für Fighter), Bomber mit B (für Bomber), Transporter mit C (für Cargo), Trainer und übrige Muster mit M (für Miscellaneous). Propellerflugzeuge erhielten einen einsilbigen Namen, Strahlflugzeuge einen zweisilbigen.

In geheimer Mission – Spionageflüge über dem Ostblock

Mit der B-47 Stratojet setzte Boeing konsequent die deutschen Forschungsergebnisse auf dem Gebiet der Aerodynamik um und schuf ein optimal durchgebildetes Kampfflugzeug von hohem Leistungsvermögen. (Foto: USAF Museum)

Nach dem Transfer von sechs Tonnen Kraftstoff konnte die 52-0268 nach Hause zurückkehren, wo sie der Chef der Bodenmannschaft mit der Frage begrüßte: »mit welcher Art von Seemöve seid ihr denn kollidiert?«.

Der Erfolg der Mission war ebenso ungewöhnlich wie das Versagen der sowjetischen Abwehr, der es trotz mehrerer Angriffe nicht gelungen war, die RB-47E abzuschießen. Während Austin und seine Crew von General LeMay persönlich mit dem DFC (Distinguished Flying Cross) ausgezeichnet wurden, musste der Kommandeur der Luftstreitkräfte der Nordflotte, Leutnant General Borzow, seinen Platz räumen.

Mit dieser Schilderung eines spektakulären Einsatzes sind wir der Zeit etwas vorausgeeilt, so dass eine Rückkehr zu den Wurzeln und Ursachen der geheimen Aufklärungsflüge über der Sowjetunion, ihrer Satellitenstaaten und China angezeigt ist.

Nach dem Ende des Zweiten Weltkrieges in Europa waren rund 25.000 US-Soldaten, die sich in deutscher Kriegsgefangenschaft befunden hatten, in russische Hände geraten. Josef Stalin betrachtete sie als Faustpfand für künftige Verhandlungen, so dass an eine Freilassung nicht zu denken war. Um mehr über den Verbleib ihrer Soldaten zu erfahren, setzte die US Army Air Force P-38 Lightning-Aufklärer über Ostdeutschland ein, die in Luftkämpfe mit russischen Jägern verwickelt wurden. Es war der Beginn einer beispiellosen Kampagne, die sich über Jahrzehnte erstrecken sollte.

Als erste Maßnahme startete 1946 das »Peacetime Airborne Reconnaissance Program« (PARPRO), das eine grenznahe Aufklärung zum Ziel hatte. Flugzeuge der US Army Air Force und der US Navy flogen dicht an die Grenzen der kommunistischen Länder, um mit weitreichenden Kameras und Sensoren Material zu sammeln. Dem Tactical Air Command (TAC) und dem Strategic Air Command (SAC) standen

US-Spionageflugzeuge

dafür verschiedene Basen zur Verfügung. Die wichtigsten befanden sich in Alaska, Großbritannien, Deutschland, der Türkei und Japan.

Die Anflüge, die entweder direkt auf die Grenze zu oder an der Grenze entlang führten, riefen natürlich die gegnerische Abwehr auf den Plan. Eine Aktion, die durchaus von den Amerikanern gewollt war. Unter dem Begriff »Ferret« gab es Flugzeuge – aber auch Schiffe und Fahrzeuge – die für das Aufspüren, Lokalisieren und Analysieren von Radaranlagen mit Spezialempfängern und Oszillographen ausgestattet waren. In der Hauptsache wurden drei Merkmale des gegnerischen Funkmessgerätes erfasst: Frequenz, Puls und Radarstrahl. Für diesen Zweck flogen Auswerter mit, die in der Umgangssprache der Flieger als »Crows« oder »Raven« bezeichnet wurden. Zunächst kamen einige umgebaute C-47-Transporter als Ferret-Flugzeuge zum Einsatz. Sie boten genug Platz für Geräte und Mannschaften. Der Verlust von zwei Maschinen im August 1946 vor der Küste Jugoslawiens zeigte aber, dass das Muster nur eine Behelfslösung darstellte, die schnell ersetzt werden musste.

Modifizierte Kampfflugzeuge wie z.B. die Boeing B-47 und B-50 nahmen den Platz der C-47 ein. Sie waren leistungsstark und konnten dank ihrer Druckkabinen in großen Höhen operieren. Nachteilig für die Auswerter war der geringe Platz und fehlender Komfort an den meist fensterlosen Arbeitsplätzen, die sich in den ehemaligen Bombenschächten der Aufklärer befanden.

Im Rahmen dieser Missionen gab es immer wieder Luftraumverletzungen und Luftkämpfe. Bereits am 8. April 1950 ging eine in Wiesbaden gestartete Consolidated PB4Y-2 Privateer verloren. Lawotschkin La-11 Kolbenmotorjäger stellten das viermotorige Spezialflugzeug, als es an der littauischen Küste entlangflog. Von der zehnköpfigen Besatzung konnten nur zwei Crewmitglieder tot geborgen werden.

US-Präsident Truman sah solche Aktionen und Verluste mit Sorge. Er befürchtete, dass sich daraus ein großer Konflikt entwickeln könnte, so dass für die Ferret-Missionen (ab 5. Mai 1950 »Special Electronic Airborne Search Project«, SESP) einige Regeln aufgestellt wurden. Die wichtigsten lauteten: nicht näher als 40 km an die Grenzen der Ostblockstaaten heranfliegen, Überflüge von Ostblockländern nur mit ausdrücklicher Genehmigung des Präsidenten.

SAC-Chef LeMay war anderer Meinung. Nachdem ein so genannter WB-29 Wetteraufklärer am 29. August 1949 die Zündung der ersten sowjetischen Atombombe auf dem Testgelände in Nowaja Semlja registriert hatte, war er mehr denn je davon überzeugt, dass Aufklärungsflüge über der UdSSR unerlässlich

Aus dem schweren Kampfflugzeug B-24 Liberator leitete Consolidated für die US Navy die PB4Y Privateer ab. Ein Einfachleitwerk sowie neue Abwehrstände an den Rumpfseiten – so genannte Schwalbennester – bilden die Hauptunterschiede zur B-24. (Foto: US Navy)

In geheimer Mission – Spionageflüge über dem Ostblock

Aus dem schweren Nacht- und Allwetterjagdflugzeug P-61 Black Widow entwickelte Northrop die hier gezeigte Aufklärervariante F-15 Reporter. (Foto: Northrop)

seien. Für den Fall einer Auseinandersetzung hatte das SAC mehr als 200 Ziele in der Sowjetunion ausgewählt, die mit Atombomben belegt werden sollten. LeMay war der Auffassung, dass zur Zielfindung das Bordradar der Bomber nicht ausreiche, sondern Fotos der Zielgebiete vorhanden sein müssten.

Die grenznahen Missionen, denen eine ganze Reihe von US-Besatzungen zum Opfer fielen, wurden fortgesetzt. Dabei handelte es sich keineswegs um Einzelaktionen. Teilweise wurden bis zu 50 Einsätze am Tag gegen die Ostblockstaaten geflogen. Dabei teilten sich das TAC und das SAC die Aufgabe. So unterschiedlich die Kommandos waren, so verschieden war auch ihre Ausrüstung. Das TAC – das 1946 über elf Aufklärungsstaffeln verfügte – setzte zunächst bewährte Kolbenmotorflugzeuge aus dem Zweiten Weltkrieg ein. Es war eine Zeit, in der ein ganzer Katalog unterschiedlicher Typen für die Aufgabe des Erkunders herangezogen wurde. Unter ihnen befanden sich z.B. die A-26 Invader und die P-61 Black Widow, um nur zwei aus der Masse der umgerüsteten Flugzeuge zu erwähnen. Mit der Verfügbarkeit schnellerer, moderner Muster, wie der F-80 Shooting Star und der B-45 Tornado wandelte sich das Bild und die Propellermaschinen rückten rasch in den Hintergrund.

Beim SAC sah es ähnlich aus. Hier wurden die schweren Kampfflugzeuge B-29, B-50 und B-36 für die Aufgabe des Aufklärers adaptiert. Nach außen hin dokumentierten sich sämtliche Umbauten durch das Anfügen des Buchstaben R für Reconnaissance an die Typenbezeichnung*. Das SAC begann ab August 1948 mit der grenznahen Aufklärung. Das zuständige 72nd Strategic Reconnaissance Squadron setzte dabei die RB-29 (vormals F-13) teilweise ohne jegliche Bewaffnung ein. Durch den Ausbau der Abwehr konnte eine Steigerung der Höchstgeschwindigkeit auf 575 km/h in 7.000 m Höhe erreicht werden. Die Flüge, die von den USA aus über den Nordpol an den Osten der UdSSR führten, waren für die Besatzungen extrem anstrengend. Einsätze über 8.000 km Entfernung und eine Dauer von 24 bis 30 Stunden waren an der Tagesordnung. Bis zum Sommer 1949 hatten die Einheiten unter verschiedenen Kodenamen wie »Leopard«, »Rickrack«, »Stonework« und »Overcalls« 28 Ziele fotografiert und mehr als 1.800 Fotos erstellt. Dank leistungsstarker Kameras konnten Aufnahmen bis zu einer Entfernung von 160 km gefertigt werden.

Als am 25. Juni 1950 nordkoreanische Truppen den 38. Breitengrad überschritten und Südkorea angriffen, stand die Welt an der

Die mit Höhenmotoren, Druckkabine und ferngesteuerten Waffendrehtürmen ausgestattete Boeing B-29 Superfortress war der modernste und leistungsstärkste Langstreckenbomber des Zweiten Weltkriegs. Das Muster übernahm neben seiner eigentlichen Aufgabe noch viele andere. So fungierte es als Aufklärer, Tanker, oder wie hier dargestellt, als Seenotflugzeug mit abwerfbarem Rettungsboot. (Foto: USAF Museum)

---

*Am 18. September 1947 erfolgte die Gründung der US Air Force als selbständige Waffengattung. Damit ging auch eine Änderung der Typenbezeichnungen einher. Die wichtigsten betrafen die Jagd- und Aufklärungsflugzeuge. Der Kennbuchstabe P (für Pursuit) machte bei den Jagdflugzeugen dem Buchstaben F (für Fighter) Platz. Bei den Aufklärern ersetzte R (für Reconnaissance) das bis dahin übliche F (für Photographic).

US-Spionageflugzeuge

Schwelle eines globalen Konflikts. China unterstützte Nordkorea und es war nicht auszuschließen, dass sich der Koreakrieg zu einer Auseinandersetzung zwischen den USA und China ausweiten könnte. Im Dezember 1950 traf sich US- Präsident Harry S. Truman in Washington mit seinem britischen Amtskollegen Clement R. Attlee, um eine gemeinsame Strategie der geheimen Luftaufklärung über dem Ostblock festzulegen. Die Kernaussage der daraus resultierenden Vereinbarung lautete: Ausspähen durch Überfliegen der betreffenden Länder.

Bereits am 10. Mai 1949 hatte 1st Leutnant Bryce Poe mit einer RF-80A, die über extra große Flügelspitzentanks verfügte, von der Misawa Air Force Base in Japan aus einen Flug über die kyrillischen Inseln an der Ostgrenze der UdSSR durchgeführt und dabei erstmals fremdes Territorium überflogen. Dem Einsatz folgten weitere. Sie führten Poe unter anderem nach Wladiwostok und China. Dabei kam es zu verschiedenen Verfolgungsjagden durch Kolbenmotorjäger, die aber keinen Schaden anrichteten. Poe war sich darüber im Klaren, dass er im Falle einer Gefangennahme auf sich allein gestellt war und nicht auf den Beistand seines Auftraggebers hoffen durfte. Eine Tatsache, mit der sich alle Flugzeugführer von Spionageflugzeugen befassen mussten. Das, was man den Männern für ihre Spezialaufträge mitgab, war wenig. Neben Gift für einen Selbstmord kam später noch ein Flughandbuch für die MiG-15 hinzu, mit der Empfehlung, dass abgeschossene Piloten versuchen sollten, ein solches Flugzeug zu entführen, um damit zu flüchten! Ein geradezu aberwitziger Gedanke, der aber verdeutlicht, dass es für den Fall eines Abschusses keine wirkliche Lösung zur Rettung der oder des Fliegers gab. Mitentscheidend für eine Bergungsaktion war die Lage des Absturzortes. Der Raum um das Kaspische Meer bot noch die besten Aussichten. Es wird berichtet, dass dort immer wieder Grumman Albatros-Amphibienflugzeuge landeten und Agenten aufnahmen oder absetzten. 1956 soll auf diesem Weg ein deutscher Raketenforscher samt Familie aus der UdSSR geschleust worden sein.

Nach Abschluss des geheimen britisch-amerikanischen Abkommens zur Luftaufklärung begannen die Luftstreitkräfte sofort mit der Umsetzung und der ständigen Verletzung des sowjetischen Luftraumes.

Ab dem 16. Januar 1951 setzte die RAF Flight Leutnant Edward »Ted« C. Powles über China ein. Für die Aufgabe stand ein umgebauter Kolbenmotorjäger vom Typ Supermarine Spitfire Mk.19 bereit, der über zwei senkrecht eingebaute F.52 Kameras mit 91 cm-Objektiv verfügte. Wenngleich die Spitfire veraltet war, brachte sie beste Ergebnisse. Powles flog im Normalfall einen rund 1.000 km langen Küstenstreifen entlang und drang dabei fast 200 km tief in das Landesinnere vor. Dank seiner Flughöhe von 15.240 m konnte ihn die gegnerische Abwehr nicht fassen. Die Reisegeschwindigkeit von nur 200 km/h war dabei nebensächlich.

Neben China und der UdSSR richtete sich das Hauptaugenmerk der Amerikaner und Briten auf Ostdeutschland, das zunächst als Sowjetisch Besetzte Zone (SBZ) bezeichnet wurde und später als Deutsche Demokratische Republik (DDR) einen eigenen Staat bildete, der aber lange Zeit von keinem westlichen Land anerkannt wurde.

Zu den Besonderheiten der deutschen Teilung gehörte Berlin, das in vier Zonen unterteilt war, die unter amerikanischer, britischer, französischer und russischer Verwaltung standen und ringsherum von der SBZ umgeben waren. Die Westalliierten hatten neben einem Zugangsrecht über bestimmte Land- und Wasserwege auch drei Luftkorridore eingerichtet, über die sie Berlin anfliegen durften. Sie führten von Hamburg, Frankfurt und Bückeburg über das Gebiet der SBZ direkt nach Berlin. Die SBZ hatte sich schon bald nach dem Zweiten Weltkrieg zu einem Aufmarschplatz für russische Heeres- und Luftwaffenverbände entwickelt, so dass von westlicher Seite größtes Interesse an einem Ausspähen der Einheiten bestand.

Eine Aufgabe, die das 7499th Support Squadron übernahm, die zunächst in Wiesbaden und dann auf dem Rhein-Main-Flughafen stationiert war. Mit einer ganzen Reihe von Flugzeugmustern – alle als Transport-, Trainings- und Passagierflugzeuge getarnt – begann die Einheit ab 1948 mit der systematischen Erfassung von Bodenzielen und der Sammlung von ELNIT-Daten. Hinter dem Kürzel verbirgt sich der Begriff »Electronic Intelligence«, also elektronische Aufklärung. Sie dient unter anderem dazu festzustellen, auf welchen Frequenzen das Radar arbeitet und in welchem Arbeitsmodus sich das erfasste Gerät befindet. Dies kann z.B. der allgemeine Suchmodus oder der Erfassungsmodus sein.

Für die von Hamburg und Frankfurt nach Berlin führenden Luftkorridore war die Flughöhe auf 3.000 m begrenzt. Von Bückeburg aus durfte etwas höher geflogen werden. Die amerikanischen Aufklärer hielten sich mit ihren umgebauten C-97 und T-29 jedoch nur selten an die Begrenzung, je höher sie flogen, desto größer war das erfassbare Gebiet. Natürlich wussten die Russen über diese Praxis Bescheid. Sie hatten aber keine Möglichkeit, sich dagegen zu wehren. Zu den wenigen machbaren Maßnahmen gehörte das Beschatten der Aufklärer durch Jagdflugzeuge. Dass die Einsätze gefährlich waren, beweist der Verlust von mehreren Flugzeugen, die in den 50er und 60er-Jahren über der SBZ abgeschossen oder zur Landung gezwungen wurden.

Ein solcher Zwischenfall ereignete sich am Nachmittag des 10. März 1964. Ein Douglas RB-66B Aufklärer des 19th Tactical Reconnaissance Squadron war von der französischen Basis Toul-Rossiers gestartet und rund 170 km tief in den Luftraum der DDR eingedrungen. Eine russische MiG-19 Farmer fing die Douglas ab und brachte sie etwa 20 km von der innerdeutschen Grenze zum Absturz. Die dreiköpfige Besatzung sprang mit dem Fallschirm ab und landete mitten in einer Manöverübung der Roten Armee. Zufall? Die Amerikaner behaupteten das, was sie in solchen Situationen immer sagten: es handelte sich um einen Navigationsfehler. Die RB-66B Crew – bestehend aus Flugzeugführer Captain David I. Holland und den Navigatoren Captain Melvin J. Kessler und Leutnant Harold W. Welch – wurde zunächst interniert, aber nach einigen Wochen freigelassen.

In geheimer Mission – Spionageflüge über dem Ostblock

Die von der US Air Force eingesetzte Douglas B-66 Destroyer basierte weitgehend auf dem Angriffsflugzeug A-3 Skywarrior der US Navy. Das Foto zeigt einen RB-66C Aufklärer. (Foto: USAF Museum)

Das 7499th Squadron hatte zu dieser Zeit längst an Bedeutung gewonnen. Bereits 1955 wurde aus der Staffel ein Geschwader, das über die Squadrons 7405, 7406 und 7407 verfügte und mit der Lockheed C-130 Hercules ein modernes Turboprop-Muster im Bestand hatte, mit dem nun auch Flüge ins Baltikum und ins Schwarze Meer von Deutschland aus möglich waren.

Doch zurück ins Jahr 1950. Nach dem Ausbruch des Koreakrieges führten die USA und Großbritannien eine umfängliche Luftaufklärung gegen China durch. Absprungbasen für solche Einsätze befanden sich sowohl in Japan als auch auf Taiwan (vormals Formosa)*. Es zeigte sich, dass die RB-29 für die Aufgabe überaltert war und durch die North American Aviation B-45 Tornado abgelöst werden musste. Die B-45 war der erste Serienbomber der US Air Force mit Strahlantrieb. Seine Auslegung – insbesondere das gerade Tragwerk – erwies sich als sehr konventionell, so dass das Kampfflugzeug keinen Gegner für die hochmoderne MiG-15 darstellte. Der russische Jäger gehörte für die Amerikaner zu den unangenehmsten Erscheinungen des Koreakrieges. Er war allen anderen Jagdflugzeugen weit überlegen und lediglich der schlechte Ausbildungsstand der Flugzeugführer sowie Probleme im Bereich der Bordwaffen bzw. der Visiereinrichtungen verhinderte ein Debakel unter den UN-Verbänden, die unter der Führung der USA in Korea kämpften. Erst der Einsatz des damals neuesten US-Jagdflugzeugs, der North American Aviation F-86 Sabre, wendete das Blatt zu Gunsten der US Air Force.

---

* Nach dem Rückzug der Japaner aus China und der Fortführung des Bürgerkrieges spaltete sich das Land. Mao Tse-tung (auch Mao Zdong), der am 1. Juli 1949 die kommunistische Volksrepublik China ausgerufen hatte und über das chinesische Festland herrschte, stand dem westlich orientierten Chiang Kai-shek (auch Tschiang kai-schek) gegenüber, der sich mit rund 2 Millionen Anhängern auf die Insel Taiwan zurück gezogen hatte und von hier aus mit amerikanischer Unterstützung seinen Kontrahenten bekämpfte. (siehe hierzu auch das Kapitel U-2)

US-Spionageflugzeuge

Mit der North American B-45 Tornado begann für die Bomberverbände der US Air Force das Jet-Zeitalter. Das Muster – hier die Aufklärerversion RB-45 – hatte noch gerade Tragflächen und verfügte nur über durchschnittliche Leistungen, so lag die Höchstgeschwindigkeit der RB-45C bei lediglich 920 km/h in 1.500 m Höhe. (Foto: USAF Museum)

Die Überlegenheit der MiGs bekam auch die RB-45 zu spüren. Am 4. Dezember 1950 wurde die erste abgeschossen und bereits am 12. des Monats folgte die nächste. Nachdem das Flugzeug den Yalu-Fluss überquert hatte und in Richtung China flog, kreuzten MiG-15 seine Bahn und schossen es ab. Neben der Crew befand sich mit Colonel John R. Vovell ein ranghoher Geheimdienstler der US Air Force an Bord. Während die Amerikaner davon ausgingen, dass die Besatzung ums Leben gekommen war, hatte sich Vovell unverletzt retten können. Der Offizier sollte von russischen Spezialkräften vernommen werden. Doch dazu kam es nicht. Ein nordkoreanischer General hatte dem Gefangenen ein Schild mit der Aufschrift »Kriegsverbrecher« umhängen lassen und ihm den Mob ausgeliefert, der ihn totschlug. Der Vorfall führte zu einer geänderten Behandlung von Kriegsgefangenen – zumindest für die Zeit ihrer Befragung.
Schlussendlich erfolgten der Abbruch der RB-45-Tagesflüge und die Verlegung in die Nachtzeit. Unter diesen geänderten Bedingungen blieb die Tornado noch bis zum April 1953 über China im Einsatz. Zuvor hatte das Muster noch für einen Paukenschlag in Europa gesorgt. Winston Churchill – der erneut das Amt des britischen Premierministers bekleidete – autorisierte im Herbst 1951 einen Spionageeinsatz gegen verschiedene Ziele in der UdSSR. Die US Air Force gab für diesen Zweck vier RB-45C an die Royal Air Force ab und bildete die Besatzungen aus. Die Flugzeuge erhielten britische Kokarden. Im Fall eines Abschusses wollten die Amerikaner behaupten, sie hätten nichts damit zu tun, da die Tornados keine US-Kennzeichen trugen. Die Briten hingegen hätten ebenfalls eine Verantwortung abgelehnt mit Hinweis darauf, dass die RAF keine RB-45 in ihrem Bestand hätte. Ein plumpes Manöver, das sofort zu durchschauen gewesen wäre. Doch dazu kam es nicht. Die in der Nacht vom 17. zum 18. April 1952 gestartete Mission von drei RB-45C verlief ohne Zwischenfälle. Die Flugzeuge, die auf Ziele in der Ukraine, dem Baltikum und Belorussland angesetzt waren, kehrten wohlbehalten mit einer reichen Bildausbeute zu ihrem Fliegerhorst zurück.
Jahrzehnte später äußerten sich die sowjetischen Militärs zu der Aktion. Danach hatte das Bodenradar die RB-45C erfasst. Die alarmierten Abfangjäger konnten die Aufklärer aber nicht aufspüren, da sie noch nicht über ein Bordradar verfügten. In dieser Situation kam der Befehl »der Gegner ist zu rammen!«. Mittels des Bodenradars wurden die Jäger so nah wie möglich an die Tornados herangeführt. Dennoch kam es zu keinem Kontakt.
1952 wurde der Supreme Allied Commander Europe und Weltkriegs-Veteran Dwight D. Eisenhower Präsident der USA. Eisenhower (eigentlich Eisenhauer) – drittes Kind einer deutsch-amerikanischen Familie – hatte das Trauma des japanischen Überfalls auf Pearl

In geheimer Mission – Spionageflüge über dem Ostblock

Harbour noch nicht überwunden. Ihn plagte die Angst, dass die Sowjetunion einen ähnlichen Schlag gegen die USA durchführen könnte. Eine Sorge, die angesichts der Meldungen über die russische Rüstung berechtigt erschien. 1947 hatten die Sowjets einige westliche Beobachter zu einem großen Flugtag nach Tuschino vor den Toren Moskaus eingeladen. Was die Beobachter zu sehen bekamen, verschlug ihnen die Sprache. Am Ende der Flugvorführungen stand der Vorbeiflug von drei schweren viermotorigen Kampfflugzeugen auf dem Programm, die als Tupolew Tu-4 bezeichnet wurden. Die Tu-4, deren Existenz dem Westen nicht bekannt war, erwies sich als exakte Kopie der Boeing B-29 Superfortress. Josef Stalin hatte die USA während des Zweiten Weltkriegs immer wieder gebeten, ihm das hochmoderne Kampfflugzeug zu liefern. Doch daraus wurde nichts. Als einige B-29 aufgrund verschiedener Probleme, nach Einsätzen gegen Japan und der Mandschurei, auf dem Gebiet der UdSSR gelandet waren, erhielten Andrei N. Tupolew und A. D. Schwezow den Auftrag, das Flugzeug und seine Triebwerkanlage zu kopieren. Ein Unterfangen, das gelang und zum Bau von etwa 1200 Tu-4, Nato-Name »Bull«, führte.

Die Russen verfügten somit über ein Trägermittel, das im »Einwegflug« eine Atombombe über den Nordpol bis in die USA transportieren konnte. Die Amerikaner wollten Klarheit darüber, welche Flugzeuge in Ostsibirien stationiert waren. Für diesen Zweck wurden im Juli 1952 zwei Boeing B-47B Stratojets zu Aufklärern umgebaut.

Spektakulärer Start einer B-47B mit JATO-Startraketen. Mit 2.049 Exemplaren bildete das Muster bis in die 60er-Jahre hinein das Rückgrat der Bomber- und Aufklärereinheiten des Strategic Air Command. (Foto: USAF Museum)

US-Spionageflugzeuge

Neben einer Kameraausstattung gehörten auch Radargeräte zur Bodenerfassung dazu. Im August 1952 begann unter der Bezeichnung »Project 52 AFR-18« und unter größter Geheimhaltung die Planung des Einsatzes. Danach sollten die zwei B-47B von der Eielson AFB in Alaska aus die Mission durchführen. Es war vorgesehen, dass nach einer Luftbetankung ein Flugzeug als Ersatz in einer Warteschleife verblieb, während das andere in den sowjetischen Luftraum eindringen sollte.

Am 15. Oktober 1952 war es soweit. Die Mission begann in den frühen Morgenstunden. Die Meteorologen hatten gutes Wetter vorausgesagt und die Lichtverhältnisse waren zu dieser Jahreszeit noch gut. Dennoch hatten Flugzeugführer Donald E. Hillman und seine Mannschaft Respekt vor dem Auftrag. Die B-47 stand erst seit wenigen Monaten im Einsatz und es gab noch so manches Problem mit dem Flugzeug und auch die Präsenz der sowjetischen Jagdabwehr bereitete Sorge. Der Einflug begann in 12.200 m Höhe mit einer Geschwindigkeit von 770 km/h. Nach dem Fotografieren von zwei Flugplätzen zeigten Warngeräte an, dass der Aufklärer vom Bodenradar erfasst worden war. Tatsächlich dauerte es nicht lange, ehe die ersten MiG-15 auftauchten. Die Stratojet war jedoch zu schnell und zu hoch, so dass die Jagdflugzeuge sie nicht einholen konnten. Während die Boeing ihren Einsatz zu Ende führte und insgesamt fünf Flugfelder fotografierte, kam es noch zu weiteren Abfangversuchen, die aber allesamt scheiterten. Nach rund 6.400 km – davon knapp 1.500 km über sowjetischem Gebiet – landete der Aufklärer wohlbehalten in Alaska. Insgesamt gesehen war die Mission ein Erfolg, zwar hatte eine Wolkenschicht das Fotografieren behindert, die Radarbilder aber waren dafür ausgezeichnet.

Nachdem erste Meldungen über die Zündung einer Wasserstoffbombe in der Sowjetunion Eisenhower erreichten und Informationen über die neuen russischen Langsteckenbomber Tu-95 Bear und Mjasischtschew M-4 Bison in den USA eintrafen, war Eisenhower – übrigens ein ausgezeichneter Bildauswerter, der eine Vielzahl von Fotos selbst in Augenschein nahm – mehr denn je davon überzeugt, dass eine Aufklärung über der Sowjetunion für die Amerikaner lebenswichtig sei. Gleichzeitig regte er 1955 das Programm »Open Skies« an, das die gegenseitige Luftüberwachung zwischen Ost und West beinhaltete, das aber auf Grund sowjetischen Widerstandes nicht realisiert wurde.

In den 50er-Jahren entwickelte sich zwischen der Sowjetunion auf der einen und den USA und Großbritannien auf der anderen Seite ein regelrechter Luftkrieg, der aber geheim gehalten wurde, da keiner der Beteiligten ein Interesse daran hatte, die Geschehnisse publik zu machen. Der Westen wollte nicht als Aggressor gelten und der Osten wollte nicht zugeben, dass er nicht in der Lage war, die feindlichen Aktionen komplett zu unterbinden.

Die Geheimhaltung war so strikt, dass Besatzungen für Spezialaufträge von »ganz oben«, an den direkten Vorgesetzten vorbei, ausgewählt wurden. Für die Crews eine sehr unangenehme Situation, da sie einerseits ihrem Vorgesetzten unterstanden, andererseits aber zum absoluten Stillschweigen verpflichtet waren und keine Auskunft über ihre Mission(en) erteilen durften.

Der geheime Luftkrieg forderte seine Opfer. Das Schicksal vieler Männer ist nach wie vor ungeklärt. Solche Fälle wurden von der US Air Force als MIA (Missed In Action) deklariert, wobei es immer wieder Gerüchte gab, dass einige Flieger lebend in sowjetische Hände geraten waren, eine Auslieferung an die USA aber nicht erfolgte. Wie viele Besatzungen und Flugzeuge abgeschossen wurden, lässt sich derzeit nicht klären. Schätzungen sprechen von rund 40 Maschinen unterschiedlichster Art und Mannschaftsstärke. Beispielhaft für die Verluste und Luftkämpfe in den 50er-Jahren stehen folgende Ereignisse:

26. Dezember 1950
Über dem Tyumen-Oola-Fluss fangen zwei MiG-15 der 523.IAP eine RB-29 ab und zerstören sie.

29. April 1952
MiG-15 der 73.GvIAP greifen ein DC-4-Verkehrsflugzeug (F-BELI) der Air France im Luftkorridor nach Berlin an. Trotz 89 Einschüssen kann der Airliner mit einigen Verletzten an Bord in Tempelhof landen.

11. Mai 1952
Ein Martin PBM-5 Mariner-Flugboot wird über der See von Japan von MiG-15 beschossen, entkommt aber den Angreifern.

15. Juli 1952
Eine Martin RB-26 Marauder gerät über dem Gelben Meer vor die Mündungen von MiG-15 Jagdflugzeugen. Trotz Beschuss kann sich der Aufklärer erfolgreich absetzen.

7. Oktober 1952
Über den Kyrillen wird eine RB-29 der 91st SRS durch Jagdflugzeuge abgeschossen. Dabei kommt die achtköpfige Besatzung ums Leben.

8. Oktober 1952
Abschuss einer C-47 über dem Berliner Luftkorridor.

18. November 1952
In der Nähe von Wladiwostok kommt es zwischen vier MiG-15 der 781.IAP und drei Grumman F9F-2 Panther des Flugzeugträgers USS Princeton zu einem Luftkampf, bei dem die Amerikaner ohne eigene Verluste zwei MiGs abschießen. Ein dritter Flugzeugführer wird tödlich verwundet, kann seine MiG aber noch notlanden.

18. Januar 1953
Chinesische Flak schießt eine Lockheed Neptune über dem Hafengebiet von Swatow ab. Ein Mariner Flugboot der US Navy nimmt die Besatzung auf, stürzt aber beim Start zum Rückflug ab. Von den 21 Mann an Bord können nur zwei gerettet werden.

In geheimer Mission – Spionageflüge über dem Ostblock

12. März 1953
Abseits des Berliner Luftkorridors fliegt ein Avro Lincoln-Elektronikaufklärer einen Einsatz. Als er von sowjetischen Jagdflugzeugen gestellt und zur Landung aufgefordert wird, ignoriert die Mannschaft dies, worauf es zum Abschuss kommt. Von der sechsköpfigen Crew überlebt nur ein Mitglied schwer verletzt den Absturz.

Nach dem Ende des Zweiten Weltkriegs brachte Boeing die B-50 heraus, die über Pratt & Whitney R-4360-Motoren mit je 3.500 PS verfügte und Geschwindigkeiten von bis zu 620 km/h erreichte. Ein guter Teil der 104 gefertigten Flugzeuge wurden zu Tankern und Aufklärern umgebaut. (Foto: USAF Museum)

15. April 1953
Über dem Gebiet von Petropawlowsk-Kamchatskiy im Osten der UdSSR greifen MiGs eine RB-50 an und schießen sie trotz Gegenwehr ab. Die Besatzung des Aufklärers wird als verschollen gemeldet.

Juli 1953
Ein Canberra PR.3-Aufklärer der Royal Air Force fliegt das rund 1.000 km von der iranischen Grenze entfernte Raketentestgelände nahe Kapustin Yar an und fotografiert es. Abfangjäger verfolgen die Canberra, die sich trotz zahlreicher Treffer auf iranisches Gebiet retten kann.

29. Juli 1953
In der Nähe von Wladiwostok dringt eine RB-50 rund 130 km tief in das Gebiet der UdSSR ein. Auf dem Rückflug fangen zwei MiG-17 der 88.GvIAP das Spionageflugzeug ab und bringen es zum Absturz. Von der 17-köpfigen Besatzung können die Rettungsmannschaften der US Air Force nur Kopilot Leutnant John E. Roche retten.

4. September 1954
Über Kap Ostrovnoy geraten MiG-17 und eine Lockheed P2V-5 Neptune der VP 19 der US Navy aneinander, wobei der Amerikaner abgeschossen wird.

7. November 1954
MiG-15 stellen eine RB-29 über der See von Japan und beschießen sie. Die Boeing kann zwar entkommen, muss aber auf der japanischen Insel Hokkaido notlanden.

18. April 1955
Abschuss einer RB-47 nahe der Bering-Inseln.

22. Juni 1955
Über der Bering-Straße wird ein P2V-5 Neptune-Aufklärer der US Navy von einer MiG-15 beschossen und verfolgt. Während die Neptune auf der St. Lawrance Insel notlanden kann, muss der MiG-Pilot wegen Kraftstoffmangel über der Sowjetunion abspringen.

Zu den wenigen Flugzeugmustern, die die US Air Force von der US Navy übernahm, gehörte die Lockheed Neptune alias RB-69. Zur Leistungssteigerung wurde die Motoranlage durch den Anbau von zwei Strahltriebwerken erweitert. Der unbewaffnete Aufklärer wies mit knapp 6.000 km eine beachtliche Reichweite auf. (Fotos: USAF Museum)

Juli 1956
MiG-15 der sowjetischen Pazifik-Flotte greifen eine Lockheed Neptune an. Ein Crew-Mitglied wird dabei getötet. Der Aufklärer stürzt anschließend ins Meer. Die übrige Besatzung kann von der US Navy gerettet werden.

22. August 1956
Chinesische Jagdflugzeuge greifen einen Martin P4M-1Q Mercator-Elektronikaufklärer der US Navy an. Flugzeugführer Milton Hutchinson kann den Angriff zwar noch melden, doch dann reißt der Funkkontakt ab. Von der 16-köpfigen Crew können nur drei Mann tot geborgen werden.

27. Juni 1958
Zwei MiG-17P der 34.VA zwingen eine Fairchild C-119 etwa 30 km von Jerewan zur Notlandung.

US-Spionageflugzeuge

7. November 1958
Bei einem Einsatz über dem Baltikum und Litauen greifen MiG-17 der 30.VA eine RB-47 an, die daraufhin über internationalen Gewässern abstürzt.

16. Juni 1959
Eine P4M-1Q Mercator fliegt in 2.200 m Höhe über internationalen Gewässern an der Küste Nordkoreas entlang, als plötzlich zwei koreanische MiGs auftauchen und sechs Angriffe gegen den Elektronikaufklärer fliegen. Durch Beschuss fällt die Triebwerkanlage steuerbords aus, das Ruder wird beschädigt und der Heckschütze schwer verletzt. Dennoch kann sich die Mercator weiteren Angriffen entziehen und zur Heimatbasis zurückfliegen.

Angesichts solcher Vorfälle mehrten sich in den USA die Stimmen, die nach Alternativen riefen. Dies führte zu drei Lösungsvorschlägen und zwar:

- Bau eines unangreifbaren Spezialhöhenaufklärers
- Einsatz von Höhenballonen als Kameraträger
- Entwicklung eines Trägerflugzeugs für einen kleinen Aufklärer

Der Höhenaufklärer konnte in Form der Lockheed U-2 realisiert werden. Da das Flugzeug in einem separaten Kapitel detailliert vorgestellt wird, konzentrieren wir uns hier auf die beiden anderen Vorschläge.

Im November 1944 startete Japan das Fu-Go-Programm gegen die USA. Rund 9.300 Papierballone mit einem Durchmesser von 10 m wurden mit Bomben mit einem Gesamtgewicht von maximal 20 kg bestückt und bis Kriegsende mit der Luftströmung Richtung USA geschickt. Die Ballone richteten nur wenig Schaden an, banden aber in größerem Umfang Jagdverbände, die zur Abwehr abgestellt werden mussten.

Der Patroullienbomber Martin P4M-1 Mercator hatte eine ungewöhnliche Triebwerksanlage. In den Gondeln der Kolbenmotoren befanden sich zusätzlich Strahltriebwerke. Alles in allem blieb es beim Bau von 21 Flugzeugen, von denen fast alle zu P4M-1Q Elektronik-Aufklärern umgebaut wurden. (Foto: Martin)

Die japanische Idee wurde von der US Air Force 1950 aufgegriffen, jedoch nicht als Angriffs- sondern als Aufklärungsmittel. In einer Sitzung des USAF »Scientific Advisory Board« vom 11.–15. September 1950 wurde die grundsätzliche Eignung von Ballonen für Aufklärungsflüge über der Sowjetunion festgestellt. Bereits im November des Jahres lagen die wichtigsten Parameter fest. Sie lauteten: Flughöhe 21.000 m, Einsatzdauer bis zu 16 Tagen und 225 kg Nutzlast.

Die Arbeiten liefen unter der Bezeichnung MX-1594 »Gopher« an. Sie führten zur Entwicklung von zwei unterschiedlichen Ballonen. Den 128TT und den 66CT. Die Ballonhülle bestand aus Bakelit, für die Füllung wurde Wasserstoff verwendet. Der 128TT war für Höhen von 16.800 m und der 66 CT für 14.200 m ausgelegt. Das war

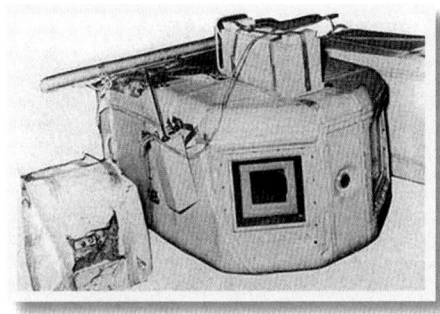

Nur wenige, qualitativ schlechte Fotos der WS119-Kapsel existieren. (Foto: Sammlung Becker)

deutlich weniger als geplant. Die Gründe für die Reduzierung liegen nach wie vor im Dunkeln. Voll entfaltet hatte der 128TT einen Durchmesser von etwa 39 m. Der des 66CT lag bei knapp 20 m. Die Ausrüstung befand sich an einem Balken unterhalb der Ballonhülle. Hier lagerte der Stahlschrot, der für die Höhenregulierung mitgeführt wurde. Elektromagnete, die mit einem Höhenmesser verbunden waren, regelten den Abwurf. Die Kameras und die Funkausrüstung befanden sich in einem gegen Kälte geschützten Gehäuse. Die gesamte Einheit trug die Bezeichnung AN/DMQ-1. Zwei Fotokameras mit je einem 15 cm-Objektiv lieferten Bilder mit einer Auflösung von etwa 10 m. Beim 66CT wurden die Kameras alle 6,25 Minuten und beim 128TT alle 12,5 Minuten ausgelöst. Eine Fotozelle prüfte, ob die Lichtverhältnisse ausreichen und unterbrach gegebenenfalls die Fotosequenz.

Da die Windgeschwindigkeit sehr unterschiedlich war, gab es keine Möglichkeit, die Position des Ballons exakt zu ermitteln. Bei der Auswertung der Bilder war dies ein Problem. Abhilfe sollte eine 16 mm-Filmkamera schaffen. Mit ihrer Hilfe hoffte man, die Fotos besser zuordnen zu können. Ein Elektromotor drehte den Nutzlastbalken langsam um die eigene Achse, so dass die Kameras einen 360°-Blick hatten. Über eine Zeitschaltuhr wurden die Bildgeräte nach 126 Stunden abgeschaltet.

In den Wintermonaten erstreckt sich die Luftströmung (Jetstream) von West nach Ost. In einer Höhe von etwa 14.000 m erreicht sie eine Geschwindigkeit von 160 km/h und mehr. Von Basen in Norwegen (Gardemore), Schottland (Invergordon), Deutschland (Giebelstadt und Oberpfaffenhofen) sowie der Türkei (Incirlik) sollten die Ballone gestartet werden, anschließend die Sowjetunion und China überfliegen und über dem Pazifik von C-119 Spezialflugzeugen geborgen werden. Zum leichteren Auffinden der Ballone sendeten diese im Zielgebiet ein Funksignal aus und warfen Metallspäne zur Radarerfassung ab.

Die US Air Force hatte anfänglich mit einem Einsatz ab 1951 gerechnet. Eine viel zu optimistische Einschätzung. Das Versuchsprogramm benötigte mehr Zeit als erwartet. In dieser Phase war es nicht möglich, die Tests völlig unbemerkt durchzuführen. Die USAF trat daraufhin den Schritt nach vorne an. Sie lancierte das Projekt MX-1498 Moby Dick in die Öffentlichkeit, das als Wetterballon-Programm deklariert wurde.

Ende 1955 waren die Ballone unter dem Kürzel WS-119L (WS für Weapon System) einsatzklar. Sie trugen verschiedene Kodenamen wie »Grandson«, »Grayback« und »Volleyball«. Am 10. Januar 1956 starteten von Incirlik aus acht Ballons und von Giebelstadt einer in Richtung Sowjetunion.

Das Aufklärungsprogramm, das den Namen »Genetrix« trug, nahm rasch Fahrt auf. Binnen weniger Tage wurden mehr als 230 Ballone auf den Weg geschickt. Dies ging nicht immer so geheim vonstatten, wie man sich das gewünscht hätte. Ein in Gardemore gestarteter WS-119L schwebte z.B. längere Zeit über Oslo, was zu einem von zahlreichen UFO-Gerüchten führte. Erneut steuerte die USAF entgegen. Sie baute eine Coverstory auf, wonach sie ein Ballon-Programm – »White Cloud« genannt – zum Fotografieren von Wolken entwickelt hätte.

Auch der amerikanische Geheimdienst CIA schaltete sich ein. Das von ihm gesteuerte National Komitee Freies Europa startete parallel zu Genetrix hunderte von kleinen Ballonen mit Flugblättern in Richtung Ostblock. Die Sowjetunion reagierte schneller als erwartet. Bereits am 4. Februar 1956 überreichte Außenminister Gromiko den Amerikanern eine Protestnote, in der die sofortige Einstellung der Flüge gefordert wurde. Tatsächlich reagierte US-Präsident Eisenhower auf die Forderung. Er erklärte das Programm am 1. März 1956 für beendet.

Der Erfolg von Genetrix war zu diesem Zeitpunkt umstritten. Unbestätigten Angaben zufolge hatte die USA 516 Ballone gestartet. Davon mindestens 87 von Giebelstadt aus. Alles in allem konnten 46 Kameragehäuse geborgen werden, von denen aber nur 34 brauchbares Material enthielten. Sie lieferten immerhin mehr als 13.000 Fotos und eine Menge an Filmmaterial, das vorwiegend Sibirien und Nordchina zeigte.

Eisenhowers Erklärung zur Ballonaufklärung war nur Makulatur. Die USA arbeiteten bereits an einem neuen Ballon, dem WS-461L, der

US-Spionageflugzeuge

Als Auffangflugzeug für die Fotopakete der Höhenballone und der Corona-Satelliten fungierten umgebaute C-82- und C-119-Transportflugzeuge. (Fotos: USAF Museum)

In geheimer Mission – Spionageflüge über dem Ostblock

mehr als 31.000 m Höhe erreichen sollte. Nach Meinung der Amerikaner reichten die sowjetischen Radargeräte nicht soweit, so dass der Überflug unbemerkt erfolgen würde.

Da in den Sommermonaten der Jetstream von Ost nach West weht, erfolgte der Einsatz vom Pazifik aus. Als Startplatz diente der Flugzeugträger *USS Windham Bay*. Im Sommer 1958 wurden drei WS-461L in Richtung Westen geschickt. Die Mission geriet zum Desaster. Eine zu geringe Windgeschwindigkeit führte zum Absturz über Polen, wodurch auch die neue, hoch auflösende Kameraausrüstung in russische Hände fiel.

Offiziell waren damit die Ballonflüge über der UdSSR beendet. Dennoch bleiben Fragen. In den 60er-Jahren stürzte ein Jak-27 Mangrove-Höhenaufklärer aus zunächst ungeklärten Gründen über Polen ab. Nähere Untersuchungen zeigten an der Zelle auffällige Spuren von blauer Farbe. Sie entsprach genau dem Anstrich der Gerätekapseln der Spionageballone!

Warum entwickelte die UdSSR mit einem hohen Kostenaufwand in den 70er-Jahren mit der Mjasischtschew M-17 ein Spezialflugzeug zur Bekämpfung von Höhenballonen? Antworten hierauf gibt es nicht, so dass Platz für Spekulationen bleibt.

Die zweite Idee war die eines Trägerflugzeugs: Am 8. August 1946 hob die Convair XB-36 Peacemaker erstmals vom Boden ab. Es war der Prototyp eines wahrhaft gigantischen Kampfflugzeugs, das über sechs 28-Zylinder Pratt & Whitney R-4360-Motoren verfügte, eine Spannweite von mehr als 70 m aufwies, eine Startmasse von 149 Tonnen hatte und schwer bewaffnet war. Sechs in den Rumpf einziehbare Drehtürme mit je zwei 20 mm-MG sowie je zwei weitere 20 mm-MG im Bug und Heck sollten den Bomber schützen. Doch die Abwehrbewaffnung schien nicht ausreichend zu sein. Aus den Erfahrungen des Zweiten Weltkrieges heraus kam der Gedanke auf, der B-36 ein eigenes, kleines Jagdflugzeug mitzugeben, das sie im Rumpf mitführte und das nach einem Einsatz nach dort zurückkehren sollte. McDonnell entwickelte mit der XF-85 Goblin ein spezielles Jagdflugzeug für diesen Zweck, das sich aber nicht bewährte. Dennoch wurde der Gedanke weiterverfolgt und schließlich mit dem FICON (Fighter-Conveyor) Programm realisiert. Unter der Bezeichnung GRB-36F erfolgte der erste Umbau einer Peacemaker. Neue Bombenschachtklappen und ein Trapez machten die Mitnahme sowie das An- und Abkoppeln eines Republic F-84F-Jagdflugzeuges möglich. In der Zeit vom 9. Januar 1952 bis 20. Februar 1953 führte das Gespann 170 Flüge durch, bei denen sämtliche Einsatzvarianten einschließlich Nachteinsätze erfolgreich durchgespielt wurden. Die Aufgabenstellung Jagdschutz hatten die Planer jedoch inzwischen aufgegeben. Sie sahen das Gespann nun als Aufklärereinheit. Das Trägerflugzeug, mit einer Reichweite von etwa 16.000 km, konnte den kleinen Aufklärer praktisch an jeden Punkt der Erde bringen. Im Einsatzgebiet angekommen, erfolgte das Abkoppeln. Der Aufklärer – eine Republic RF-84K – war mit fünf Kameras und vier 12,7 mm MG ausgerüstet. Er drang im Tiefflug mit bis zu 1012 km/h zum Ziel vor, fotografierte es und kehrte anschließend zum Träger zurück.

Insgesamt wurden zwölf B-36 und 25 F-84 für den Zweck umge-

US-Spionageflugzeuge

Die gigantische Convair B-36 Peacemaker sollte eine Bombardierung Europas von den USA aus ermöglichen. Das Foto zeigt ein Flugzeug der Baureihe B in auffälligem Anstrich. (Foto: USAF Museum)

baut und eine Zeit lang beim 99th Strategic Reconnaissance Wing eingesetzt.

Bis heute ist nicht geklärt, ob die Flugzeuge je für geheime Missionen verwendet wurden. Aber auch über die Aktivitäten der RB-36-Aufklärer ist so gut wie nichts bekannt geworden. Es existierten verschiedene Baureihen für diese Aufgabe, von denen die RB-36H mit 83 Exemplaren die wichtigste war. Das Flugzeug stellte eine ausgezeichnete Aufklärer- und ECM-Plattform dar (ECM = Electronic Countermeasures – elektronische Gegenmaßnahmen). Der geräumige Rumpf erlaubte den Einbau von bis zu 14 schweren Kameras mit weitreichenden Objektiven und eines eigenen Fotolabors. Zur Störung oder Erkundung gegnerischer Radaranlagen führte die RB-36 ein ganzes Arsenal an Geräten und Sendern mit.

Nachdem bei der Einführung des Musters die Triebwerkleistung als zu schwach angesehen wurde, erfolgte bei den meisten Baureihen der Anbau von vier zusätzlichen J47 Turbojets, so dass die B-36 letztlich zehnmotorig war! Mit dieser Motorisierung und seiner großen Flügelfläche verfügte der Bomber über ausgezeichnete Höheneigenschaften. Zahlreiche Abfangübungen mit Air Force- und Navy-Jagdflugzeugen hatten gezeigt, dass die Peacemaker in Höhen um 14.000 m praktisch unangreifbar war. Es liegt nahe, dass sich die Amerikaner diese Eigenschaft für Spionageflüge zunutze machten, zumal die Aufklärer im Rahmen von Übungen weltweit agierten und ihre Leistungen durch das »Featherweight«-Programm noch gesteigert wurden. Kernpunkt der Maßnahmen war eine deutliche Gewichtsreduzierung, die in der Hauptsache durch den Ausbau der schweren Waffenanlage – ausgenommen blieb der Heckstand – realisiert werden konnte. Es wird angenommen, dass sich die Reiseflughöhe auf bis zu 17.000 m steigern ließ.

Als CIA-Pilot Gary Powers am 1. Mai 1960 über der UdSSR abgeschossen wurde und in Gefangenschaft geriet, verbreitete sich in der Öffentlichkeit die Meinung, dass es sich um einen einmaligen Vorfall gehandelt habe und keine weiteren Flüge dieser Art durchgeführt würden. Ein Trugschluss. Die Amerikaner wagten sich zwar nicht mehr so weit ins Land vor, flogen aber noch immer in den sowjetischen Machtbereich ein. Bevorzugte Gebiete waren die Regionen um das Kaspische Meer, den Nordpol und Südostasien. Bereits am 15. April 1946 hatte die Sowjetunion dagegen protes-

In geheimer Mission – Spionageflüge über dem Ostblock

Das Miniatur-Jagdflugzeug XP-82 Goblin – Spannweite 6,43 m, Länge 4,52 m, Höhe 2,54 m, Startmasse 2.540 kg – sollte von den B-36 Kampfflugzeugen als Begleitschutz mitgeführt werden. (Foto: USAF Museum)

tiert, dass ein Flugzeug vom Iran kommend, rund 6 km tief auf das Territorium der UdSSR eingedrungen sei. Flüge dieser Art gab es aber noch bis zum Sturz des Schah-Regimes. Dabei machten sich die Aufklärer eine Besonderheit der gegnerischen Luftverteidigung zunutze. Die nebeneinander liegenden Sowjetrepubliken Aserbaidschan und Kasachstan hatten getrennte Führungssysteme für ihre Jagdabwehr. Die Eindringlinge flogen daher im Zick-Zack-Kurs und narrten so die jeweilige Abwehr. Dennoch gingen solche Manöver nicht immer gut aus. Im Sommer 1963 stellten zwei MiG-17P der 12.PVO eine einfliegende Rockwell Aero Commander 560. Das zweimotorige Reiseflugzeug drehte daraufhin ab, wurde aber mehrfach getroffen und zerschellte kurz hinter der iranischen Grenze. Ein Colonel der US Army sowie ein iranischer Geheimdienstler kamen dabei ums Leben. Fast genau ein Jahr später wiederholte sich der Zwischenfall. Erneut war es eine Aero Commander, die vom Iran aus in die UdSSR einflog. Diesmal wurde das Flugzeug auf einem sowjetischen Ausweichflugfeld zur Landung gezwungen und die Besatzung nach kurzer Zeit an die Iraner überstellt.

Die Nordpolregion und die Bering-See waren für die amerikanische Aufklärung von großer Bedeutung. Im Falle eines Krieges wurde von hier aus der Einflug sowjetischer Kampfflugzeuge erwartet. Demzufolge galt es, den Osten des russischen Riesenreiches mit seinen vielen militärischen Einrichtungen genau zu erkunden. Aber auch der Großraum Murmansk war nach wie vor von Interesse. Nur zwei Monate nach dem Verlust von Gary Powers mussten die USA am 1. Juli 1960 den nächsten Abschuss melden, zu dem unterschiedliche Aussagen vorliegen. Die Amerikaner behaupteten, dass eine RB-47H des 55th Strategic Reconnaisance Wing mit spezieller ELNIT-Ausrüstung über internationalem Gewässer von MiG-19 der 171.GvIAP angegriffen und abgeschossen worden sei. Die Aussage stützte sich im Wesentlichen auf die zwei überlebenden Besatzungsmitglieder, die von russischen Fischtrawlern geborgen werden konnten und für sieben Monate in Gewahrsam der UdSSR verblieben. Die Sowjetunion hingegen beharrte darauf, dass die RB-47H gezielt eine neue Basis für Atom-U-Boote ausspionieren wollte und dabei den Luftraum verletzt hätte. Die UdSSR versuchte den Vorfall im Stil des U-2 Abschusses propa-

US-Spionageflugzeuge

Die FICON-Versuche gehörten zu den spektakulärsten Flugerprobungen in der Geschichte der Luftfahrt. (Foto: USAF-Museum)

gandistisch aufzubauen, stieß aber auf keine internationale Resonanz. Der Einsatz von Aufklärungssatelliten machte ab den späten 60er-Jahren ein direktes Überfliegen der Ostblockstaaten mehr und mehr überflüssig. Dennoch bedeutete dies nicht das Aus für die Spionageflüge. Die elektronische Kriegführung hatte immer mehr an Gewicht gewonnen und den klassischen Aufklärer mit seiner Fotoausrüstung verdrängt.

Mit dieser Entwicklung ging eine Modernisierung der Verbände einher. Neben den Spezialflugzeugen U-2R und der A-12/SR-71 existierten zahlreiche andere Aufklärer, die es abzulösen galt. Die US Navy ersetzte ihre Propellerflugzeuge vom Typ Lockheed Neptune und Martin Mercator durch die zweistrahlige Douglas A-3 Skywarrior. Außerdem kam mit der Lockheed EC-121 ein Elektronikaufklärer zum Einsatz, den auch die US Air Force nutzte und schlussendlich waren es die RC-135 Spezialflugzeuge, die ab Mitte der 60er-Jahre neue Standards im Bereich der elektronischen Aufklärung setzten.

Wenngleich die genannten Muster über internationalen Gewässern operierten, gab es weitere Zwischenfälle, so am 28. April 1965, als vor der Küste Nordkoreas eine RB-47 der 55th Strategic Reconnaissance Wing von MiG-17 angegriffen und beschädigt wurde. Trotz zahlreicher Treffer konnte die Boeing entkommen.

Anders erging es einer EC-121M der US Navy. Das zum Fleet Airborne Reconnaissance Squadron One (VQ-1) gehörende Flugzeug startete am 15. April 1969 von Japan aus zu einem Einsatz in die See von Japan. Die EC-121 Warnig Star war von Hause aus für drei Aufgaben ausgelegt: sie war als fliegende Radarstation zugleich Frühwarnflugzeug, Leitflugzeug und Elektronikaufklärer.

In geheimer Mission – Spionageflüge über dem Ostblock

Eine Lockheed EC-121. (Foto: USAF Museum)

Die betreffende EC-121M – Funkname Deep Sea 129 - hatte die Aufgabe, vor der russischen und nordkoreanischen Küste einen elliptischen Kurs von etwa 222 km zu fliegen und elektronische Daten zu sammeln und zu analysieren. Zu diesem Zweck befanden sich 31 Mann an Bord. Darunter neun Kryptologen und Spezialisten für die russische und koreanische Sprache.

Der Einsatz sah nach Routine aus. Bis zu diesem Zeitpunkt hatten die Elektronikaufklärer rund 200 ähnliche Missionen ausgeführt, wobei sich die Flugzeuge den Küsten auf bis zu 90 km näherten. Doch nun kam alles anders. Um 12:34 Uhr Ortszeit erfassten Radargeräte der in Südkorea stationierten US Army den Start von zwei MiG-21 Fishbed der Nordkoreaner. Der Radarkontakt riss nach etwa 22 Minuten ab. Kurz darauf wurde die Besatzung der EC-121M von einem möglichen Abfangeinsatz der Koreaner informiert, worauf der Kommandant des Flugzeuges, James Overstreet, den Befehl zum Abbruch der Mission und zum Rückflug gab. Um 13:49 Uhr verschwand die Lockheed von den Radarschirmen der Flugüberwachung in Südkorea und Südjapan. Inzwischen waren zwei Convair F-102 Delta Dagger Überschalljagdflugzeuge der USAF aufgestiegen, um die EC-121M zu schützen, doch sie kamen zu spät. Die Nordkoreaner hatten den Aufklärer abgeschossen. Unverzüglich begann die Suche nach Überlebenden. Dafür setzten die USA 26 Flugzeuge und zwei Zerstörer – die *USS Henry W. Tucker* und die *USS Dale* – ein. Auch die sowjetische Flotte beteiligte sich mit zwei Schiffen an der Aktion. Trotz aller Anstrengungen konnten nur zwei Crewmitglieder tot geborgen werden.

Die Nordkoreaner rechtfertigten den Abschuss mit der lapidaren Feststellung: das Flugzeug hätte ihr Hoheitsgebiet verletzt.

Als die EC-121 abgeschossen wurde, befanden sich bereits die ersten Exemplare eines neuen Elektronikaufklärers im Dienst. Die Rede ist von der Boeing RC-135. Es handelt sich dabei um eine Ableitung aus der Transporter-Tanker-Familie C-135/KC-135. Die Entwicklung dieses Spezialaufklärers begann 1961. In diesem Jahr kündigte der sowjetische Ministerpräsident Nikita Chrustschow die Zündung ei-

25

US-Spionageflugzeuge

ner 100 Megatonnen-Atomwaffe an. Dies bedeutete eine gewaltige Sprengkraft, die alle anderen Atomwaffen in den Schatten stellte. Allein der Feuerball einer solchen Bombe erreichte eine Größenordnung von etwa 33.000 km². Die Amerikaner waren brennend daran interessiert, möglichst viele Daten des Versuches zu sammeln. Aus diesem Grund baute General Dynamics unter dem Begriff »Big Safari« zunächst eine KC-135 um. Das Flugzeug mit dem Namen »Speed Light« erhielt eine umfangreiche Ausrüstung zum Sammeln von Informationen über thermonukleare Explosionen. Dazu gehörten unter anderem die radioaktive Strahlung, die Hitzeentwicklung und

Das Tankerflugzeug KC-135 bildete die Basis für zahlreiche Aufklärer-Umbauten. (Foto: USAF Museum)

die Druckwelle. Als die Sowjets am 31. Oktober 1961 die Bombe auf dem Testgelände von Nowaja Semija zündeten, befand sich die Speed Light in der Nähe. Ein nicht ungefährliches Unterfangen, wie sich herausstellen sollte. Als die KC-135 vom Einsatz zurückkehrte, zeigte die der Explosion zugewandte Rumpfseite deutliche Brandspuren. Eine Auswertung der gesammelten Daten ergab, dass die Bombe eine Sprengkraft von »nur« 58 Megatonnen erreicht hatte. Glück für die Besatzung der Speed Light, die bei voller Sprengkraft den Einsatz wohl nicht überlebt hätte.

Später folgten mit der Speed Light-Alpha und -Delta zwei weitere Spezialflugzeuge. In den kommenden Jahren entstanden zahlreiche Aufklärerausführungen, die nun das Kürzel RC trugen und die im Anhang aufgeführt sind. Die diversen Flugzeuge sind bis heute sehr erfolgreich im Einsatz. Sie nahmen und nehmen unter anderem an den verschiedenen weltweiten Konflikten wie dem Einsatz gegen Libyen, Somalia, Bosnien, Kuwait, Afghanistan und dem Irak teil. Darüber hinaus spielen sie bei zahlreichen Geheimdienstoperationen eine Rolle. Am 7. Oktober 1985 hatte die palästinensische Befreiungsorganisation PLF das italienische Kreuzfahrtschiff *Achille Lauro* mit 680 Passagieren und 350 Besatzungsmitgliedern im Mittelmeer gekapert. Die vier Terroristen drohten mit der Ermordung der Passagiere, falls Israel nicht umgehend 50 Palästinenser aus der Haft entlassen würde. Nachdem Zypern und Syrien den Entführern jegliche Hilfe verweigert hatten, konnte das Schiff im ägyptischen Port Said anlegen. Den Kidnappern wurde hier freier Abzug garantiert, sofern den Geisel nichts geschehe. Dann wurde bekannt, dass die Terroristen den amerikanischen Staatsbürger Leon Klinghofer (69) erschossen hatten. Als die Entführer Ägypten mit einer Boeing 737 verließen, wurden sämtliche Gespräche an Bord von einer RC-135 erfasst, so dass die Amerikaner über alle Aktionen der PLF informiert waren und F-14 Tomcat-Jagdflugzeuge die Boeing auf italienischem Gebiet zur Landung zwingen konnten.

Die RC-135 operieren im Regelfall in Höhen um 10.700 m. Über ihre Ausrüstung ist fast nichts bekannt. Es wird davon gesprochen, dass ihre Sensoren eine Reichweite von um die 400 km aufweisen. Allerdings gibt es Ausnahmen. Die RC-135 E, die zur Beobachtung russischer Raketentestzentren abgestellt wurde, verfügte über ein Seitensichtradar, das eine Reichweite von 1.852 km und eine Auflösung von 1 m aufwies! Kein Wunder, dass die Missionen der RC-135-Elektronikaufklärer für die Russen, aber auch für die Nordkoreaner und die Chinesen ein großes Ärgernis darstellen. Aus diesem Grund wurde peinlich genau auf Luftraumverletzungen geachtet. Dabei kam es zu zwei schweren Zwischenfällen. Am 20. April 1978 befand sich eine Boeing 707 der Korea Air Lines (Kennzeichen HL7429) auf dem Weg von Paris nach Seoul und nutzte dabei die so genannte Pol-Route. Aufgrund einer fehlerhaften Navigation kam die Boeing vom Kurs ab und drang versehentlich in den sowjetischen Luftraum ein. Die russische Jagdwaffe setzte daraufhin einen Suchoi Su-15 Flagon Überschalljäger auf den Eindringling an. Der russische Flugzeugführer fand die Boeing, konnte aber bei stockdunkler Nacht nicht erkennen, dass es sich um einen Airliner handelte. Versuche, das Flugzeug zur Landung zu bewegen, wurden angeblich ignoriert, worauf die Bodenstation den Befehl zum Abschuss erteilte. Die daraufhin abgefeuerte Luft-Luft-Rakete traf ein Triebwerk und Teile des Tragflügels. Das Verkehrsflugzeug ging sofort in einen raschen Sinkflug über und landete schließlich auf einem zugefrorenen See.

US-Spionageflugzeuge

Das Mach 2-Abfangjagdflugzeug Suchoi Su-15 Flagon spielte bei der Verteidigung des sowjetischen Luftraums eine herausragende Rolle. International wurde es durch seine unrühmliche Rolle bei zwei schweren Luftzwischenfällen mit koreanischen Verkehrsflugzeugen bekannt. (Foto: US Air Force)

Zwei Tote und dreizehn Verletzte waren zu beklagen. Besatzung und Passagiere wurden nach kurzer Inhaftierung freigelassen.

Während dieser Vorfall noch einigermaßen glimpflich abgelaufen war, kam es am 1. September 1983 zur Katastrophe. Am Abend des 31. August 1983 war in New York eine Boeing 747-230B der koreanischen KAL zum Flug nach Seoul gestartet. Nach einer Zwischenlandung in Anchorage (Alaska) kam das Flugzeug beim Weiterflug vom Kurs ab. Die Abweichung war so gravierend, dass die Maschine etwa 400 km nördlich der zugewiesenen Strecke flog und so in den sowjetischen Luftraum eindrang. Zunächst überquerte der Airliner die Halbinsel Kamtschatka, an deren Südspitze sich eine Vielzahl von Raketen- und U-Boot-Stützpunkten befand. Die Luftabwehr setzte daraufhin Abfangjäger ein, die die Boeing aber nicht entdecken konnten. Erst gegen 6:00 Uhr Ortszeit meldete der Flugzeugführer einer Su-15 Flagon Sichtkontakt. Anscheinend war er aber nicht in der Lage, das Verkehrsflugzeug als solches zu erkennen. In dem später veröffentlichten Protokoll des Funkverkehrs sprachen Flugzeugführer und Bodenstation stets nur vom »Ziel«. Dass eine Identifizierung nicht möglich war, überrascht. Immerhin weist die Boeing 747 mit ihrem »Buckel« eine sehr charakteristische Rumpf-

Aus der Heckstation eines Tankers fotografiert: eine RC-135 im Anflug. (Foto: USAF Museum)

In geheimer Mission – Spionageflüge über dem Ostblock

Vier RC-135 auf der Ouffutt Air Base. Die beiden im Vordergrund stehenden Flugzeuge wurden auf den Rüststand Cobra Ball gebracht und verfügen demzufolge über Rumpffenster für optische Geräte. Die schwarzen Tragflächen dienten dem Blendschutz. (Foto: USAF Museum)

silhouette auf, die sie von allen anderen Verkehrsflugzeugen, aber auch von der RC-135, deutlich unterscheidet. Der russische Jagdflieger schoss zunächst mit einer Bordkanone, um die Aufmerksamkeit der Besatzung auf sich zu lenken, doch diese reagierte nicht. Die Bodenstation gab daraufhin den Befehl zum Abschuss, worauf die Boeing 747 von Luft-Luft-Raketen getroffen wurde. Der Kopilot konnte noch einen Notfallfunkspruch absetzen, doch dann explodierte der Airliner in der Luft. Die an Bord befindlichen 269 Menschen kamen ums Leben.

Der Vorfall sorgte für erhebliche politische Verwicklungen. Nach der Auflösung der Sowjetunion wurden neue Dokumente über den Zwischenfall veröffentlicht. Dennoch bleiben Fragen. In Russland ist man nach wie vor der Meinung, dass der Airliner gezielt zur Spionage eingesetzt wurde, beziehungsweise dass er von einer RC-135, die im selben Gebiet operierte, ablenken sollte. Westliche Stellen haben dies stets bestritten. Dennoch steht die Frage im Raum, wie es zu der extremen Kursabweichung kommen konnte. Warum hatte die Crew die Steuerkurshaltung des Autopiloten ausgeschaltet? Warum wurden die Kontrollleuchten am Instrumentenbrett nicht beachtet?

Wie konnte es zu einer fehlerhaften Programmierung des Trägheits-Navigationssystems bei der Zwischenlandung in Anchorage kommen? Warum wurde der falsche Kurs nicht mittels des Bordradars, das auch zur Bodenbeobachtung dient, erkannt? Fragen, auf die es keine Antworten gibt. Der Zwischenfall führte schlussendlich zur Einrichtung einer internationalen Radarüberwachung der Nordpazifikroute, die das Fliegen über diesem sensiblen, militärischen Gebiet sicherer machte.

Der Zusammenbruch der Sowjetunion und die damit veränderte politische Landschaft hatte auch Einfluss auf die Aktivitäten der amerikanischen Spionageflugzeuge. Anlässlich der 1955 in Genf durchgeführten Abrüstungskonferenz hatte der damalige US-Präsident Dwight D. Eisenhower das Programm »Open Skies« zur Diskussion gestellt. Danach sollten sich die Staaten der NATO und des Warschauer-Paktes gegenseitig durch Aufklärungsflugzeuge kontrollieren. Der Plan wurde wegen des Widerstandes der Sowjetunion nicht realisiert, aber 1989 erneut aufgegriffen. Diesmal war es US-Präsident George Bush sen., der einen erneuten Vorstoß unternahm. Schlussendlich unterzeichneten am 24. März 1992 24 Länder ein entsprechendes Abkommen. Weitere Staaten folgten. Kern des Vertrags ist eine Luftüberwachung durch Spezialflugzeuge mittels Fotografie, Radarbeobachtung und Infrarotsensoren. Die gewonnenen Ergebnisse werden allen Vertragsstaaten auf Wunsch zur Verfügung gestellt. Das Programm dient in erster Linie als »vertrauensbildende Maßnahme«. So sind den mitgeführten Geräten Grenzen gesetzt und auch die Beobachtung als solche ist reglementiert. Für die Missionen kommen die unterschiedlichsten Flugzeugmuster zum Einsatz. Die USA nutzen die OC-135B (jetzt OC-135W) für diesen Zweck, wobei O für »Observation« steht. Die Umsetzung des Vertrags ging jedoch nur langsam voran, so dass erst im Jahre 2002 die ersten Flüge erfolgten. Ein Ende der RC-135-Missionen bedeutet dies aber nicht.

Derzeit befinden sich noch 22 RC-135 der Ausführungen S, U, V und W – teils mit F108 Turbofan-Triebwerken – beim Air Combat Command der US Air Force im Einsatz. Das Air Combat Command entstand am 1. Juni 1992 durch den Zusammenschluss des SAC und des TAC und ist unter anderem für den Bereich Aufklärung zuständig. Die wenigen RC-135 decken ein breites Spektrum an Aufklärungstätigkeiten ab. Sie unterteilen sich in folgende Hauptfelder:

SIGINT	für Signal Intelligence = Fernmelde- und Elektronische-Aufklärung
PHOTINT	für Photographic Intelligence = Fotoaufklärung
IMINT	für Image Intelligengence = Bildgebende Aufklärung
COMINT	für Communication Intelligence = Fernmeldeaufklärung
ELNIT	für Electronic Intelligence = Elektronische Aufklärung
MASINT	für Measurement and Signal Intelligence = Sammlung technisch erzeugter Daten wie z.B bei einer Nuklearexplosion
RADINT	für Radiation Intelligence = Strahlungs Aufklärung
TELNIT	für Telemetrie Intelligence = Telemetrie Aufklärung

Rein äußerlich unterscheiden sich die RC-135-Varianten je nach Aufgabengebiet durch die Form des Bug-Radoms, durch Verkleidungen an den Rumpfseiten oder am Heck sowie durch diverse Antennen und Sensoren unterschiedlicher Gestaltung und Rumpfmontage voneinander. Sämtliche Flugzeuge verfügen über zwei separate Navigationssysteme, deren Herz von einer GPS-Anlage gebildet wird. Dank dieser Anlage ist eine exakte Standortbestimmung möglich und Luftraumverletzungen sind ausgeschlossen.

Fast alle RC-135 sind Umbauflugzeuge, die stets unter dem Oberbegriff »Big Safari« abgeändert wurden. Kodenamen wie »Rivet Joint« oder »Combat Sent« kennzeichnen den Rüststand der einzelnen Flugzeuge, der wiederum von der Aufgabenstellung abhängig ist. Innerhalb der Rüstzustände gibt es Abweichungen, die durch römische oder arabische Ziffern dargestellt werden. Von der Rivet Joint-Ausführung sind die Rüstsätze I, II, III, III Plus und 8 bekannt. Die Flugzeuge tragen außerdem individuelle Namen (u.a. »Wanda Belle« und »Lisa Ann«), die aber bei Abgabe an eine andere Besatzung häufig geändert werden. Für die verschiedenen Operationen existieren Oberbegriffe wie »Combat Apple« (Vietnam) oder »Southern Watch« (Nahost und Irak). Darüber hinaus werden Einsatzgebiete gesondert bezeichnet. »Burning Candy« kennzeichnet beispielsweise TELNIT-Missionen, die je nach Region die Namen »Baltic Candy«, »Cuba Candy« usw. tragen.

Der weltweite Einsatz des Musters wurde zunächst durch das »Peacetime Aerial Reconnaissance Programm« (PARPRO) gesteuert, das 1990 durch das »Peacetime Reconnaissance and Certain Sensitive Programm« (PRSCO) abgelöst wurde. Neben dem Militär greifen die zahlreichen amerikanischen Geheimdienste, zu denen neben dem CIA u.a. die National Security Agency (NSA), Defense Intelligence Agency (DIA), Defense Special Missile and Astronautics Center (DEF-SMAC) gehören, auf das Datenmaterial der RC-135-Aufklärer zurück. Heute obliegt die internationale Einsatzsteuerung dem »National Foreign Intelligence Programm«.

Angesichts der Bedeutung der elektronischen Aufklärung ist davon auszugehen, dass die RC-135 noch lange im Einsatz verbleiben werden, ehe sie von Drohnen abgelöst werden. Diese werden in einem gesonderten Kapitel beschrieben.

Skunk Works – das sagenumwobene Projektbüro

Eigentlich hat es schon beinahe etwas Tragisches: Obwohl er zu den erfolgreichsten und weltweit talentiertesten Flugzeugkonstrukteuren gehörte, trägt keine seiner Schöpfungen seinen Namen. Die Rede ist von Clarence Leonard Johnson. Wie kein anderer beeinflusste er über Jahrzehnte hinweg die Technikgeschichte der Firma Lockheed. Ab den 40er-Jahren konstruierte Johnson eine Reihe von Flugzeugen, die den ausgezeichneten Ruf des Unternehmens begründeten und international Maßstäbe setzten. Der begnadete Konstrukteur wurde am 27. Februar 1910 als Sohn schwedischer Einwanderer im abgelegen Ishpeming, einer Minenstadt in Michigan,

Mit kritischem Blick fixiert der junge »Kelly« Johnson das Windkanalmodell einer Lockheed Electra. (Foto: Lockheed)

geboren. Während seiner Schulzeit hänselten ihn einige Mitschüler, indem sie seinen relativ ungewöhnlichen Vornamen Clarence zu Clara verballhornten. Als er wieder einmal von einem Jungen so genannt wurde, setzte er sich mit einem derart harten Tritt zur Wehr, dass er dem Kontrahenten dabei ein Bein brach. Fortan hänselte ihn niemand mehr und er bekam den Spitznamen »Kelly«, unter dem er als Konstrukteur weltweit berühmt werden sollte.

1923 zog die elfköpfige Familie in das rund 500 km entfernte Flint. Eine wesentlich größere Stadt, die gute Berufs- und Bildungschancen bot. Spätestens hier wurde Johnsons großes Interesse an der Luftfahrt offenkundig. Er nahm an einem Schülerwettbewerb für Modellflugzeuge teil und belegte den 2. Platz, der mit einem Preisgeld von 25 US-Dollar verbunden war. Damals viel Geld für einen 13-jährigen Jungen. Damit konnte er sich seinen größten Wunsch erfüllen: einen Motorflug. Wenngleich dieser nach nur 3 Minuten wegen eines Motorausfalls mit einer Notlandung endete, war Johnson mehr denn je davon überzeugt, dass in der Luftfahrt seine Zukunft liegen würde.

Schulisch schlug Johnson eine entsprechende Laufbahn ein. Nach dem Besuch des Flint Junior College wechselte er zur Universität von Michigan. Hier gab es eine Reihe von Professoren, unter ihnen Felix Pawlowski und Edward A. Stalker, die sich gezielt mit der Luftfahrt befassten und die Johnson das erforderliche Rüstzeug vermittelten. Während des Studiums lernte er Don Palmer kennen, mit dem er viel Zeit verbrachte und der später bei Lockheed zu seinen engsten Mitarbeitern zählte. Zusammen mit Palmer ging Johnson 1932 auf Jobsuche, nachdem ihn die Army Air Force wegen einer Augenverletzung, die er sich als Kind zugezogen hatte, nicht aufnehmen wollte. Doch auch in der Luftfahrtindustrie gab es keine Arbeit. Hall L. Hibbard, Chefkonstrukteur der kleinen und noch jungen Lockheed Aircraft Corporation schlug Johnson vor, noch ein weiteres Jahr zu studieren, um sich dann erneut zu bewerben. Tatsächlich kam es 1933 zur Zusammenarbeit mit Lockheed. Johnson erhielt den Auftrag, im Windkanal der Universität das neueste Produkt des Unternehmens, das kleine zweimotorige Verkehrsflugzeug Electra, zu untersuchen. Im Gegensatz zu Stalker und Hibbard kam Johnson zu der Erkenntnis, dass das vorgesehene konventionelle Leitwerk keine ausreichende Stabilität bieten würde, worauf er eine Endscheibenkonstruktion – auch als H-Leitwerk bezeichnet – vorschlug. Eine Lösung, die schlussendlich akzeptiert wurde und die zur festen Anstellung bei Lockheed führte. Johnson entwarf zunächst Werkzeuge, doch schon bald bekleidete er die Position eines Ingenieurs für Flugversuche. Eine Aufgabe, die sehr anspruchsvoll war und zahlreiche Gebiete umfasste, darunter Aerodynamik und Belastungs- bzw. Massenanalysen. Dank seiner hervorragenden Fähigkeiten und Eigenschaften avancierte Johnson 1938 zum »Chief Research Ingenieur«. In dieser Funktion wirkte er maßgeblich an verschiedenen Entwicklungen mit. Aus der Vielzahl der Konstruktionen seien nur die »Super Electra«, »Lodestar«, »Ventura« und der zweimotorige Langstreckenjäger P-38 »Lightning« erwähnt.

US-Spionageflugzeuge

Frühzeitig hatte sich Johnson mit den Möglichkeiten des Turbinen-Luftstrahl-Triebwerkes befasst. Mit der P-80 (später F-80) »Shooting Star« entwickelte er das erste wirklich leistungsstarke Strahlflugzeug der USA, das später Luftfahrtgeschichte schrieb. Projektierung und Bau des Flugzeugs erfolgten unter strengster Geheimhaltung. In dieser Phase entwickelte Johnson die Idee eines nach außen abgeschirmten Konstruktionsbüros, das 1943 realisiert werden konnte und später unter dem Begriff »Skunk Works« weltweit berühmt wurde. Für ein solches Büro hatte Johnson 14 Regeln aufgestellt, die frei übersetzt nachfolgend wiedergegeben werden:

1. Der Leiter des Büros muss die komplette Kontrolle über das Programm erhalten. Er berichtet direkt dem Abteilungsleiter oder darüber angesiedelten Vorgesetzen.
2. Das starke, aber kleine Büro muss sowohl von der Industrie als auch vom Militär unterstützt werden.
3. Die Anzahl von Personen die mit dem Programm befasst sind, muss so gering wie möglich gehalten werden. Durch den Einsatz von Spitzenleuten beträgt der Personalbedarf nur 10–25% des sonst Üblichen.
4. Ein einfaches System zum Erstellen und Ändern von Zeichnungen muss geschaffen werden.
5. Das Berichterstattungssystem muss reduziert werden. Nur bedeutende Arbeiten sollten erfasst werden.
6. Eine strenge monatliche Kostenkontrolle des Programms ist erforderlich. Der Auftraggeber darf nicht mit überzogenen Programmkosten überrascht werden.
7. Die Auftragsvergabe an Zulieferer muss kontrolliert werden, wobei zivile Lieferanten meist preiswerter als militärische sind.
8. Das von der Air Force und Navy praktizierte Inspektionssystem ist zu aufwändig. Überprüfungen sollten nur begrenzt bei den Skunk Works erfolgen. Im Vorfeld müssen die Zulieferer kontrolliert werden. So lassen sich doppelte Inspektionen vermeiden.
9. Der Auftragnehmer muss sein Produkt in der Anfangsphase selbst testen und pobefliegen. Im anderen Fall ist ein Kompetenzverlust bei weiteren Entwicklungen zu befürchten.
10. Die Spezifikation des Auftraggebers muss den Abmachungen des Entwicklungsauftrags entsprechen. Abweichungen sind mit dem Konstruktionsbüro zu besprechen.
11. Die Finanzierung des Programms muss bei staatlichen Aufträgen zeitlich auf den Ablauf abgestimmt sein. Es darf nicht passieren, dass sich der Auftragnehmer um die Finanzen sorgen und zwischenfinanzieren muss.
12. Eine sehr enge Zusammenarbeit zwischen dem Auftragnehmer und dem militärischen Auftraggeber auf einer Tag-zu-Tag-Basis muss gewährleistet sein. Nur so können Missverständnisse vermieden und Korrespondenzen minimiert werden.
13. Eine strenge Zugangskontrolle zum Konstruktionsbüro muss erfolgen.
14. Eine besonders gute Entlohnung der wenigen Mitarbeiter ist erforderlich.

Die Arbeiten an der P-80 begannen am Rande des Lockheed-Werksgeländes in Burbank in einem behelfsmäßig errichteten Büro unter primitivsten Bedingungen. Aus dem Holz ausgedienter Motor-Transportkisten wurden Wände erstellt, als Dach diente die Plane eines Zirkuszeltes. Niemand konnte ahnen, dass hier die Keimzelle eines der geheimsten Luftfahrt-Konstruktionsbüros entstanden war, das später in Luftfahrtkreisen berühmt werden sollte. Zur Ent-

Die Einrichtung der Skunk Works ist untrennbar mit der Entwicklung des Jagdflugzeuges P-80 (später F-80) Shooting Star verbunden. Wer genau hinsieht kann erkennen, dass Chef-Testpilot Tony LeVier gern mit ziviler Kopfbedeckung flog. (Foto: USAF Museum)

stehung des Namens »Skunk Works« gibt es inzwischen eine Reihe von Darstellungen. Aus Sicht des Autors dürfte die von Ben Rich – einem Augen- und Ohrenzeugen – gemachte Schilderung eines Vorfalls am ehesten den Tatsachen entsprechen: Ganz in der Nähe des Behelfsbüros befand sich eine Kunststofffabrik, von der ein äußerst unangenehmer Geruch ausging, unter dem Johnson und seine Mitarbeiter zu leiden hatten. Eines Tages kam einer der Ingenieure mit einer zivilen Gasmaske zum Dienst und Projektentwickler Irv Culver dachte sich einen Gag aus, indem er sich am Telefon mit »Skonk Works, Irv Culver am Apparat« meldete. Bei Johnson kam der Spaß nicht an, sein Kommentar lautete: Culver, Sie sind gefeuert, bewegen Sie Ihren Arsch aus meinem Zelt«. Offensichtlich war der Rauswurf nicht ernst gemeint. Culver erzählte später, dass ihn Johnson an machen Tagen sogar zweimal feuerte. Demzufolge erschien Culver am nächsten Tag wie gewohnt zum Dienst und Johnson verlor kein Wort über den Vorfall. Hinter seinem Rücken wurde jedoch »Skonk Work« zu einem festen Begriff unter den Mitarbeitern

Skunk Works – das sagenumwobene Projektbüro

Das Skunk Works-Team zeichnete auch für die Konstruktion des ersten Allwetter-Jagdflugzeugs der US Air Force mit Strahlantrieb, der F-94 Starfire, verantwortlich. (Foto: USAF Museum)

und schon bald auch darüber hinaus. Was sich hinter »Skonk Work« tatsächlich verbirgt, soll kurz geschildert werden. Comic-Zeichner Al Capp hatte den in den USA sehr populären Streifen »Li`l Abner« kreiert. Hier braute ein Protagonist namens Hairless Joe aus alten Schuhen, Stinktieren und Abfällen in seiner als Skonk Work bezeichneten Küche ein Getränk Namens Kickapoo Joy Juice. Der Name Skonk Work etablierte sich rasch, er wurde lange Jahre genutzt. Dann trat 1960 Capps Verlag wegen der Namensrechte an Lockheed heran. Um rechtliche Auseinandersetzungen zu vermeiden, änderte das Unternehmen den Begriff in Sk<u>u</u>nk Work und ließ ihn als Warenzeichen registrieren.

Zu dieser Zeit hatte Johnson bereits Karriere gemacht. 1956 wurde er Vize-Präsident für Forschung und Entwicklung und zwei Jahre später Vize-Präsident der Abteilung Advanced Development Projects (ADP) – so der offizielle Namen der Skunk Works. Zu den herausragenden Entwicklungen aus dieser Zeit gehören die Jagdflugzeuge F-94 Starfire und F-104 Starfighter, das Transportflugzeug C-130 Hercules und die Spionageflugzeuge U-2 und SR-71 Blackbird.

Die Skunk Works wurden nach und nach ausgebaut. Nach dem erwähnten Zelt und einer Unterbringungen in einem mehr oder weniger behelfsmäßigen Bau mit der Bezeichnung Building 82 musste den gestiegenen Anforderungen Rechnung getragen werden, so dass neue Gebäude mit ständig verbesserter Ausstattung erstellt wurden. Bemerkenswert ist, dass die von Johnson aufgestellten 14 Regeln lange Bestand hatten. Selbst bei komplizierten Programmen blieb die Zahl der Mitarbeiter überschaubar, so waren an der Entwicklung der U-2 nur 50 Ingenieure beteiligt und selbst bei der Mach 3 schnellen SR-71 kam das Büro mit nur 135 Technikern aus. Als Johnson 1975 die Abteilung ADP an seinen Nachfolger Ben Rich übergab, hinterließ er ein gut bestelltes Feld, aber auch große Fußstapfen, die es auszufüllen galt. Bereits zu Lebzeiten hatte sich Johnson einen legendären Ruf verschafft. Seine erste Auszeichnung erhielt er 1937, als ihm der »Lawrence Sperry Award« für »Wichtige Verbesserungen aeronautischer Konstruktionen von Hochgeschwin-

US-Spionageflugzeuge

Skunk Works – das sagenumwobene Projektbüro

digkeits-Zivilflugzeugen« vom »Institute of Aeronautical Sciences« verliehen wurde. Bis 1984 sollte kaum ein Jahr vergehen, in dem Johnson nicht auf die eine oder andere Weise geehrt oder ausgezeichnet wurde. Dabei ragt die zweimalige Verleihung der »Collier Trophy«, der höchsten Auszeichnung, die die US-Luftfahrt zu vergeben hat, heraus. Johnson ist im Übrigen der einzige Preisträger, dem diese Ehre zweimal zuteil wurde.

Nach seinem offiziellen Ausscheiden aus dem ADP nahm er noch bis 1980 seine Aufgaben im Vorstand des Unternehmens wahr. Johnson – dessen drei Ehen kinderlos geblieben waren – starb nach schwerer Krankheit am 21. Dezember 1990. Zuvor hatte Lockheed die »Rye Canyon Research Facility« in »Kelly Johnson Research and Development Center« umbenannt. Das Forschungszentrum am Fuße des San Gabriel Gebirges liegt zwischen den Lockheed-Fabriken Burbank und Palmdale. Die moderne Anlage verfügt über einen Windkanal für hypersonische Geschwindigkeiten und entsprechende Beschleunigungseinrichtungen. Ferner sind Vakuumkammern, sowie Räume für elektromagnetische, akustische und klimatechnische Versuche vorhanden.

In Ben Rich (eigentlich Benjamin Robert Rich) hatte Johnson ab 1954 einen engen Mitarbeiter gefunden, der die Skunk Works von 1975 bis 1991 leitete. Ben Rich wurde am 18. Juni 1925 als Sohn jüdischer Eltern in Manila auf den Philippinen geboren. Die siebenköpfige Familie ging kurz vor dem japanischen Angriff auf Pearl Harbor in die USA, wurde eingebürgert und lebte in Los Angeles. Innerhalb seines Studiums legte Ben Rich seinen Arbeitsschwerpunkt auf

Die F-104A Starfighter zeichnete sich durch eine ungewöhnliche Konzeption aus. Ein Tragwerk von geringer Streckung und messerscharfen Vorderkanten bildete zusammen mit dem T-Leitwerk und dem raketenähnlichen Rumpf die wesentlichen Erkennungsmerkmale des Flugzeugs. Die F-104 war im Übrigen das erste Serien-Jagdflugzeug der US Air Force, das Mach 2+ erreichte. (Foto: NASA)

US-Spionageflugzeuge

Skunk Works – das sagenumwobene Projektbüro

das Gebiet der Thermodynamik. Er trat bei Lockheed als Spezialist für dieses Gebiet ein und erwarb sogleich sein erstes Patent, das zum Schmunzeln anregt, für die Betroffenen aber von großer Bedeutung war. Die Langstreckenflugzeuge der US Navy hatten ein Rohrsystem zum Abführen von Urin. Die Anlage hatte jedoch den Nachteil, dass es bei Benutzung zu Erfrierungen an empfindlichen Stellen kommen konnte. Rich entwickelte ein Heizsystem mit einem Nickelchrom-Draht, das dies verhinderte.

An allen wichtigen Projekten und Entwicklungen war Rich beteiligt, wobei er sich teilweise von seinem Spezialgebiet entfernte. So konstruierte er z.B. die Lufteinläufe für die Muster F-90, F-104 und C-130. Ferner befasste er sich mit Antriebssystemen. Darunter auch das Wasserstofftriebwerk für das geplante Überschallflugzeug Suntan und die Triebwerkanlage der SR-71. Für dieses Flugzeug war Rich auch als Thermodynamiker verantwortlich. Von ihm stammte unter anderem die Idee des schwarzen Anstrichs, der zur Hitzereduzierung dient. Als besonders herausragendes Ergebnis seiner Arbeiten ist sicherlich die Entwicklung des Stealth-Flugzeuges F-117 anzusehen. Darüber hinaus hatte er auch noch Anteil am F-22 Raptor-Programm. Ben Rich starb, vielfach geehrt, am 5. Januar 1995. Sein Nachfolger wurde Sherm Mullin, unter dessen Aufsicht die Entwicklung der YF-22 erfolgte und der bis 2002 die Skunk Works leitete.

Im März 1995 erfolgte der Zusammenschluss der Lockheed Corporation und der Martin Marietta Corporation zur Lockheed Martin Corporation. Ein Schritt, der die Aktivitäten des ADP allerdings nur wenig beeinflusste. Nach wie vor liegt der Schwerpunkt der Arbeiten auf dem militärischen

Das Transportflugzeug C-130 Hercules sollte sich im Laufe der Jahre als ganz großer Wurf erweisen. Von 1954 bis heute wurden mehr als 2.200 Exemplare gebaut. Dabei zeigte sich das Muster als äußerst flexibel, so dass es zahlreiche weitere Rollen ausfüllt. Hier die Sonderversion EC-130 »Commando Solo«. (Foto: USAF Museum)

US-Spionageflugzeuge

»Kelly« Johnson bespricht mit Testpilot Gary Powers die Ergebnisse eines Versuchsflugs mit der im Hintergrund stehenden U-2. (Foto: USAF Museum)

Sektor und so ist es verständlich, dass nur wenig davon an die Öffentlichkeit gelangt. Doch hin und wieder wird das eine oder andere Geheimnis gelüftet. Am 31. Januar 2006 startete vom US Air Force-Komplex 42 ein revolutionäres Hybrid-Luftschiff, das im Rahmen des »Walrus«-Programms für militärische Aufgaben entwickelt worden war. Das Luftfahrzeug sollte unter anderem als Transportvehikel und als Waffenplattform für Laser-Kanonen dienen. Das Programm wurde aber im April 2006 aufgegeben.

Der Air Force-Komplex 42 beheimatet seit 1989 die Skunk Works die zuvor viermal innerhalb des Lockheed Werksgeländes in Burbank umgezogen waren. Der Komplex befindet sich im Antelope Valley, ca. 105 km vom Stadtkern von Los Angeles und etwa 60 km von der Edwards Air Force Base entfernt. Innerhalb der 1968 errichteten Anlage sind acht Bereiche für geheime Projekt-Büros (Black-Programs) der Firmen Boeing, Northrop Grumman und Lockheed Martin reserviert. Unmittelbar an den Komplex schließt sich eine Start- und Landebahn an.

1990 wurde die ADP reorganisiert und seitdem als »Advanced Development Program« bezeichnet. Aus der kleinen Skunk Works-Abteilung ist inzwischen eine große Einheit mit mehr als 4.000 Mitarbeitern entstanden. Der Kern des Entwurfsbüros beschränkt sich aber nach wie vor auf eine kleine Anzahl von Fachleuten, die heute von Ed Glasgow geführt werden. Die Skunk Works haben in der Vergangenheit immer wieder mit großartigen Entwicklungen überrascht und dies dürfte wohl auch in den nächsten Jahren so bleiben.

Skunk Works – das sagenumwobene Projektbüro

Die F-117 gehörte zu den ersten Einsatzflugzeugen, die konsequent auf Tarnkappeneigenschaften ausgerichtet waren. Die kantige Bauweise des Musters wird auch als Diamant-Konstruktion bezeichnet. Bei dieser Aufnahme fallen die farbig abgesetzten Austrittsöffnungen des Antriebs besonders auf. (Foto: Lockheed Martin)

Mit dem Jagdflugzeug F-22 Raptor konnte Lockheed wieder einmal einen großen Erfolg verbuchen und einen lukrativen Wettbewerb für sich entscheiden. Das Muster gilt als das weltweit leistungsstärkste seiner Art. (Foto: Lockheed Martin)

US-Spionageflugzeuge

Lockheed U-2 – Einsätze und Technik

Allgemein gilt USAF-Major John Seaberg als Initiator der US-Höhenaufkläreretwicklung. Doch das ist nur ein Teil der Wahrheit. Bereits zu Beginn der 50er-Jahre hatte Colonel Richard Leghorn entsprechende Vorstellungen entwickelt und Konzepte erarbeitet. Gedanken, die Seaberg zeitlich versetzt aufgriff und dabei durch den Chef des New Developments Office, William Lamar, unterstützt wurde. Im Mai 1953 waren die Pläne soweit gediehen, dass der Industrie ein geheimes Pflichtenheft für ein Flugzeug vorgelegt werden konnte, das unter anderem Folgendes beinhaltete: Einsatzradius 2.400 km; Flughöhe 21.400 m; bestmögliche Reisegeschwindigkeit in 21.400 m; Nutzlast 45 bis 320 kg.

Des Weiteren wurden für den einsitzigen Aufklärer eine druckbelüftete, klimatisierte Kabine sowie eine einfache Funkausrüstung gefordert. Ferner sollte das Flugzeug über ein präzises Navigationssystem verfügen, das unabhängig von Bodenstationen einsetzbar war. Für die optische Aufklärung erwartete die USAF die Mitführung von drei Kameras mit 6 Zoll-Objektiven oder einer Kamera mit 36 Zoll-Objektiv. Auf eine Abwehrbewaffnung und einen Schleudersitz wurde bewusst verzichtet. Allerdings sollte die Rettung des Flugzeugführers aus allen Fluglagen möglich sein. Unter dem Kodenamen »Bald Eagle« ging die Ausschreibung an die Firmen Fairchild, Bell und Martin, deren Arbeit im Rahmen einer Machbarkeitsstudie vergütet wurde.

Im Januar 1954 lagen die Projekte vor. Fairchild bot unter dem Kürzel M-195 einen ungewöhnlichen Entwurf an, bei dem der Lufteinlauf des Strahltriebwerks auf dem Rumpfrücken platziert war und das Leitwerk sich an einem schmalen Träger oberhalb der Schubdüse befand.

Bei Bell hatte Chefkonstrukteur Richard Smith das zweimotorige Modell 67 entwickelt. Es handelte sich dabei um einen konventionellen Mitteldecker mit einfachem Leitwerk, einem Tragwerk von geringer Tiefe und hoher Streckung, dessen Turbinen-Luftstrahltriebwerke direkt unter dem Flügel montiert waren. Die Glenn Martin Company schlug vor, das Kampfflugzeug B-57 für die neue Aufgabe zu adaptieren. Die B-57 war der Nachbau der bekannten English Electric Canberra, die die US Air Force speziell für Nachteinsätze in den Dienst nehmen wollte. Nachdem der Lizenzvertrag 1951 zustande gekommen war, konnte die erste B-57A am 20. Juli 1953 den Erstflug absolvieren. In den folgenden Jahren verließen 403 Flugzeuge die Martin-Werkshallen in Baltimore, wobei sechs Hauptvarianten entstanden. Die Canberra gehörte in den 50er- und 60er-Jahren zu den weltweit leistungsstärksten Flugzeugen ihrer Klasse. Neben hohen Leistungen, guten Flugeigenschaften und robuster Bauweise sind ihre ausgezeichneten Höheneigenschaften besonders zu erwähnen. Für die US Air Force Gründe genug, um neben der Kampfflugzeugvariante auch eine Aufklärerausführung unter der Bezeichnung RB-57A zu ordern. Die Flugzeuge – Serial Numbers 52-1426 bis 52-1492 – waren zwar für den Tag- und Nachteinsatz im Hoch- und Tiefflug vorgesehen, wurden aber überwiegend als Nachtaufklärer verwendet. Sie hatten eine von drei auf zwei Mann reduzierte Besatzung, Kameras im Bombenschacht und einen schwarzen Hochglanzanstrich, der einen optimalen Schutz gegen das Erfassen durch Suchscheinwerfer bot.

Die ersten Exemplare kamen ab Oktober 1953 zur Auslieferung, wobei auch einige Flugzeuge in Deutschland eintrafen. Dort taten sie bei der 10th Tactical Reconnaissance Wing (TRW) in Spandahlem und der 66th TRW in Sembach Dienst. Im Einsatz bereitete die B-57 bzw. RB-57 viele Probleme. Das Wright J65-Triebwerk erwies sich gegenüber dem Rolls-Royce Avon als störanfälliger, die Ersatzteilbeschaffung war schwierig und Risse im Bereich der Flügelanschlüsse machten Sorgen. Das alles schlug sich in hohen Unfallzahlen nieder. Allein 1958 gingen zehn Flugzeuge verloren. Unbeachtet aller Schwierigkeiten wurden zehn Maschinen unter der Bezeichnung RB-57A-1 und dem Kodenamen »Lightweight« (später »Heartthrob«)

Die Schreibtischmodelle für den Bald Eagle-Wettbewerb zeigen, welch unterschiedliche Lösungen die Wettbewerber vorschlugen. Von links nach rechts: Fairchild M-195, Bell Modell 67 (X-16) und Martin RB-57. (Foto: NASA)

Eine fabrikneue RB-57A wird aus der Werkhalle der Firma Martin in Baltimore gezogen. Der glänzende, allseitig schwarze Anstrich sollte eine Erfassung durch Suchscheinwerfer erschweren. (Foto: USAF Museum)

zu Spezialaufklärern umgebaut. Die Besatzung bestand nur noch aus dem Flugzeugführer. Nicht unbedingt benötigte Ausrüstung wurde entfernt und das stärkere J65-W-7 eingebaut. Insgesamt konnten die Massen um 2.572 kg reduziert und die Flughöhe um rund 1.600 m gesteigert werden. Zwei weitere Flugzeuge erhielten ein AN/APS-60-Höhenradar und die Kennung RB-47A-2.

Während die für die Air National Guard bestimmten RB-57B und die RB-57C Trainingsflugzeuge nicht besonders zu erwähnen sind, verdient die Baureihe RB-57D besondere Aufmerksamkeit. Die Ingenieure hatten das Flugzeug als Interimsmuster bis zur Verfügbarkeit größerer U-2-Stückzahlen konzipiert. Der Höhen-Tag-Aufklärer wurde in vier Blöcken mit den Unterbezeichnungen Group A Zero, Group B Zero, Group D und Group C mit dem starken J57-Triebwerk gefertigt. Das erste von insgesamt 20 Flugzeugen nahm ab dem 3. November 1955 die Flugerprobung auf. Auffällig war das Tragwerk mit einer von 19,51 m auf 32,30 m vergrößerten Spannweite. Während der gesamten Einsatzzeit hatte das Muster – das sowohl ein- als auch zweisitzig geflogen wurde – mit Strukturproblemen (Flügelbrüchen) zu kämpfen, die überwiegend bei der Landung auftraten.

Unter der Tarnbezeichnung »Project Black Knight« wurden die ersten Exemplare dem SAC im März 1956 überstellt. Als erste Einheit erhielt das 4028th Strategic Reconnaissance Squadron (SRS) auf der Turner AFB das Flugzeug. Es folgten die 6061th SRS in Yokota, Japan und das auf dem Rhein-Main-Flughafen stationierte 7407th Support Squadron.

Martin hatte für den ELINT/SIGINT-Aufklärer das halbautomatische System SAFE (Semi-Automatic Ferret Equipment, Kodename »Blue Tail Fly Project«) entwickelt, das ab 1956 in die Testphase ging und schon bald routinemäßig genutzt wurde. Am 10. Dezember 1956 flogen RB-57D von europäischen Basen aus Aufklärungseinsätze über Albanien, Bulgarien und Jugoslawien. Weitere Einsätze unter dem Namen »Bordertown« folgten und auch die in Asien stationierten RB-57D wurden aktiv. Drei Flugzeuge überflogen am 11. Dezember 1956 in etwa 19.000 m Höhe Wladiwostok. Ein Einsatz, der umgehend den Protest der Sowjetunion nach sich zog. Offiziell

US-Spionageflugzeuge

Ein Flugzeug der Baureihe RB-57C. Beachtenswert ist der große Radom, der dem Bug eine neue Form gab. (Foto: USAF Museum)

erfolgte die Einstellung der Flüge, die aber vermutlich unter dem Begriff »Operation Sea Lion« weitergeführt wurden, wobei auch China mit einbezogen wurde.

Während des Vietnam-Krieges kam die B-57 in großem Umfang zum Einsatz. Darunter auch sechs B-57E, die General Dynamics zu RB-57E Aufklärern modifiziert hatte. Neben einem Infrarot-Scanner und zwei Vertikal-Kameras im Bombenschacht verfügten sie noch über vertikal und schräg eingebaute Kameras im Bug. Vom Mai 1963 bis August 1971 erfüllte das Muster unter dem Oberbegriff »Patricia Lynn« zahlreiche Missionen.

Die ultimative Aufklärer-Version der B-57 – auch »Intruder« genannt – stellt die RB-57F dar, die durch den Umbau von 17 Flugzeugen der Baureihen B-57B und RB-57D entstanden war und am 23. Juni 1963 den Jungfernflug absolvierte. Erneut wurde die Spannweite erhöht und zwar auf 37,19 m. Dadurch ergab sich eine Flügelfläche von knapp 186 m². Die Triebwerkanlage bestand nun aus zwei TF33-P-11 Turbofan-Triebwerken und zwei in Gondeln unter dem Tragwerk montierten J65 Turbojets, die nur bei Bedarf – wie Start und Steigflug – zugeschaltet wurden.

Über die Einsätze der RB-57 im Bereich des Ostblocks liegen so gut wie keine Informationen vor. Lediglich der Verlust einer RB-57F am 14. Dezember 1965 über dem Schwarzen Meer ist bekannt geworden. Ferner wird davon berichtet, dass die Taiwanesen das Flugzeug über dem chinesischen Festland einsetzten und dass der CIA während des Indisch-Pakistanischen Krieges den Pakistanern zwei RB-57F zur Verfügung stellte, von denen eine durch eine SA-2 Flak-Rakete beschädigt wurde.

Nach diesem Exkurs über die RB-57-Aufklärer zurück zum Wettbewerb des Jahres 1954. Kelly Johnson hatte ausgezeichnete Verbindung zur USAF und so verwundert es nicht, dass er trotz der hohen Geheimhaltungsstufe über das Programm informiert war und so scheute er sich nicht, von sich aus mit dem Projekt CL-282 auf die Air Force zuzugehen. Der Vorschlag basierte auf dem neues-

Während des Vietnam-Kriegs setzte die US Air Force die B-57 in großem Umfang ein. Das Foto zeigt einen RB-57E-Aufklärer. (Foto: USAF Museum)

Die Baureihe RB-57F hatte nur noch wenig mit der Basisausführung RB-57A gemein. Unterschiede betrafen unter anderem das deutlich größere Tragwerk, das geänderte Leitwerk, ein neues Kabinendach und die Triebwerksanlage, die aus TF33-P-11-Turbofans und J65 Turbojets bestand. (Foto: USAF Museum)

ten Jagdflugzeug der Lockheed Corporation, der F-104 Starfighter, einem Mach 2-Jäger mit extrem geringer Spannweite und T-Leitwerk. Johnsons Idee war es, das Tragwerk von 6,68 m Spannweite gegen eines von 21,44 m auszutauschen und den Rumpf von 16,69 m auf 13,41 m zu verkürzen. Außerdem sollte ein J73 Triebwerk zum Einbau kommen und anstelle eines Fahrwerkes der Start auf einem Spezialwagen und die Landung auf Kufen erfolgen. Doch die Air Force wollte diesen Vorstellungen nicht folgen. Insbesondere das komplexe Start- und Landeverfahren und das unerprobte Triebwerk schreckten Seaberg und sein Team ab. Johnson ließ sich davon nicht entmutigen und arbeitete ein völlig neues Konzept mit dem von der USAF favorisierten J57 aus.

Die Aufklärerentwicklung verlief nun zweigleisig. Präsident Eisenhower und sein Beraterstab waren der Ansicht, dass die Aufklärungsflüge über dem Ostblock nicht durch die US Air Force, sondern durch den Geheimdienst CIA erfolgen sollten. Im Fall eines Abschusses wollte die Regierung die Aktion als Alleingang des CIA darstellen, von dem offiziell nichts bekannt war. Dennoch hielt die USAF an ihrem Höhenaufklärerkonzept fest.

Während die Luftstreitkräfte das Bell Modell 67 bevorzugten und die Fairchild M-195 wegen zu geringer Leistungen nicht in Frage kam, entschied sich der CIA für Lockheeds Vorschlag, der im November 1954 unter dem Tarnnamen »Aquaton« den Zuschlag erhielt. Treibende Kraft beim Geheimdienst war der Deputy Director for Plans, Richard Bissell, der die Geschicke des Flugzeugs und seiner Einsätze über Jahre hinweg begleiten sollte. Für den Bau von 20 Flugzeugen stellte der CIA 54 Millionen US-Dollar bereit. Lockheed überwies später acht Millionen davon zurück. Aquaton gehört damit zu einer kleinen Zahl von Programmen, die weniger Geld als vorgesehen benötigten.

Die 1:1-Attrappe des neuen Flugzeugs konnte am 9. November 1954 vorgestellt werden. Später wurde für den intern als »Angel« geführten Aufklärer die offizielle Bezeichnung U-2 festgelegt, wobei das U innerhalb des Air Force-Bezeichnungssystems für »Utility« (Mehrzweck- bzw. Nutzen) steht. Die Öffentlichkeit sollte damit über den wahren Zweck des Flugzeuges getäuscht werden. Darüber hinaus bestand die Absicht, die U-2 als Wetterflugzeug der NACA darzustellen. Ähnlich verhielt sich die USAF beim Bell Modell 67, das die Bezeichnung X-16 erhielt und so nach außen hin den Experimentalflugzeugen zugeordnet wurde. Nachdem die Air Force 28 X-16 bestellt hatte, kam das Programm rasch voran. Bell konnte bereits im September 1954 mit der Fertigung des ersten Flugzeugs beginnen. Doch dann gab es immer wieder Verzögerungen, die im Oktober 1955 zur Aufgabe der X-16 führten. Aus dem Kreis der Wettbewerber hatten sich somit nur Martin mit der RB-57 und Lockheed mit der U-2 durchsetzen können.

Bei der Projektierung der U-2 ließ sich Johnson vor allem von einer leichten Bauweise leiten. Seine Vorstellung war es, die Flächenbelastung auf unglaubliche 2 kg/m² zu reduzieren. Der einsitzige, einmotorige Tiefdecker hatte weder eine Druckkabine noch einen

Blick auf die in der Fertigstellung befindliche Attrappe der Bell X-16. (Foto: Bell)

Schleudersitz. Das Hydrauliksystem wurde so klein wie möglich gehalten, so dass der Antrieb des Leitwerks mechanisch erfolgte. Einen weiteren Beitrag zur Reduzierung der Massen bildete das Tandemfahrwerk mit abwerfbaren Stützrädern unter dem Tragwerk. Für die Verkleidung von Rumpf und Tragwerk wählte Johnson sehr dünnes Material aus. Ferner entwickelte er die Böen-Kontrolle. Dahinter verbirgt sich eine Steuerung der Querruder und der äußeren Landeklappen, die ein Durchbiegen des Tragwerks verhindert, so dass der Tragflügel trotz großer Streckung auch bei Belastung ohne besondere Verstärkung der Struktur auskommt.

Alles in allem war die U-2 ein Entwurf, der weitgehend frei von Entwicklungs- und Erprobungsrisiken war und innerhalb von acht Monaten umgesetzt werden konnte. So jedenfalls die Meinung Johnsons. In der Praxis bereitete in erster Linie das Tragwerk mit seiner

US-Spionageflugzeuge

Die erste U-2 auf der Piste von Groom Lake. Auffällig sind die Nummer 001 am Leitwerk und das US-Hoheitskennzeichen auf dem Lufteinlauf. Die Aufnahme zeigt eine Reihe von interessanten Konstruktionsmerkmalen. So das Tandem-Fahrwerk, die abwerfbaren Stützräder (»Pogos« genannt), die als Landekufen ausgebildeten Flügelspitzen und den Sonnenschutz auf dem Kabinendach. (Foto: USAF Museum)

Böen-Kontrolle viele Probleme, so dass die Termine nur durch eine beispiellose Arbeitsleistung zu halten waren. Während der Bauphase begab sich Lockheed unter der Führung des Cheftestpiloten Tony LeVier auf die Suche nach einem geeigneten Versuchsgelände, das einerseits vor der Öffentlichkeit verborgen sein sollte, andererseits aber nicht zu weit vom Hauptwerk entfernt sein durfte. Schlussendlich wurde LeVier fündig. Eine alte USAAF-Station auf dem Groom Lake (Einzelheiten hierzu im Kapitel 5) schien für die Zwecke hervorragend geeignet.

Nach vorbereitenden Arbeiten konnte die erste U-2 im Juli 1955 in zerlegtem Zustand mit einer Douglas C-124 Globmaster II zum Testgelände transportiert werden. Bereits zu diesem Zeitpunkt hatten sich einige Änderungen in der Gesamtauslegung ergeben, von denen der Einbau einer Druckkabine herausragt. Ursprünglich war geplant, dass der Pilot während der meisten Zeit seinen Druckanzug aktivieren sollte. Doch das war zu belastend. Die David M. Clark Company hatte einen entsprechenden Anzug entwickelt, der für jeden Flugzeugführer maßgeschneidert werden musste. An der Außenseite von Armen, Beinen und der Hüfte verliefen Wülste, die aufgeblasen wurden, den Anzug dicht an den Körper pressten und so ein Ausdehnen von Körperflüssigkeiten- und gasen verhinderten. Allerdings schränkte der Anzug in aktivem Zustand die Bewegungsfreiheit stark ein, so dass bei der U-2 auf eine Druckkabine zurückgegriffen wurde.

Nach der Endmontage des »Article 341« genannten Flugzeugs begann LeVier mit der Bodenerprobung, die neben Triebwerksläufen auch Rollversuche beinhaltete. Am 1. August erreichte er dabei 112 km/h und hob erstmals von Boden ab. Johnson hatte im Vorfeld der Versuche vorgeschlagen, das Flugzeug auf dem Hauptfahrwerk aufzusetzen. Grund dafür war der flache Landewinkel der U-2, der einen Strömungsabriss bei der Landung verhindern sollte. Als die U-2 nach etwa 400 m aufsetzte, hielt sich der Testpilot an die Anweisung. Das Flugzeug prallte dabei auf den Boden, hob erneut ab und setzte dann mit brennenden Bremsen und zwei geplatzten Haupttreifen endgültig auf. Zum Glück blieben die Schäden überschaubar und so konnte LeVier den ersten wirklichen Flug mit der U-2 am späten Nachmittag des 4. August 1955 durchführen. Nach rund 20 Minuten zwang ein aufkommender Gewittersturm mit starken Regenfällen zum vorzeitigen Abbruch des Flugversuchs. LeVier setzte das Flugzeug kurz vor dem Strömungsabriss in einer perfekten 2-Punkt-Landung auf. Der nächste Testflug folgte am 6. August und nur zwei Tage später konnte die U-2 einem kleinen Kreis von Regierungsvertretern und dem CIA im Flug vorgeführt werden. In der Folgezeit erreichte LeVier eine Flughöhe von 15.240 m und eine Geschwindigkeit von Mach 0,85. Mit der Verfügbarkeit weiterer Flugzeuge zog sich der Chef-Testpilot aus der Erprobung des Musters zurück und legte sie in die Hände der Lockheed-Flugzeugführer Bob Matye und Ray Goudey, die schon bald durch Robert Schumacher und Bob Sieker unterstützt wurden. Insgesamt gesehen stand das Programm unter hohem Zeitdruck. Ein Krieg mit der Sowjetunion schien nicht ausgeschlossen und die Rüstungsprogramme der Russen machten Sorgen. Seit 1947 wurden in Tushino – einem Flugplatz nahe Moskau – Luftfahrtschauen durchgeführt, zu denen auch die Militärattachés des Westens geladen wurden. Ferner boten die jährlichen Mai-Paraden in Moskau eine ideale Plattform zur Vorstellung neuer Waffen. Kurzum – es waren Propagandavorführungen, bei denen der »Klassenfeind« beeindruckt werden sollte. Ein Plan, der aufging. Nach wie vor fürchtete US-Präsident Eisenhower, dass die UdSSR einen atomaren Erstschlag gegen die Vereinigten Staaten durchführen könnte. Dabei spielten Interkontinentalbomber eine wichtige Rolle. Mit dem Auftauchen der Langstreckenflugzeuge Tupolew Tu-95 Bear und Mjasistschew M-4 Bison in den Jahren 1954/55 bekam diese Sorge neue Nahrung. Wie viele dieser Flugzeuge waren im Einsatz, wo waren sie stationiert und wie verlief die Erprobung der sowjetischen Langstreckenraketen? Elementare Fragen, die nur die Luftaufklärung beantworten konnte. Doch die U-2 war noch nicht soweit. Ihre Erprobung offenbarte einige Schwächen. Das J57-Triebwerk hatte die Neigung, auf Schubänderungen in Höhen oberhalb von 13.800 m sehr empfindlich zu reagieren, sprich, es ging aus. Ein erneutes Starten war zwar möglich, aber erst in Höhen ab 10.600 m. Darüber hinaus funktionierte die Kraftstoffzuführung nicht richtig. Dies lag zum einen an den Kraftstoffpumpen, zum anderen an der Platzierung der Tanks. Normalerweise werden sie im Tragwerk nebeneinander, also im Außen- und Innenflügel, angeordnet. Nicht so bei der U-2, hier lagen sie in den Vorder- und Hinterkanten des Tragwerkes, so dass insbesondere beim Steigflug Probleme beim Entleeren der Behälter auftraten, die nur durch zusätzliche Maßnahmen beseitigt werden konnten. Mehr als unangenehm war auch der Austritt von Öl aus dem Hochdruck-Kompressor des Triebwerks, der auch die Druckkabine versorgte. Ölspuren gelangten über diesen Weg ins Cockpit und den ebenfalls druckbelüfteten Kameraschacht und legten sich dann als dünner Film auf die Scheiben des Kabinendaches bzw. des Kamerafensters. Als erste Gegenmaßnahme wurden Hygienetücher in die Filter der Druckanlage eingebracht. Später erfolgten serienmäßige Änderungen, ohne dass der Mangel selbst vollständig beseitigt werden konnte. Positiv war 1955 zu verbuchen, dass die U-2 eine Flughöhe von über 20.083 m erreicht hatte. Das war mehr als der offizielle Höhenweltrekord, den die English Electric Canberra im selben Jahr aufgestellt hatte.

Neben der Flugerprobung musste für die Rekrutierung künftiger Piloten ebenso Sorge getragen werden, wie für die Entwicklung der Aufklärungsmittel. Verschiedene Gruppen arbeiteten an unterschiedlichen Kameras, von denen sich die so genannte A-Kamera am schnellsten realisieren ließ, da sie auf den vorhandenen Lichtbildgeräten der US Air Force aufbaute. Anders die B-Kamera, sie war eine Entwicklung, für die Jim Baker von der Harvard Universität verantwortlich zeichnete und die viel Neues bot. Das 92 cm-Objektiv war einschließlich Verschluss und Spiegel beweglich. Es rotierte über sieben, sich überlappende Positionen, die von Horizont zu Horizont reichten. Vier Betriebsarten waren möglich und zwar:

- Links Winkel 1, 2 und 3, Senkrechtaufnahme, rechts Winkel 4, 5 und 6
- Je ein Winkel bzw. Position nach links und rechts sowie Senkrechtaufnahme
- Links Winkel 1, 2 und 3 sowie Senkrechtaufnahme
- Rechts Winkel 4, 5 und 6 sowie Senkrechtaufnahme

So war es möglich, neben Punktaufnahmen auch Stereo-Fotografien zu erstellen. Baker nutzte bei der Steuerung und Einstellung der Kamera als einer der Ersten die Möglichkeiten, die ein Computer bietet. Eine weitere Besonderheit der B-Kamera war die Filmzuführung. Zwei Kassetten mit Rollen von bis zu je 2.000 m waren beiderseits der Kamera befestigt. Beim Fotografieren wurde je ein Bild aus jeder Rolle belichtet. Das Format betrug 24,1 cm x 45,7 cm. Aus den zwei Fotos jeder Aufnahme entstand am Boden durch Kleben ein 45,7 cm x 45,7 cm großes Bild, das eigentlich die Maße

Einbau einer A-2 Kamera in den so genannten Q-Schacht der U-2. Der Schacht verfügte auch über einen Zugang von oben, so dass das schwere Kamerapaket mittels Kran ein- und ausgebaut werden konnte. (Foto: USAF Museum)

US-Spionageflugzeuge

Blick auf die B-Kamera. (Foto: USAF Museum)

48,2 cm x 45,7 cm aufweisen musste. Die fehlenden 2,5 cm stellten nur bei Senkrechtaufnahmen ein Problem dar, da das Sichtfeld nicht komplett dargestellt wurde. Als bei einem Versuch in den USA ein Flugfeld in großer Höhe parallel überflogen worden war, war dies auf den senkrecht erstellten Fotos nicht sichtbar! Die Filme drehten sich gegenläufig und blieben in allen Phasen des Gebrauchs in ihren Rollen, so dass sich der Schwerpunkt des Kamerapaketes nicht änderte. Eine Eigenschaft, die der gewichtsmäßig austarierten U-2 entgegenkam.

Die B-Kamera, mit einem Gesamtgewicht von bis zu 262 kg, wurde bei Hycon gefertigt. Sie wies ausgezeichnete Leistungen auf. Aus 18.300 m konnte eine Auflösung von 75 cm erzielt werden. Insgesamt überzeugte die Lösung und die Kamera avancierte zur Standardausrüstung der U-2. Nur am Rande sei erwähnt, dass noch eine C-Kamera existierte, die aber über das Versuchsstadium nicht hinaus kam. Neben der Kameraausrüstung begannen die Arbeiten an einer ELNIT-Anlage zur Erfassung sowjetischer Radarstrahlung. Das Programm führte zu einer kleinen Anlage, die im Rumpfbug mitgeführt werden konnte.

Da die U-2 weit ab von allen eigenen Bodenstationen operierten und aus Sicherheitsgründen kein Funkverkehr über gegnerischem Gebiet möglich war, musste ein auf den Einsatzzweck zugeschnittenes Navigationsgerät entworfen werden. Es handelte sich dabei um die Astro-Navigation, zu der neben einem Periskop auch ein Sextant gehörte. Da oberhalb von 15.000 m der Himmel schwarz erscheint, sind die Fixpunkte für die Navigation auch bei Tage zu sehen. Das zweiteilige Periskop ragte oben und unten aus dem Rumpfbug heraus. Es verfügte über eine vierfache Vergrößerung und übernahm mehrere Aufgaben, so war es auch Bestandteil des Abdriftmessers.

Bei der Auswahl der Flugzeugführer kam die Überlegung auf, sich auf staatenlose oder emigrierte Männer zu stützen. Ein Gedanke, der rasch verworfen wurde. Doch auch die nächste Idee konnte nicht überzeugen. In den Jahren 1950 bis 53 hatten Griechen für die USA mit P-51-Aufklärern Einsätze über Albanien und Bulgarien geflogen. Nun sollten sie die U-2 Missionen durchführen. Tatsächlich kamen vier Griechen in die nähere Wahl und zur Ausbildung auf Jet-Flugzeugen in die USA. Doch letztlich wandte sich die US Air Force ihren eigenen Männern zu. Unter dem Kodenamen »Oilstone« (vormals »Shoehorn«) unterstützte sie das U-2 Programm und übernahm unter anderem die Pilotenausbildung. In einem ersten Schritt konnten sechs Piloten ausgebildet werden, wobei das Flugtraining, einschließlich der Luftfotografie, 58 Flugstunden auf der U-2 umfasste.

In der Zwischenzeit konnte Pratt & Whitney das J57 in Form der Baureihe -31 liefern. Der Antrieb stellte eine wesentliche Verbesserung dar. Seine Gesamtmasse konnte um 204 kg reduziert werden. Gleichzeitig erhöhte sich die Schubleistung von 4.768 kg auf 5.107 kg (50,1 kN). Triebwerkaussetzer traten nicht mehr so häufig

Der Einstieg in die U-2 mit angehängter Sauerstoffflasche und Helm war relativ kompliziert und bedurfte der Hilfe der Bodenmannschaft. Auf diesem Foto trägt der Flugzeugführer einen Clark MC-3 Anzug. (Foto: USAF Museum)

auf und ein Neustart war auch in größeren Höhen möglich. Zunächst wurde das Flugzeug »Article 341« mit dem -31 ausgerüstet. Damit erreichte es nun Höhen von 22.539 m und eine Reichweite von 7.408 km. Gründe genug, um die U-2 mit dem J57-PW-31 zu motorisieren.

Der neue Antrieb stellte nach Meinung der Flieger einen großen Schritt nach vorne dar, so dass nunmehr die ersten Einsätze ins Auge gefasst werden konnten. Die Missionen mussten aus Gründen der Reichweite von Basen außerhalb der USA erfolgen. Demzufolge verlegten die ersten Flugzeuge 1956 zur USAF-Basis Lakenheath in

Großbritannien. Zu diesem Zeitpunkt war die Geheimhaltung mehr oder weniger Makulatur. Johnson hatte das Muster verschiedenen Abteilungen der Air Force als Höhenbomber mit zwei kleinen Atomwaffen, als Radaraufklärer mit Seitenblickradar und als Höhenjäger mit einer Gatling-Bordkanone angeboten. Ein Verhalten, das die bisherige Geheimhaltungspraxis konterkarierte. Allerdings war ohnehin allen Beteiligten klar, das sich die Existenz der U-2 nicht mehr länger verheimlichen ließ. Der CIA nahm darauf die NACA mit ins Boot, deren Direktor Hughes Dryden erklärte, dass die U-2 ein Wetterbeobachtungsflugzeug für Höhen von bis zu 17.000 m Flughöhe sei und Spezialaufgaben in Vorbereitung des künftigen Jet-Airliner-Einsatzes der Boeing 707 und Douglas DC-8 erfüllte. Zur Unterstützung dieser Darstellung wurden drei Weather Reconnaissance Squadron (Provisional) (WRSP) gegründet, die aber tatsächlich die Bezeichnungen Detachment A (alias WSRP-1), Detachment B (alias WSRP-2) und Detachment C (alias WRSP-3) trugen und dem CIA unterstanden.

Nicht weniger als fünf U-2 sind auf dieser Aufnahme, die in Groom Lake entstand, zu sehen. Da die Flugzeuge als Wetterflugzeuge der NACA deklariert waren, trugen sie ein entsprechendes Kennzeichen am Leitwerk. (Foto: USAF Museum)

Bevor die U-2 zur ersten Aufklärungsmission über dem Ostblock starten konnte, gab es einen Zwischenfall, der erhebliche Konsequenzen nach sich zog. Der sowjetische Präsident Nikita Chruschtschow hatte 1956 Großbritannien an Bord eines Kreuzers einen Besuch abgestattet. Nachdem das Schiff in Portsmounth eingetroffen war, hatte der britische Geheimdienst die Unterseite des Kreuzers durch einen Froschmann untersuchen lassen. Anscheinend war dies den Russen nicht verborgen geblieben. Es gab diplomatische Verwicklungen und vom Taucher fehlt bis heute jede Spur!

Angesichts dieses Debakels wollte die britische Regierung keine Spionageflüge von ihrem Terretorium aus genehmigen. Der CIA und die US Air Force wandten sich daraufhin an Deutschlands Bundeskanzler Konrad Adenauer, der diesbezüglich keine Bedenken hegte und die Flüge erlaubte. Detachment A verlegte daraufhin ins süddeutsche Giebelstadt. Von hier aus führte Carl Overstreet am 20. Juni 1956 den ersten Flug über dem Ostblock durch. Wegen der angeordneten, kompletten Funkstille erhielt er vom Tower per Lichtzeichen die Startfreigabe. Im Anschluss daran ging über dem Gebiet der Bundesrepublik auf große Höhe um dann über der Tschechoslowakei und Ostdeutschland nach Polen zu fliegen, um dort die wichtigsten Städte zu fotografieren. Unbehelligt von jeglicher Abwehr kehrte er Stunden später nach Giebelstadt zurück. Das Fotomaterial wurde zur Auswertung in die USA gebracht.

Da die B-Kamera noch nicht verfügbar war, kam das Kamerapaket A-2 zum Zuge. Es bestand aus drei Hycon HR731B1-Kameras. Zwei waren im Winkel von 37° nach rechts und links ausgerichtet. Eine dritte machte senkrechte Aufnahmen. Zusammen mit der 550 m Filmrolle wog das Paket nur 164 kg. Obwohl nur die A-Kamera zur Verfügung stand, war das Material ausgezeichnet. Nun ging es darum, möglichst viele Einsätze zu fliegen, da US Präsident Eisenhower die Dauer der Missionen auf zehn Tage begrenzt hatte. Bei den nachfolgenden Flügen – die über den sowjetischen Satellitenstaaten erfolgten – kamen in einem Fall sogar zwei U-2 zeitgleich zum Ansatz. Am 4. Juli 1956 gingen die Amerikaner einen Schritt weiter. Hervey Stockmann flog mit seiner U-2, die das Kennzeichen NACA 187 trug, in den russischen Luftraum ein. Er fotografierte zunächst Ziele in Minsk und flog dann nach Leningrad weiter. Hier beobachtete er das Auftauchen von Jagdflugzeugen, die aber weit unter seiner Flughöhe blieben, so dass er die Mission fortsetzte und noch das Baltikum anflog, ehe er nach Giebelstadt zurückkehrte.

Der Einsatz war für beide Seiten ein Schock. Die Amerikaner hatten nicht damit gerechnet, dass das sowjetische Radar die hochfliegende Maschine entdecken konnte. Sie hatte damals nur Kenntnis vom Token-Radar, das bis zu etwa 18.000 m reichte. Die Existenz des leistungsstärkeren A-100 war ihnen bis dahin verborgen geblieben. Die sowjetische Abwehr hingegen konnte nicht fassen, dass die USA ein derart hochfliegendes Flugzeug entwickelt hatten, das sich allen Gegenmaßnahmen entziehen konnte und das eine potenzielle Bedrohung der UdSSR darstellte.

Nun musste jede Seite auf ihre Weise reagieren. Eisenhower hatte die Flüge unter der Bedingung genehmigt, dass sie unentdeckt blie-

US-Spionageflugzeuge

ben. Weder der CIA noch die US Air Force informierten ihn umfassend über das Geschehen, vielmehr beließen es die Beteiligten bei Halbwahrheiten. Der nächste Flug in Richtung Sowjetunion führte die U-2 direkt nach Moskau, von dort zur Flugzeugfertigung nach Fili und schließlich nach Ramenskoje, dem Erprobungszentrum der Roten Luftwaffe. Die Fotoausbeute, aber auch das Material, das die ELNIT-Anlage gesammelt hatte, war von unschätzbarem Wert. Erstmals konnten sich die Amerikaner ein genaueres Bild über die Luftrüstung der UdSSR machen. Doch nicht nur das. Während der Flüge wurden neben Punktzielen ganze Landstriche fotografiert, so dass auch Erkenntnisse über das russische Verkehrswesen und vieles mehr gewonnen werden konnte. Darüber hinaus war es nun möglich exakte Karten von der Sowjetunion zu erstellen. Bis zu diesem Zeitpunkt verfügten die USA nur über das von Deutschland während des Zweiten Weltkrieges erstellte Material. Mit den Flügen erreichten die Militärs zweierlei. Zum einen verschafften sie sich einen Überblick über die Stärken und Schwächen des Gegners, zum anderen konnten sie die Ziele für einen Angriff festlegen. In der Tat gab es in den Vereinigten Staaten Stimmen, die einen atomaren Erstschlag gegen die Sowjetunion forderten. Doch derlei Kriegstreiber brachten sich mit ihrer Forderung selbst ins Abseits und wurden rasch von ihren Funktionen entbunden. Dennoch war 1956 ein gefährliches Jahr, das im Herbst mit dem Ungarnaufstand und der Suezkrise aufwartete. Politische Ereignisse, die Eisenhower dazu bewogen, die Aufklärung fortzuführen. Allerdings mit einer deutlichen Einschränkung, jeder Flug musste von ihm genehmigt werden.

Die UdSSR hatte bereits im Juli 1956 den Amerikanern eine Protestnote überreicht, die aber keine Wirkung zeigte. Die Russen standen vor dem Problem, dass sie nicht an die Weltöffentlichkeit gehen konnten, sie hätten sonst ihre militärische Unfähigkeit bei der Bekämpfung der Aufklärer eingestehen müssen. Ihnen blieb nur die Suche nach geeigneten Abwehrmaßnahmen. In einem ersten Schritt erhielt das MiG-Konstruktionsbüro den Auftrag, das neueste russische Jagdflugzeug, die MiG-19 Farmer, in Einzelexemplaren mit einem zusätzlichen Raketenmotor auszustatten, der das Erreichen einer Flughöhe von 23.000 m erlaubte. Dabei war wegen der geringen Brenndauer des Antriebs klar, dass diese Höhe nur kurz gehalten werden konnte. Der Erfolg eines solchen Einsatzes stand also sehr in Frage. Dennoch ist es zur Fertigung der Sonderversion gekommen, ohne dass sie sich in der Praxis bewährte. Mehr Erfolg versprach eine Leistungssteigerung der Flak-Raketen. Doch dazu später noch mehr.

Dem CIA und der US Air Force war es inzwischen gelungen, Eisenhower davon zu überzeugen, dass nun auch Flüge über dem östlichen Teil der UdSSR durchgeführt werden mussten und die Russen nicht in der Lage waren, die U-2 abzuschießen. Bei einer Reihe von Scheineinsätzen konnte die US Air Force die U-2 weder mit Jagdflugzeugen erreichen, noch mit Flak-Raketen treffen. Warum sollten die Sowjets dazu in der Lage sein? Die Amerikaner ergriffen nun zwei Maßnahmen. Sie verlegten einige U-2 in die Türkei, da die Südflanke der UdSSR nur eine schwache Radarabwehr besaß und sie richteten in Japan eine weitere Einsatzbasis ein.

Während der Vorbereitungen zum Türkeieinsatz kam es zur Suezkrise. Der 1869 freigegebene, 163 km lange Kanal befand sich im Besitz der Kanalgesellschaft, wobei Großbritannien 44% des Aktienpakets hielt. Ägyptens Staatschef Gama Abdel Nasser verstaatlichte am 21. Juli 1956 die Gesellschaft, um so Mittel für den Bau des Assuan-Staudamms zu erhalten. Die Maßnahme veranlasste Großbritannien, Frankreich und Israel zu einer militärischen Intervention. Im Vorfeld der Aktion, die am 29. Oktober 1956 mit einem israelischen Angriff begann, hatten zwei U-2 des Detachment A einen Flug von Giebelstadt nach Incirlik, der künftigen türkischen U-2-Basis, durchgeführt. Nach kurzem Aufenthalt kehrten die Flugzeuge nach Giebelstadt zurück. Auf ihren Wegen hatten sie Frankreich, Malta, Zypern, Ägypten und Teile des Nahen Ostens überflogen. Das mitgebrachte Bildmaterial konnte in Deutschland ausgewertet werden. In Schierstein war zu dieser Zeit das 497th Reconnaissance Technical Squadron (RTS) untergebracht worden, das diese Aufgabe übernahm, so dass zeitraubende Filmtransporte in die USA unterbleiben konnten.

Ein Teil der Aufnahmen wurde den Briten überlassen, obwohl die Amerikaner kein Interesse an einer Auseinandersetzung um den Suezkanal hatten. Nasser war in der Dritten Welt zu einer Führungsperson aufgestiegen. Die USA befürchteten, dass ein Krieg gegen Ägypten schwere außenpolitische Folgen nach sich ziehen könnte. Nachdem die Sowjetunion nach Beginn der Kampfhandlungen damit drohte, Ägypten militärisch zu unterstützen, setzten die Amerikaner zusammen mit den Vereinten Nation im November 1956 die Beendigung der Feindseligkeiten durch.

Während der Gefechte hatte das Detachment B nach Incirlik verlegt und das Geschehen durch eine umfängliche Luftaufklärung dokumentiert. Nachdem die Kämpfe beendet waren, übernahm die Einheit ihre eigentliche Aufgabe: SIGNIT- Einsätze im Grenzgebiet zur Sowjetunion.

Die elektronische Aufklärung war von Anfang an für die U-2 vorgesehen. Zunächst führten die Flugzeuge das System 1 mit. Es handelte sich dabei um eine Empfangsanlage für die Bandbereiche S- und X. Später folgte das System 3, ein COMINT-Gerät zur Erfassung des VHF-Bandes. Die Missionen an der Südflanke der UdSSR erwiesen sich als sehr erfolgreich. Große Mengen Datenmaterial konnte gesammelt werden. Die Flüge von acht und mehr Stunden Dauer waren sehr anstrengend für die Flugzeugführer. Sie mussten vor dem Start zwei Stunden lang reinen Sauerstoff einatmen, um Stickstoffblasen aus dem Blut zu bekommen. Der Körper reagierte in den meisten Fällen mit Schmerzen darauf. Es zeigte sich, dass der Prozess auf eine Stunde reduziert werden konnte und die Probleme nicht mehr auftraten. Das Fliegen im eng anliegenden Druckanzug und geschlossenem Helm war belastend, zumal das Flugzeug keinerlei Komfort bot. Für die Entleerung der Blase stand zwar eine Flasche zur Verfügung, deren Anlegen an den Anzug bereitete jedoch große Probleme. Allerdings darf auch nicht verschwiegen werden, dass die Aufgabe sehr gut bezahlt wurde. Die Flieger erhielten das

Lockheed U-2 – Einsätze und Technik

Dreiseitenzeichnung der Article 368 Serial-Number 56-6701. Der vom SAC geflogene Aufklärer wurde im März 1957 abgeliefert und später zur Baureihe C abgeändert. Heute steht das Flugzeug auf dem Gelände des SAC-Museums in Offutt. (Zeichnung: Ralf Swoboda)

US-Spionageflugzeuge

Dreifache ihrer ursprünglichen Bezüge sowie Sonderprämien.

Die grenznahe Aufklärung wurde zum Teil mit zwei Flugzeugen durchgeführt, die über ein Westinghouse APQ-56-Seitenblickradar verfügten, das auf dem Ka-Band arbeitete und nur einen kleinen Radarstrahl produzierte, so dass der Einsatz von der Gegenseite kaum bemerkt wurde.

Während der CIA erfolgreich mit der U-2 operierte, trat die US Air Force auf den Plan. Sie hatte bereits Anfang 1956 Bedarf angemeldet und 29 Flugzeuge (später 30) bestellt, die recht bald unter dem Namen »Dragon Lady« Bekanntheit erlangten. Der Begriff wurde einem Comic-Strip aus den 30er-Jahren entliehen, in dem ein junger Amerikaner in China als Jagdflieger gegen Piraten kämpft und dabei von einer geheimnisvollen Dragon Lady begleitet wird.

Das Aufspüren der U-2 durch sowjetische Radargeräte führte zu Versuchen, dem Muster Tarnkappeneigenschaften zu verleihen. Unter dem Decknamen »Project Rainbow« wurden zwei Richtungen verfolgt und zwar das Aufbringen einer radarabsorbierenden Farbe und das Anbringen von Drähten im Abstand von einigen Zentimetern vor und hinter dem Tragwerk und dem Leitwerk. Beide Maßnahmen führten zu Leistungseinbußen, so ging die Flughöhe um etwa 1.600 m zurück. Zu den abgeänderten Flugzeugen – auch »Dirty Birds« und »Covered Wagon« genannt – gehörte Article 341. Mit ihr stürzte Bob Sieker am 2. April 1957 ab und kam dabei ums Leben. Es war nicht der erste schwere Unfall mit der U-2. Bereits am 16. Dezember 1955 war CIA-Pilot Billy Rose mit der Article 345 tödlich abgestürzt. Am 31. August 1956 hatte es Frank Grace (Article 354) getroffen und am 17. September 1956 war Howard Carey über Giebelstadt beim Steigflug mit Article 346 abgestürzt. Doch es gab auch Zwischenfälle, die glimpflicher ausgingen. Die Article 342 und 344 kamen bei Landeunfällen am 21. März und 20. November 1956 zu Schaden, konnten aber repariert werden. Bob Ericson stürzte am 19. Dezember 1956 mit Article 357 ab. Es gelang ihm, sich mit dem Fallschirm zu retten.

Erste Einsätze mit Covered Wagon-Flugzeugen führte Jim Cherbonneaux von Incirlik aus durch. Im Q-Schacht der U-2 befand sich dabei System 5, ein Mehrband-Suchgerät. Die Auswertung der Aufzeichnungen ergab, dass das Flugzeug trotz der neuen Technologie vom sowjetischen Radar erfasst wurde. Allerdings kam es auf den Flugwinkel an. Beim direkten Anfliegen an eine Radarstation war die Wahrscheinlichkeit der Entdeckung am größten.

1957 konnte die US-Außenpolitik einen Erfolg verbuchen. Die Pakistanische Regierung stimmte der Stationierung von U-2 auf ihrem Gebiet zu. Damit öffneten sich für die Amerikaner ganz neue Perspektiven. Sie waren nun in der Lage, noch tiefer in die UdSSR einzudringen und unbekannte Regionen zu erforschen. Nachdem drei Flugzeuge in Lahore eingetroffen waren, begann unter dem Begriff »Soft Touch« eine umfangreiche Aufklärertätigkeit, die bis zu drei Flüge am Tag umfasste. Das Gebiet der Sowjetunion lag nun wie ein offenes Buch vor den Amerikanern und sie begannen darin zu lesen. Zunächst war es das Territorium um den Baikalsee, das erfasst wurde und erstmals konnten die »geheimen Städte« der

Die US Air Force bevorzugte für ihre U-2 eine Zeit lang einen »Metall-Look«. (Foto: USAF)

Russen fotografiert werden. Ferner entdeckten die Aufklärer vieles, was bis dahin völlig unbekannt war. Neben den Produktionsstätten für Nuklearmaterial standen die Raketentestzentren im Fokus der Flüge. Das Versuchsgelände von Kapustin Yar war bereits bekannt. Neu hingegen waren die Anlagen in Tjuratam, Kljuchi und Sarjshagan. An den beiden erstgenannten Orten erfolgte die Erprobung von Fernraketen, während in Sarjshagan am Blakash-See die neue zweistufige Flak-Rakete SA-2 getestet wurde. Im Rahmen ihrer Aktivitäten spürten die U-2 auch die damals neueste und größte Fernrakete der Sowjets, die SS-6 (alias R-7) auf. Ferner konnten sie die Versuche überwachen und den Einschlagort der Sprengkopfattrappen auf der viele tausend Kilometer entfernten Halbinsel Kamschatka mittels der U-2 des Department C beobachten.

In den USA war bekannt, dass die Russen ein Gelände für Atomwaffenversuche im Landesinneren unterhielten. Die genaue Lage konnte nicht ermittelt werden. Anhand von seismografischen Untersuchungen gab es aber Annäherungswerte. Auch hier brachten die Dragon Ladys Gewissheit, sie entdeckten und fotografierten das Gebiet unweit der Stadt Semipalatinsk.

Nur wenige der Überflüge wurden von den Russen erfasst. Sobald sie jedoch den Eindringling auf ihren Radargeräten hatten, setzten sie in großer Zahl Jagdflugzeuge auf ihn an. U-2-Piloten berichteten, dass sie über das untere Periskop beobachten konnten, wie sich die Jäger auf bis zu 300 m ihrer Flughöhe näherten. Die Existenz der U-2 war schon lange kein Geheimnis mehr, wohl aber ihre Flugdaten. Dabei ging es vorrangig darum, die maximale Flughöhe zu verschleiern. In offiziellen Berichten wurde von 16.800 m gesprochen und gleichzeitig ein Täuschungsmanöver gestartet. Der CIA ließ ein fiktives Handbuch mit zahlreichen Tabellen, Leistungs-

Lockheed U-2 – Einsätze und Technik

kurven und Cockpitfotos in drei Exemplaren erstellen, in dem die Flughöhe mit 18.300 m angegeben wurde. Ein Handbuch wurde mit Gebrauchspuren wie Kaffeeflecken usw. versehen und dem sowjetischen Geheimdienst KGB zugespielt. Ob sich die Russen täuschen ließen, ist ungewiss.

Während die Detachments B und C in vollem Schwung waren, war es um die A-Gruppe ruhig geworden. Sie machten nur noch durch zwei Aufklärungsflüge nach Murmansk von sich reden, die unter dem Begriff »Giant Stride« erfolgten. Die Flugzeuge führten dabei erstmals zwei 100 Gallonen-Zusatztanks unter dem Tragwerk mit. Eine Modifikation, die auch von den U-2 der anderen Detachments übernommen wurde. Nach Abschluss der Mission verlegte das Detachment A Mitte 1957 in die USA, um einige Flugzeuge an das SAC der US Air Force abzugeben. Die Luftstreitkräfte hatten das 4028th Strategic Reconnaissance Squadron gegründet, das mit der Ausbildung auf der Langhlin AFB begann. Da die ersten U-2 noch mit dem J57-PW-37 flogen, traten Probleme auf, wie sie auch von den CIA-Flugzeugen bekannt waren und so ließ auch der erste Totalverlust nicht lange auf sich warten. Am 26. September 1957 stürzte eine U-2 des SAC ab, der Flugzeugführer konnte sich mit dem Fallschirm retten.

Als eine der ersten Aufgaben übernahm die US Air Force das Sammeln von nuklearem Niederschlag. Unter dem Kürzel HASP (High Altiude Sampling Program) bzw. unter dem Namen »Crowflight« operierten einige U-2 weltweit. Während der fünfjährigen Einsatzdauer sammelten sie in rund 4.500 Flugstunden etwa 150 Millionen Kubikfuß Luft, wobei zwei Sammelpunkte vorhanden waren. Der eine befand sich direkt in der Bugspitze, der andere in einem Behälter, der auf Höhe des Q-Schachtes aus dem Rumpf ragte. Bis heute führten die USA, UdSSR, China, Großbritannien und Frankreich mehr als 2.000 Atomwaffenversuche durch. Davon rund 850 in der Atmosphäre, die übrigen wurden unterirdisch gezündet, wobei auch hier nukleares Material an die Oberfläche gelangte. Nach Ansicht einiger Wissenschaftler wurde die Weltbevölkerung und die Umwelt einer hohen Strahlendosis ausgesetzt, die die Krebserkrankung von etwa 3 Millionen Menschen nach sich zog. Der Vollständigkeit halber sei darauf hingewiesen, dass auch Indien, Pakistan und Nordkorea Atomwaffenversuche durchführten und Israel bekanntermaßen Atomwaffen besitzt.

Da die Atombombentests in den 50er- und 60er-Jahren auch in der Südsee stattfanden, verlegten 1958 drei U-2 des neu geschaffenen Detachment 4 auf die Ezeira Air Base, die sich in der Nähe von Bu-

Die Aufnahme zeigt den Einsatz eines HASP-Sammelflugzeugs. Die Behälteranlage befindet sich unterhalb der Lufteintrittsöffnung für das Strahltriebwerk. (Fotos: USAF Museum)

US-Spionageflugzeuge

enos Aires befand. Auslandseinsätze mit begrenzter Dauer wurden im Übrigen als TDY (Temporary Duty) bezeichnet. Bereits die ersten HASP-Flüge zeigten, dass sich der atomare Niederschlag schneller auf die Erde legte als erwartet und dass auch die Belastung deutlich oberhalb der Schätzwerte lag.

Ende der 50er-Jahre herrschte in der amerikanischen Politik die Befürchtung, dass sich das kommunistische System immer weiter ausbreiten und insbesondere die Länder der Dritten Welt dominieren würde. Nach der Niederlage Japans hatte Achmed Sukarno am 17. August 1945 die Republik Indonesien ausgerufen und gleichzeitig die Unabhängigkeit von der niederländischen Kolonialmacht erklärt. Sukarno wurde 1949 Präsident des Landes und nach Ansicht der USA zu einer Gefahr in Asien, nachdem er sich mehr und mehr dem Kommunismus zugewandt hatte. Die Amerikaner unterstützten daher Rebellen im Kampf gegen Sukarno. Anfang 1958 absolvierten die U-2 des CIA 30 Aufklärungsflüge über dem Inselstaat, deren Ergebnisse an die Aufständischen weiter gegeben wurden. Die Aktivitäten fanden aber ein rasches Ende. Als im Rahmen von Kampfhandlungen ein US-Pilot mit einer B-26 im März des Jahres abgeschossen wurde, erfolgte die Einstellung der Aktion.

Die erfolgreichen Spionageflüge hatten inzwischen in Großbritannien für Aufsehen gesorgt. Die Royal Air Force wollte nicht im Abseits stehen, sondern aktiv daran mitwirken. Vier Flugzeugführer trafen im Sommer 1958 bei der 4080th SRS in den USA ein, um eine Schulung auf der U-2 durchzuführen. Dabei stürzte Squadron Leader Christopher Walker am 4. Juni 1958 tödlich ab. Nur einen Tag später gab es den nächsten Todesfall, diesmal traf es USAF Captain Alfred Chapin. Die beiden Unfälle führten zur Stilllegung der SAC-Flugzeuge und zu umfangeichen Untersuchungen. Schlussendlich wurden die Ventile der Sauerstoffanlage als Ursache ausgemacht. In großen Höhen hatten sie sich – vom Flugzeugführer unbemerkt – allmählich geschlossen. Die ungenügende Sauerstoffversorgung machte die Piloten zunächst müde, dann schliefen sie ein. Als die Fakten auf dem Tisch lagen, beschloss das SAC, die U-2 bis auf weiteres nur für Flughöhen von maximal 6.000 m freizugeben. Doch kaum war dies geschehen, traten weitere Verluste ein. Am 25. Juli 1958 ging ein Flugzeug bei der Erprobung einer neuen Sauerstoffanlage am Boden in Flammen auf und am 29. Juli kam Leutnant Paul Haughland beim Landeanflug zu Tode. Damit waren von insgesamt 50 U-2 22% verloren gegangen. Deutlich mehr als erwartet. Um den gestiegenen Anforderungen an die U-2-Flotte Rechnung zu tragen, schlug Kelly Johnson den Bau von fünf Flugzeugen aus vorhandenen Ersatzteilen vor. Ein Plan, der auf Zustimmung stieß und realisiert wurde.

Die Probleme bezüglich der Sauerstoffversorgung konnten beseitigt werden, so dass auch die vier britischen Flugzeugführer (für Walker war Ersatz eingetroffen) nach Incrilik verlegen konnten. Parallel dazu wurden im November 1958 zwei Flugzeuge des Detachment B nach Bodo in Norwegen abgerufen. Unter dem Kodenamen »Baby Face« flogen sie Einsätze gegen neue sowjetische Abschussbasen für Interkontinental-Raketen (ICBM) im Großraum Archangelsk und erkundeten das Atomwaffentestgelände von Novaja Semija. Die Flugzeuge führten neben der HASP-Sammelanlage auch das SIGINT-Gerät System 4 mit, das das G-K-Band überwachte und analysierte. Die Missionen stellten an die Piloten höchste Ansprüche, die auf sich allein gestellt bei früh einsetzender Dunkelheit, geschlossener Wolkendecke und teils verschneiter Landschaft ohne fremde Navigationshilfen ihren Weg zum Ziel und zurück finden mussten.

Während das Detachment B in weit von einander befindlichen Regionen operiert hatte, konzentrierten sich die Einsätze des Detachment C auf den Großraum Taiwan. Am 11. August 1958 hatte Rotchina mit dem Bombardement der zu Taiwan gehörenden Inseln Matsu und Quemoy begonnen, so dass eine Invasion Taiwans nicht mehr ausgeschlossen wurde. U-2 des Detachment C flogen daraufhin Aufklärungsmissionen über dem chinesischen Festland und gaben Entwarnung. Es gab keinen Truppenaufmarsch.

Auch 1959 hatte sich nichts an der Aufgabenteilung zwischen CIA und SAC geändert. Während der Geheimdienst weiterhin in fremdes Gebiet eindrang, betrieb die US Air Force grenznahe Aufklärung. Dazu verlegten im März 1959 drei U-2 des SAC zur Eielson AFB in Alaska. Von hier aus flogen sie die so genannten »Congo Maiden«-Missionen, die sie an die Grenzen Sibiriens führten. Fast zeitgleich war der CIA mit einer neuen Auslandsaufgabe beschäftigt. China hatte Tibet annektiert und das religiöse Oberhaupt des Landes, den Dalai Lama, ins Exil gezwungen. Auch in diesem Fall waren die USA an einer Änderung der Verhältnisse interessiert und so begannen sie mit der Ausbildung von rund 700 Partisanen, die per Fallschirm an verschiedenen Punkten des Landes abgesetzt werden sollten. Mit Hilfe der U-2 wurden geeignete Absprungstellen ermittelt. Im Rahmen eines solchen Einsatzes stellte der Aufklärer einen internen Rekord mit einer Flugdauer von 9 Stunden 40 Minuten und einer Strecke von 7.778 km auf.

In der Sowjetunion wuchs die Frustration über Machtlosigkeit gegenüber den U-2-Flügen. Nachdem die MiG-19 trotz verschiedener Maßnahmen wie Einbau eines zusätzlichen Raketenmotors oder Ausbau von nicht zwingend erforderlicher Ausrüstung die U-2 nicht stellen konnte, sollte das nun der Sukhoi Su-9 Fishpot gelingen. Der neue Abfangjäger war für Flughöhen von 20.000 m ausgelegt. Er sollte den Abwehreinsatz wie folgt durchführen: Steigen auf 10.000 m, dann im Horizontalflug auf Mach 1,6 beschleunigen und mittels dieses Schwungs dann auf 20.000 m klettern. Das eine solche Mission erfolgreich seien konnte, zeigten Abfangversuche mit dem Jak-25MV Mandrake-Höhenaufklärer, dem sowjetischen Gegenstück zur U-2. Die Su-9 hatte jedoch einen gravierenden Mangel. Ihr Einsatzradius lag bei dem geschilderten Szenario bei etwa 400 km. Zu wenig, um überall präsent zu sein. Da half auch die Mitführung von Zusatztanks für bis zu 600 km wenig.

Die Amerikaner waren sich des hohen Risikos bewusst. Sie erkannten, dass die sowjetische Abwehr Stück für Stück besser wurde und die U-2 leistungsmäßig immer mehr absackte. Die bis dahin getroffenen Maßnahmen wie das Aufbringen eines hellblauen Anstrichs waren allenfalls Makulatur. Besserung konnte nur eine ra-

Lockheed U-2 – Einsätze und Technik

Die Suchoi Su-9 Fishpot war Ende der 50er-Jahre das modernste Flugzeugmuster der sowjetischen Heimatverteidigung. Dennoch konnte das Jagdflugzeug keine Erfolge bei der Bekämpfung der U-2 erzielen. (Foto: Sammlung Becker)

dikale Änderung mit sich bringen. Kelly Johnson schlug daher den Einbau des Pratt & Whitney J75 vor. Der Antrieb basierte auf dem J57 und ließ sich ohne allzu viele Änderungen der Zelle in die U-2 einbauen. Der dadurch hervorgerufene Massenzuwachs von knapp 660 kg wurde durch die auf 7.854 kg (77 kN) erhöhte Schubleistung wettgemacht.

Zunächst erfolgte der Umbau von Article 342. Das Flugzeug konnte in neuer Form am 13. Mai 1959 zum Jungfernflug starten und im Rahmen der Erprobung eine Höhe von mehr als 22.860 m erreichen. Das war Anlass, mit dem Umbau weiterer Flugzeuge – nun als U-2C bezeichnet – zu beginnen. Neben dem neuen Triebwerk unterscheidet sich diese Version in der Hauptsache durch ein verstärktes Fahrwerk und vergrößerte Lufteinläufe von der Basisausführung. Den Vorteilen der Modifikation standen aber auch Nachteile gegenüber. Hier ragt die Verschiebung des Flugzeugschwerpunktes mit all seinen negativen Seiten heraus. Es bedurfte einer Reihe von Maßnahmen, ehe das Problem weitgehend abgestellt werden konnte. Dazu gehörte unter anderem die Erhöhung des Ausschlagwinkels des Höhenruders von -11,5 auf -20°. Ein weiteres Manko der Baureihe C waren die häufigen Brennschlüsse des J75, die meistens

in Höhen zwischen 12.200 und 18.300 m auftraten. Dennoch stellte das Muster einen deutlichen Schritt nach vorne dar, obwohl die Reichweite nur noch bei 6.100 km lag. Hierzu ist anzumerken, dass die Reichweite in starker Abhängigkeit vom Flugprofil und der Außentemperatur stand.

Bevor die Arbeiten an der U-2C angelaufen waren, hatte sich Lockheed mit einer Spezialversion des Flugzeugs befasst. Mittels eines Infrarot-Sensors sollten feindliche Flugzeuge frühzeitig erfasst werden. Am 2. April 1958 konnte ein umgebauter Erprobungsträger die Versuche aufnehmen. Der Sensor, der unten aus dem Q-Schacht ragte, war so leistungsstark, dass er auch auf große Entfernung die Flamme eines Nachbrenners entdecken konnte. Nachdem die U-2 am 11. September 1958 verunfallt war, wurde sie durch eine andere ersetzt. Nun stand nicht mehr das Aufspüren von Flugzeugen, sondern das Erfassen sowjetischer Interkontinental-Raketen im Vordergrund. Der Sensor wurde daher auf die Rumpfoberseite verlegt und gleichzeitig ein Frühwarnkonzept erarbeitet. 15 U-2 sollten von Basen in Norwegen, Alaska und Japan aus rund um die Uhr die russischen Startanlagen mit dem Infrarotgerät AN/ASS-8 (Reichweite 1.800 km) überwachen. Daraus ergab sich ein Bedarf von 84 Flugzeugen sowie ein Personalbestand von rund 1.500 Mann. Ferner war vorgesehen, die U-2 für die neue Aufgabe stark abzuändern. Neben einem neuen Fahrwerk war an den Einbau eines Hilfstriebwerks vom Typ Pratt & Whitney JT12 gedacht, das beim Ausfall des J75 die Flugfähigkeit erhalten sollte. Wegen der Arbeitsüberlastung des Piloten war der Einsatz eines Beobachters mit Platz im Q-Schacht vorgesehen. Zwei Versuchsträger wurden als Zweisitzer umgebaut und zunächst als U-2B und dann als U-2D bezeichnet. Schlussendlich wurde das Programm jedoch abgelehnt. Nachdem der russischen Abwehr die Einflugwege der U-2 bekannt waren, suchte die CIA nach Alternativen. Im Sommer 1959 stimmte der Iran dem Einsatz des Aufklärers von seinem Gebiet aus zu. Im Fokus der Operation »Touchdown« stand das Raketengelände von Tjuratum. Erstmals führte die U-2 dabei das ECM-Gerät »Granger Box« mit, das im Stauraum des Bremsfallschirms mitgeführt wurde und das X-Band-Radar gegnerischer Jagdflugzeuge störte. Ferner befand sich mit System

Im Laufe der Zeit wurde die U-2 nach und nach abgeändert und verbessert. Beispiele dafür zeigt diese Zeichnung, bei der neben den Zusatztanks unter dem Tragwerk die Verkleidung auf dem Rumpfrücken zur Unterbringung zusätzlicher Geräte hervorzuheben ist. (Zeichnung: Ralf Swoboda)

US-Spionageflugzeuge

Die erste zweisitzige Ausführung der U-2 wurde zunächst als U-2B und dann als U-2D bezeichnet. (Fotos: USAF)

7 ein Telemetriegerät an Bord, das die Flugbahn von Raketenstufen erfassen konnte und außerdem führten die Flugzeugführer noch eine Handkamera mit.

Unter der Bezeichnung »High Tea« hatten die britischen Piloten von Incirlik aus damit begonnen, SIGNIT-Missionen entlang der sowjetischen Grenze zu fliegen. Des Weiteren führten sie Fotoflüge über dem Mittelmeerraum durch. Nach diesen vorbereitenden Flügen starteten die Briten am 6. Dezember 1959 die Operation »High Wire«. Squadron Leader Robbie Robinson flog erstmals in das Gebiet der Sowjetunion ein. Der Flug zeigt beispielhaft, mit welch reicher Fotoausbeute jede dieser Missionen endete. Neben dem Raketenzentrum Kapustin Jar erfasste Robinson Industriegebiete und nicht weniger als 46 Flugfelder und 20 Flak-Raketen-Stellungen. Immer wieder gab es Neues zu entdecken. So machten die RAF-Piloten Anfang 1960 die ersten Fotos des modernsten Bombers der sowjetischen Luftwaffe: der Tu-22 Blinder.

US-Präsident Dwight D. Eisenhower sah all dem mit Skepsis zu. Er stand unter gehörigem Druck. Einerseits hatte er ständig Angst, dass irgendwann eine U-2 durch Abschuss oder Absturz in sowjetische Hände gelangen könnte, andererseits zwangen die durch den Spionageeinsatz gewonnenen Erkenntnisse und die sowjetische Hochrüstung zu weiteren Missionen, zumal weder der Aufklärungssatellit

---

* Corona war das Kodewort für die ersten US-Spionagesatelliten, die im Auftrag des CIA um 1958/59 entstanden waren. Die Satelliten trugen das Kürzel KH (für »Keyhole« = Schlüsselloch). Je nach Ausführung umrundeten sie die Erde in Höhen zwischen 165 und 460 km. Sie führten eine Kamera mit 60 cm-Objektiv und 9.600 m Film mit. Das Filmpaket wurde nach Erfüllung des Auftrags ausgestoßen und mittels eines Spezialflugzeuges noch am Fallschirm hängend geborgen.

Lockheed U-2 – Einsätze und Technik

Die U-2 Spionageflüge lüfteten so manches Geheimnis der sowjetischen Rüstung und Forschung. Das hier abgebildete Raketenzentrum in Tjuratam war den Amerikanern bis zu den U-2-Missionen völlig unbekannt. (Foto: USAF Museum)

Corona* noch der Mach 3-Aufklärer Lockheed A-12 einsatzbereit waren. Eisenhower hoffte, in einer Konferenz der Supermächte USA, UdSSR, Großbritannien und Frankreich, dem Wettrüsten ein Ende zu bereiten und durch vertrauensbildende Maßnahmen auf den U-2-Einsatz verzichten zu können. All dies bewog ihn, die U-2 Überflüge am 30. März 1960 enden zu lassen. Unter diesen Voraussetzungen wählte das Ad-Hoc Requirements Committee (ARC), das von Anbeginn der Missionen für die Zielfestlegung verantwortlich war, vier Regionen in der UdSSR aus, die der CIA noch erkunden wollte. Die Detailplanung der Einsätze oblag wie gewohnt der Spezialabteilung Project HQ. Schlechtes Wetter verhinderte die zügige Durchführung der Flüge, so dass Eisenhower die Terminierung änderte und schließlich den 1. Mai 1960 als letzten Einsatztag festlegte.

Am 9. April 1960 flog Bob Ericson von Peshawar aus die erste der vier Missionen. Unmittelbar nach dem Überfliegen der Grenze wurde er von der sowjetischen Abwehr erfasst. Die auf ihn angesetzten Jagdflugzeuge konnten ihn aber nicht fassen, so dass er weiter zum Raketenzentrum Tjuratam flog. Von hier brachte er zahlreiche neue Informationen mit. Was ihm bei dem Flug verborgen geblieben war, war die große Gefahr, in der er geschwebt hatte. Als er das Versuchsgelände von Sarjshagan überflog, richtete die Luftabwehr SA-2 Flak-Raketen auf ihn. Nur der Umstand, dass den Raketen die 200 kg-Sprengköpfe fehlten, verhinderte ihren Einsatz.

An dieser Stelle ist es Zeit, sich etwas näher mit dem System SA-2 (Nato-Name »Guideline«) zu befassen. Es besteht aus drei Komponenten und zwar der zweistufigen Rakete V-750 Dwina (in der Literatur auch als V-75 oder S-75 bezeichnet), dem Frühwarnradar P-12 Spoon Rest und dem Feuerleitradar Fan Song. Die 10,60 m lange Rakete hat einen Durchmesser von 70 cm und eine Startmasse von 2,3 Tonnen. Sie erreicht eine Höchstgeschwindigkeit von 1.000 m/sec. Ihre Gipfelhöhe beträgt je nach Baureihe bis zu 27 km und ihre Reichweite etwa 120 km. Der Wirkungsgrad des Sprengkopfes liegt bei rund 65 m. In den 60er-Jahren existierten in der UdSSR mehr als 1.000 SA-2-Stellungen. Ferner wurde das Abwehrsystem an befreundete Nationen wie Vietnam, China und Ägypten geliefert. In der DDR sollen um die 25 SA-2 Stellungen existiert haben.

Wenngleich die USA Ende der 50er-Jahre einigermaßen über das System im Bilde waren, herrschte Ungewissheit über die Gipfelhöhe und den Stand der Einsatzbereitschaft. Außerdem wusste niemand, dass die SA-2 bereits ihr erstes Opfer gefunden hatte. Rotchina verbuchte mit dem Abschuss einer taiwanesischen RB-57D am 7. Oktober 1959 den ersten Luftsieg mit der neuen Waffe. Welche Bedrohung hinter der SA-2 stand, bekam auch SAC-Pilot Ed Dixon am 16. April 1960 zu spüren. Während eines grenznahen Einsatzes über Sibirien entdeckte er, dass eine Flak-Rakete auf ihn zuflog. Nur durch ein gewagtes Flugmanöver konnte er sich in Sicherheit bringen.

Trotz der immer größer werdenden Gefahr startete Francis (Gary) Powers am Morgen des 1. Mai 1960 von Peshawar zur Mission 4154. Auch sein Flug wurde frühzeitig erfasst. Die Luftabwehr informierte sämtliche höhere Offiziere und Politiker bis hin zu Präsident Chrustschow. Dieser war außer sich darüber, dass es nicht gelang, den langsam fliegenden Aufklärer abzuschießen.

Die USA hatten bis zu diesem Zeitpunkt das Glück gepachtet. Wenngleich die U-2 unter verschiedenen technischen Problemen litt, bei denen die Triebwerkaussetzer hervorragten, konnten sie ihr Programm wie erhofft durchziehen. Doch nun sollte sich alles ändern. Als Powers in den Großraum von Swerdlowsk einflog, richteten sich SA-2 auf ihn. Von den drei abgefeuerten Raketen gingen zwei in deutlichem Abstand an der U-2 vorbei, die dritte explodierte jedoch in unmittelbarer Nähe. Die Wucht der Explosion, aber auch Splitter des Gefechtskopfes wirkten so stark auf das Flugzeug ein, dass Powers die Maschine nicht mehr halten konnte. Die U-2 ging ins Trudeln über und nur mit Mühe konnte sich Powers aus dem Flugzeug befreien und mit dem Fallschirm retten. Während die U-2 zu Boden ging, brach in der sowjetischen Abwehr das Chaos aus. Die Radarstationen empfingen Signale, die nicht richtig interpretiert wurden. Die Beobachter waren sich unsicher. War die U-2 getroffen worden oder resultierten die Radarechos aus ECM-Maßnahmen? Erneut wurde eine Salve von drei SA-2 gestartet und nun griff noch eine weitere Fla-Rak-Batterie ins Geschehen ein, die ebenfalls drei Raketen startete. Als Folge der überhasteten Aktion starb einer der sowjetischen MiG-19-Piloten, die sich zur Abwehr des Aufklärers ebenfalls im Luftraum befanden. Powers wurde unmittelbar nach seiner Landung von einigen Dorfbewohnern in Empfang genommen,

US-Spionageflugzeuge

CIA-Pilot Gary Powers trat nach seiner Rückkehr aus sowjetischer Haft eine Stelle als U-2-Testpilot bei Lockheed an. (Foto: Lockheed)

Gary Powers vor dem Modell einer U-2. Powers überlebte den Abschuss über der Sowjetunion so gut wie unverletzt. Doch das Glück blieb ihm nicht treu. Er kam am 1. August 1977 beim Absturz eines von ihm gesteuerten Hubschraubers ums Leben. (Foto: Sammlung Becker)

die den Absturz beobachtet hatten und ihn unverzüglich an den KGB übergaben. Sofort begannen die Russen mit dem Einsammeln der Flugzeugteile und ihrer Auswertung.

Es war beabsichtigt gewesen, dass der Einsatz von Peshawar quer über die UdSSR nach Bodo in Norwegen führen sollte. Als Powers eine Stunde nach der vorgesehenen Landezeit dort nicht eingetroffen war, ging der CIA vom Verlust des Flugzeuges aus. Es herrschte die Meinung, dass der Flugzeugführer den Absturz nicht überlebt hätte, so dass nun eine Cover-Story aufgebaut werden konnte. Danach wollten die Verantwortlichen der Öffentlichkeit klar machen, dass es sich um ein Wetterbeobachtungsflugzeug der NASA gehandelt hat. Der Pilot sei ohnmächtig geworden und unabsichtlich in den Luftraum der UdSSR eingedrungen.

Auch Powers wollte die Sache so darstellen, doch die Beweise sprachen gegen ihn, zumal er versäumt hatte, den Selbstzerstörungssprengsatz der U-2 zu aktivieren. Neben der B-Kamera und Landkarten der Sowjetunion fanden die Russen auch das Überlebenspaket des Fliegers, zu dem unter anderem 7.500 Rubel gehörten und die Giftnadel, mit der sich der Pilot binnen Sekunden selbst töten konnte.

Während sich die Russen noch abwartend verhielten, kam aus diplomatischen Kreisen der erste Hinweis darauf, dass Powers lebte und den Absturz gut überstanden hätte. Eine Nachricht, die am 7. Mai 1960 zu Gewissheit wurde, als die UdSSR der Weltöffentlichkeit Fakten des Abschusses präsentierte.

Die Amerikaner räumten nun ein, dass das U-2-Programm zur Überprüfung der sowjetischen Rüstung ins Leben gerufen worden war, Präsident Eisenhower aber nichts von den Überflügen gewusst habe. Was nun zwischen den USA und der UdSSR folgte, war ein Gemisch aus Propaganda, Lügen, Halbwahrheiten und Tatsachen. Chrustschow ließ die Wrackteile der U-2 im Moskauer Gorki-Park ausstellen und schlachtete das Gipfeltreffen der Supermächte Mitte Mai 1960 in Paris für seine Zwecke aus. Er griff dabei nicht nur die Amerikaner an, sondern auch die Länder, die die Einsatzbasen gestellt hatten, wobei einzig Norwegen nichts vom Zweck der Flüge gewusst hatte. Die USA beeilten sich, nun einiges von den geheimen Missionen an befreundete Nationen weiter zu geben. So wurde Frankreichs Staatschef de Gaulle unterrichtet, freilich ohne ihm zu sagen, dass Flugzeuge des Detachment B Frankreichs Atomwaffenversuch in Algerien am 13. Februar 1960 beschattet und dokumentiert hatten.

Während Großbritannien eiligst die RAF-Piloten aus Incrilik abrief, begann in den Vereinigten Staaten eine Diskussion darüber, wie es zum Abschuss kommen konnte. Rasch kristallisierte sich die Ansicht heraus, dass die U-2 vermutlich wegen eines Triebwerkaussetzers unterhalb ihrer vorgesehenen Einsatzhöhe geblieben war. Ein Trugschluss, wie sich bereits am 12. August 1960 herausstellte. An diesem Tag informierte Oleg Penkowskij, einer der US-Top-Agenten in der Sowjetunion, die Amerikaner über den genauen Ablauf der Geschehnisse und erschütterte damit das Vertrauen des SAC in hochfliegende Kampfflugzeuge. Der Einsatz der SA-2 zwang die US Air Force, ihre Angriffsplanungen zu überdenken und auch Projekte wie die B-70 Valkyrie in Frage zu stellen.

Powers wurde, in einem vom 17. bis zum 19. August dauernden Schauprozess, zu zehn Jahren Haft verurteilt. Während seiner Vernehmungen gab er nur wenige Geheimnisse preis. Über vieles, wie die mitgeführten SIGNIT-Geräte, war er auch gar nicht im Detail informiert. Wie erst später bekannt wurde, hatten sich zwei amerikanische SIGNIT-Experten Anfang 1960 zu den Russen abgesetzt und alles verraten. Überhaupt schienen die Sowjets mehr zu wissen als vermutet. Anscheinend konnten sie den per Funk aus den USA an die U-2-Einheiten erteilten Flugbefehl (Go-Code genannt) entschlüsseln und sich so auf die Einsätze vorbereiten, wobei Informanten an den Basen das Übrige dazu taten.

Francis Powers blieb nicht lange in russischem Gewahrsam. Er wurde am 10. Februar 1962 gegen den sowjetischen Spitzenagenten Rudolf Abel ausgetauscht. Wie in fast allen Fällen dieser Art erfolgte die Aktion auf der von Postdam nach Berlin führenden Glienicker-Brücke. Nach ausführlicher Befragung durch verschiedene US-Behörden trat Powers im Oktober 1962 als U-2-Testpilot bei Lockheed ein. Eine Aufgabe, die er bis zum Februar 1970 bekleidete. Dann folgte eine Beschäftigung als Flieger im Rahmen der Verkehrsüberwachung und schließlich ließ sich Powers zum Hubschrauber-Piloten ausbilden, um für eine lokale Fernsehstation in Los Angeles zu arbeiten. Bei einem solchen Flug stürzte er am 1. August 1977 zusammen mit einem Begleiter tödlich ab. Ursächlich waren Kraftstoffmangel und fehlerhafte Umschaltung auf die Autorotation!

Der Abschuss der U-2 über der Sowjetunion zog eine Reihe von Konsequenzen nach sich. Zunächst war mit Ausnahme der Stützpunkte in der Türkei und Japan ein Rückzug aus dem Ausland angesagt. Des Weiteren versuchten die US-Außenpolitiker den Vorfall, der noch monatelang die Weltpresse beschäftigte, herunterzuspielen und die Wogen zu glätten. An eine Aufgabe der U-2 war aber zu keiner Zeit gedacht. Flüge über dem Gebiet der UdSSR gab es nicht mehr, dafür traten neue Einsatzszenarien hervor. Um sich für diese Missionen von ausländischen Stützpunkten unabhängig zu machen, wurden zwei Lösungen ausgearbeitet. Zum einen der Einsatz von Flugzeugträgern aus, zum anderen die Luftbetankung. Beide Vorschläge konnten realisiert werden. Doch dazu später mehr.

Die U-2 flogen zunächst grenznahe Aufklärung gegen die Sowjetunion und zwar mit System 4 und dem APQ-56 Seitenblickradar. Die Missionen richteten sich gegen die Ostküste des Landes und erfolgten von der Eielson AFB in Alaska aus. Unabhängig davon hatte im April 1959 die U-2-Ausbildung von sechs Taiwanesen unter dem Kodenamen »Carbon Copy« begonnen. Die National-Chinesen flogen bis dato Aufklärung mit der RF-101 und verschiedenen Baureihen der RB-57. Nun sollten sie mit amerikanischer Unterstützung weit nach China eindringen und in erster Linie die Atom- und Raketenprogramme des Landes erkunden. Die USA konnten zwar mit Hilfe des Corona-Spionagesatelliten einiges an Bildmaterial sammeln, doch das reichte nicht aus. Nachdem die Volksrepublik China nur über wenige, weit von einander entfernt liegende SA-2 Raketenstellungen verfügte, schien sich die Gefahr, abgeschossen zu werden, in Grenzen zu halten und auch die Jagdwaffe stellte mit ihren veralteten MiG-15- und MiG-17-Nachbauten keine Bedrohung dar.

Die Spezialeinheit, die sich »Black Cats« nannte, musste bereits am 19. März 1961 einen herben Verlust hinnehmen, als einer ihrer Flugzeugführer mit einer U-2 zu Tode stürzte. Die anschließenden Spionageflüge erwiesen sich als sehr erfolgreich. Die Flugzeuge operierten lange Zeit völlig ungestört über dem chinesischen Festland und kundschafteten dabei vieles aus. Die Situation änderte sich erst, als Article 378 mit Flugzeugführer Chen-Huai am 9. September 1962 von SA-2 Flak-Raketen abgeschossen wurde.

Inzwischen gab es für die amerikanischen U-2 ein neues Betätigungsfeld. Kuba war ins Visier des CIA geraten. Der vor der Südküste der Vereinigten Staaten liegende Inselstaat stand lange Zeit unter spanischer Kontrolle. Dies änderte sich 1898, als es zum spanisch-amerikanischen Krieg kam, den die Amerikaner für sich entscheiden konnten. Wenngleich Kuba 1902 formal unabhängig geworden war, war seine Souveränität eingeschränkt. Die USA hatten sich Sonderrechte eingeräumt, die es ihnen unter anderem bis heute erlauben, einen Marinestützpunkt in Bahia de Guantánamo zu unterhalten.

Als 1959 die Brüder Raoul und Fidel Castro zusammen mit Ernesto Che Guevara das Regime des Diktators Batista stürzten, sahen die Amerikaner ihre wirtschaftlichen Interessen in Gefahr. Noch unter der Eisenhower-Administration begannen Vorbereitungen für einen Umsturz. Ab Anfang 1960 führte das Detachment G unter dem Oberbergriff »Idealist« (zuvor »Chalice«) und den Operationsnamen »Kick Off« und »Green Eyes« erste Aufklärungsmissionen gegen den Inselstaat durch. In der Folgezeit begannen die Planungen für die Operation »Zapata«, die eine Invasion Kubas durch Exil-Kubaner vorsah. Es war daran gedacht, nach einem vorbereitenden Luftschlag in der Schweinebucht rund 1.500 Mann landen zu lassen. Nachdem sich die Truppe festgesetzt hatte, sollten Schiffe der US Navy ihre Versorgung übernehmen. Der weitere Ablauf beinhaltete das Einfliegen einer Exil-Regierung, die sich Hilfe suchend an die USA wenden sollte, so dass die Amerikaner offiziell eingreifen konnten. Doch es kam anders. Der mit B-26 Bombern (mit kubanischen Hoheitszeichen) am 15. April 1961 durchgeführte Luftschlag verfehlte nicht nur seine Wirkung, sondern forderte den Verlust von fünf Flugzeugen. Als zwei Tage darauf die Landung in der Schweinebucht begann, geriet auch diese Aktion zum Desaster. Die Kubaner waren gut darauf vorbereitet und konnten fast 1.000 Mann, darunter auch zwei CIA-Agenten, gefangennehmen. Neben der militärischen Niederlage wog die Schlappe auch außenpolitisch schwer für den erst 90 Tage im Amt befindlichen US-Präsidenten John F. Kennedy. Das Verhältnis zwischen den beiden Ländern war nun nachhaltig zerstört und Castro wandte sich endgültig der UdSSR zu. Die Amerikaner beobachteten die Entwicklung vor ihrer Haustür mit Argwohn. Russische Militärausbilder und Waffenlieferungen betrachteten sie mehr und mehr als direkte Bedrohung, so dass der Luftaufklärung über Kuba große Bedeutung beigemessen wurde.

US-Spionageflugzeuge

Die politische »Großwetterlage« verschlechterte sich zusehends. Dazu trug auch die Teilung Deutschlands bei. Nach der Gründung der Bundesrepublik Deutschland (23.5.49) und der Deutschen Demokratischen Republik (7.10.49) setzte eine Massenflucht von Ost nach West ein. Bis 1961 hatten etwa 2,6 Millionen Menschen die DDR verlassen. Auf die ständige Abwanderung ihrer Bürger reagierte die Deutsche Demokratische Republik mit dem Aufbau einer Sperranlage an der innerdeutschen Grenze, die unter anderem Zaunanlagen, Selbstschussvorrichtungen, Minenfelder, Alarmgeber, Wachtürme und bewaffnete Grenzstreifen beinhaltete. Ausgeklammert von diesen Maßnahmen blieb zunächst die Sektorengrenze zwischen und Ost- und Westberlin. Nachdem jedoch immer mehr DDR-Bürger von hier aus in den Westen flüchteten (allein in den ersten zwei Augustwochen des Jahres 1961 waren es mehr als 47.000) beschloss die Führung der DDR, in Abstimmung mit der UdSSR, den Aufbau einer Mauer zwischen den Sektoren. Zeitgleich begann die Abriegelung Westberlins gegen das Umland der DDR. Als die Mauer am 13. August 1961 aufgebaut wurde, traf dies den Westen nicht unvorbereitet. Bereits Anfang August lagen dem westdeutschen Bundesnachrichten Dienst (BND) recht präzise Informationen über die Absichten der DDR vor. Die Alliierten reagierten nur zögerlich auf die Maßnahme. Wenngleich sich am 27. Oktober am Checkpoint Charlie je zehn amerikanische und sowjetische Panzer gegenüberstanden, konnte ein Krieg vermieden werden. In der Folgezeit gab es immer wieder Fluchtversuche. Einige davon gelangen, andere endeten tragisch mit der Festnahme oder dem Tod der Flüchtlinge. Wie viele Menschen den brutalen Sicherungsmaßnahmen der DDR an der Mauer zum Opfer fielen, ist auch heute noch nicht endgültig geklärt. Schätzungen schwanken zwischen 89 und 239. Unter dem Druck der politischen Veränderungen gab die Führung der DDR den Zugang nach Westberlin am 9. November 1989 wieder frei. Dies führte schließlich zum Ende der Deutschen Demokratischen Republik und zur Wiedervereinigung Deutschlands. 1961 hatte sich dies wohl niemand vorstellen können, zu sehr hatte der Kalte Krieg die Supermächte USA und UdSSR im Griff und der ganz große Konflikt stand noch bevor.

Trotz umfangreicher U-2 Einsätze und den Überflügen der Corona-Satelliten hatten die Vereinigten Staaten nur einen Bruchteil des sowjetischen Territoriums erkunden können. Nun standen die Amerikaner vor der Frage, erneut die U-2 einzusetzen, zumal ihre B-Kamera wesentlich besseres Material als die der Corona lieferte. Natürlich waren sich CIA und SAC darüber im Klaren, dass ein weiterer Verlust über der UdSSR schwere Konsequenzen nach sich ziehen würde. Kelly Johnson erhielt den Auftrag, die vorhandenen Flugzeuge zu verbessern. Neben dem Einbau des starken Pratt & Whitney J75 mit 11.123 kg (109 kN) Schubleistung waren Infrarot-Abwehrmaßnahmen angedacht. Neben dem Einsatz von Fackeln zum Ablenken von Infrarot-Raketen sollte ein Schutzschild im Bereich der Triebwerksdüse die Wärmeabstrahlung mindern. Als weitere Besonderheit sah Johnson einen neuen Selbstzerstörungsmechanismus vor, der sowohl das Flugzeug als auch seinen Piloten vollständig vernichtete. Eine Maßnahme, die sich allerdings sehr negativ auf die Moral der Flugzeugführer auswirkte und daher nicht weiter verfolgt wurde.

Unabhängig von diesen Aktivitäten begann Anfang 1961 mit Article 342 die Erprobung der Luftbetankung. Die Tests führten zum Umbau von zwei weiteren U-2A (nun U-2E genannt) und fünf U-2C (neue Bezeichnung U-2F).

Die Nachbetankung sollte sich als ein besonders gewagtes Manöver erweisen. Nachdem vom KC-135-Tanker nicht genügend Exemplare bereit standen, musste auf die KC-97 zurückgegriffen werden. Die Luftschrauben dieses Flugzeugs erzeugten eine starke Verwirbelung, die es für den U-2-Piloten schwierig machte, die Maschine auf Kurs zu halten. Bei einer Nachtbetankung kam es aus diesen Gründen zum Absturz, wobei der Flugzeugführer den Tod fand. Trotz Betätigung des Schleudersitzes hatte sich dieser nicht von der U-2 lösen können. Es war der zweite Absturz in kurzer Zeit, bei dem der Sitz versagt hatte. Untersuchungen ergaben, dass es am Ablauf der Rettungssequenz lag. Bei Betätigung sollten Kabinendach und Sitz gleichzeitig aktiviert werden. Doch der Druck, der vom schwachen Sitzantrieb erzeugt wurde, war nicht groß genug. Das Kabinendach öffnete sich zwar, jedoch verhinderten die unterschiedlichen Innen- und Ausdrücke ein Freikommen vom Flugzeug. Erst als der Sitz so abgeändert wurde, dass er zunächst das Kabinendach zertrümmerte, konnte der Druckausgleich stattfinden und der Sitz löste sich einwandfrei vom Flugzeug.

Während der CIA über weitere U-2 Flüge über der UdSSR nachdachte, provozierte das SAC die sowjetische Abwehr ein um den anderen Tag. Der Höhenaufklärer diente dabei als Lockvogel. Er flog die Landesgrenzen in großen Höhen an und forderte dabei dem russischen Radar ein Maximum an Leistung ab. Die Radarstrahlung wurde von RB-47H erfasst, die über eine umfangreiche ELINT-Ausstattung verfügten.

So unruhig wie die 60er-Jahre begonnen hatten, so gingen sie weiter. Mitte 1962 berichteten kubanische Informanten dem CIA von geplanten sowjetischen Waffentransporten. Präsident Kennedy reagierte mit einer verstärkten Luftaufklärung darauf. Sie war für alle Gegenmaßnahmen unerlässlich. Gleichzeitig machte sich jedoch die Sorge breit, dass eine U-2 bzw. deren Flugzeugführer in Castros Hände fallen könnte. Doch es blieb nicht anderes übrig. Erst Überflüge ab dem 22. September 1962 bestätigten den Aufbau von SA-2 Stellungen. Als Konsequenz daraus näherten sich die U-2 der Insel nur noch bis in die 3-Meilen-Zone. Außerdem kamen nun Überschallmuster zum Einsatz. Sechs RF-8U Crusader der US Navy und vier des US Marine Corps begannen ab dem 15. Oktober 1962 mit der Operation »Blue Moon«, die die systematische Erfassung Kubas beinhaltete. Darüber hinaus blieben die U-2 des SAC aktiv und das TAC beteiligte sich mit RF-101C Voodoo-Aufklärern an den Einsätzen, die in Höhen von 60 m bis 150 m stattfanden.

Nach US-Informationen sollten neben dem Aufbau einer Luftabwehr durch SA-2 Flak-Raketen und MiG-Jagdflugzeugen auch Offensivwaffen nach Kuba gebracht werden. Darunter der IL-28 Beag-

Überschall-Aufklärer der US Navy vom Typ RF-8 Crusader lieferten die ersten Beweise für den Aufbau sowjetischer Mittelstrecken auf Kuba. (Foto: US Navy)

le-Mittelstreckenbomber und die SS-4- und SS-5-Mittelstreckenraketen, die mit einem 1-Megatonnen-Sprengkopf eine Reichweite von 1.900 km bzw. 4.100 km hatten und eine direkte Bedrohung der USA darstellten. Ferner wurde davon berichtet, dass auch Raketen zur Schiffbekämpfung an Kubas Küsten stationiert werden sollten. Tatsächlich stellten die USA ab August 1962 verstärkt Schiffstransporte nach Kuba fest. Der Aufbau der Raketenstellung sollte nach dem Willen Moskaus geheim erfolgen, doch es gab vor Ort diesbezüglich erhebliche Probleme, so dass die US-Luftaufklärung im Oktober sechs SS-4- und drei SS-5-Basen fotografieren konnte. Ferner wurde die Existenz von 22 IL-28 Beagle, 39 MiG-21F Fishbed und drei Raketenbatterien zur Schiffbekämpfung festgestellt. Dies führte zur Kuba-Krise, die die Welt an den Abgrund eines Atomkrieges brachte. An dieser Stelle ist es nicht möglich, detailliert auf die Ereignisse einzugehen. Es muss bei einem kurzen Abriss bleiben.

Nach dem Debakel in der Schweinebucht hatte sich Fidel Castro endgültig dem Kommunismus zugewandt. Nikita Chrustschow sah in dem kubanischen Führer eine neue Leitfigur für ganz Mittel- und Südamerika, die es in jeglicher Form zu unterstützen galt und zwar speziell im militärischen Bereich. Es darf vermutet werden, dass Chrustschow zwei Gründe für die Stationierung von Mittelstreckenraketen auf Kuba hatte. Zum einen wollte er eine erneute Invasion durch die USA verhindern, zum anderen konnte er mit der direkten Bedrohung der USA durch die SS-4 und SS-5 das Manko an Interkontinentalraketen (ICBM) ausgleichen. Nachdem die USA Ende der 50er-Jahre fälschlicherweise davon ausgegangen waren, dass die UdSSR über deutlich mehr Interkontinentalraketen als sie verfügten, begannen die Vereinigten Staaten zur Schließung der »Raketenlücke« mit einer Hochrüstung, die bis 1962 zum Bau von 200 ICBMs und 144 Polaris-Raketen führte, wobei sich die letztgenannten an Bord von Atom-Unterseebooten befanden. Zu dieser Zeit verfügten die Sowjets über allenfalls 35 ICBM.

Als die Amerikaner im Oktober 1962 absolute Sicherheit über die kubanische Aufrüstung hatten, begann der sofort gebildete Krisenstab (Executive Comitee, ExComm) mit der Ausarbeitung von diplomatischen und militärischen Lösungsvorschlägen, wobei sich »Tauben« und »Hardliner« gegenüberstanden. Eine Zeit lang schien es so,

Bei der Tiefflug-Überwachung Kubas wechselten sich die US Navy und die US Air Force ab. Die Luftstreitkräfte setzten für den Zweck das Überschall-Muster RF-101 Voodoo ein. (Foto: USAF Museum)

US-Spionageflugzeuge

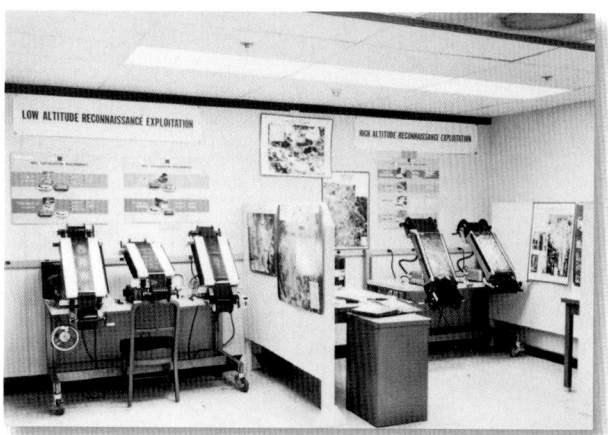

Pressefoto der Bildauswerterstation. Rechts der Platz für Höhenaufnahmen, links der für Tiefflugfotos. (Foto: USAF Museum)

als ob die Diplomaten versagen würden. Gegenseitiges Misstrauen führte zur Eskalation und der wachsenden Sorge, dass ein Atomkrieg unvermeidbar würde. Als US-Präsident John F. Kennedy am 22. Oktober 95 Botschafter und anschließend die Weltöffentlichkeit über die Fakten in Kuba informierte, waren die Sowjets völlig überrascht – sie hatten bis dahin gehofft, den Aufbau der Mittelstreckenraketen geheimhalten zu können.

Als erste Maßnahmen verfügte Kennedy eine weltweite Einsatzbereitschaft der US-Truppen, sowie eine Seeblockade Kubas, an der sich fast 190 Schiffe und rund 580 Flugzeuge beteiligten. Als sich der Ring um die Insel am 23. Oktober geschlossen hatte, befanden sich schon 24 Atomsprengköpfe und eine Anzahl Raketen dort. Am 26. Oktober schien eine Lösung des Konflikts greifbar, doch schon am nächsten Tag drohten alle Bemühungen zu scheitern. Castro begehrte auf. Er forderte die Sowjetunion auf, im Falle einer amerikanischen Invasion die USA mit einem Atomkrieg zu überziehen. Eigenmächtig wies er die Luftverteidigung an, jedes amerikanische Flugzeug abzuschießen. Diesem Befehl sollte Major Rudolph An-

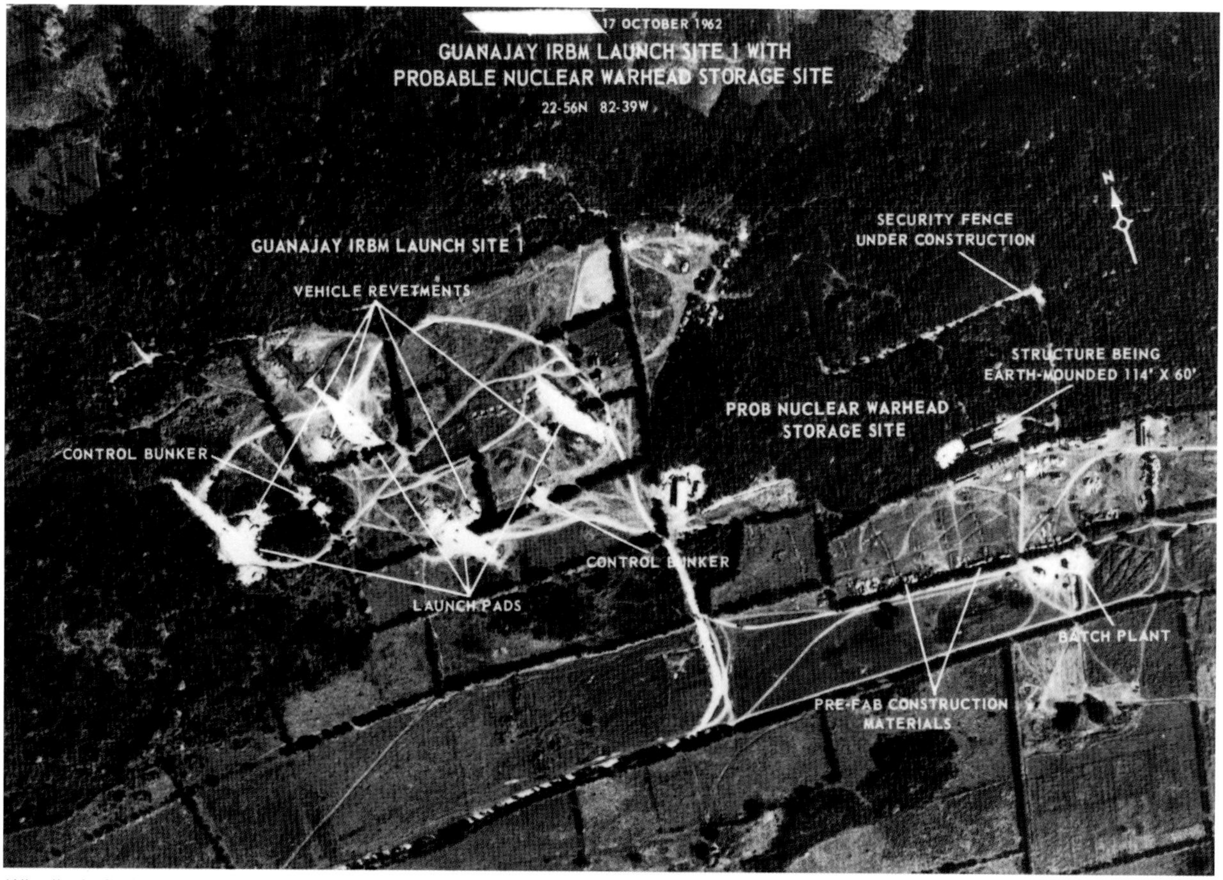

Wie die Aufnahme vom 17. Oktober 1962 beweist, war der Aufbau der Raketenanlagen auf Kuba weit vorangeschritten. (Foto: USAF Museum)

Lockheed U-2 – Einsätze und Technik

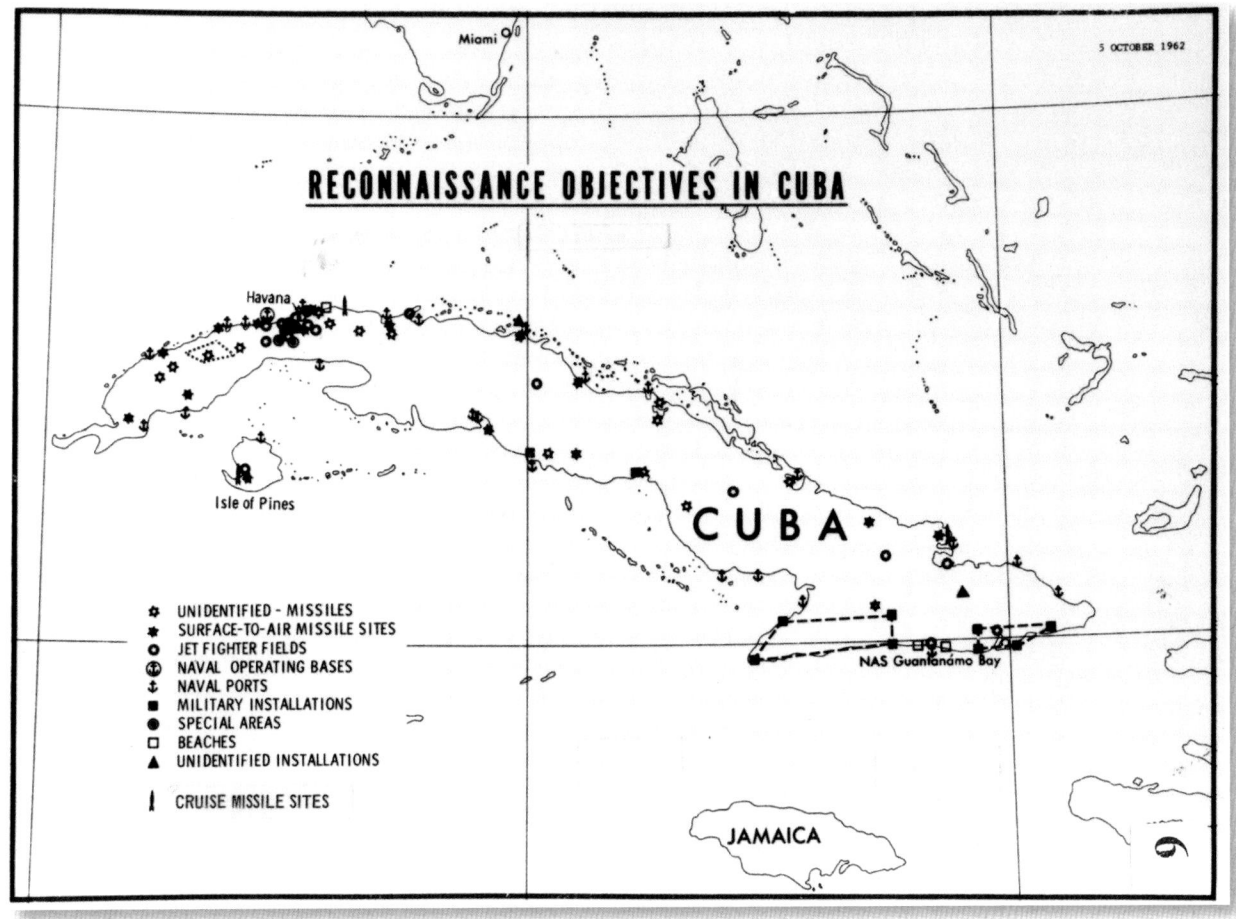

Übersichtskarte der für die Aufklärung interessanten Gebiete auf Kuba. (Foto: USAF Museum)

derson zum Opfer fallen. Seine U-2 wurde am 27. Oktober 1962 von einer unter russischer Führung stehenden SA-2-Batterie abgeschossen. Anderson fand dabei den Tod. Sein Leichnam wurde später den Amerikanern übergeben. Dieser Zwischenfall, aber auch die Verletzung des sibirischen Luftraumes durch eine U-2 am selben Tag, machte alle Beteiligten noch nervöser. In dieser angespannten Lage bestand die Gefahr, dass durch ein Missverständnis oder die Überreaktion eines untergeordneten Kommandanten der Atomkrieg ausgelöst wurde. Heute wissen wir, dass es eine ganze Reihe von solchen Situationen gab, die nur durch Zufall bereinigt worden waren. Am 28. Oktober kam es dann doch noch zu einer Einigung zwischen den Supermächten. Die UdSSR erklärte sich bereit, die Offensivwaffen umgehend von Kuba abzuziehen. Die Defensivwaffen wie SA-2 und MiG-21 verblieben aber auf der Insel. Im Gegenzug bauten die USA ihre in der Türkei stationierten Mittelstreckenraketen ab.
Für die Amerikaner ging es nun darum festzustellen, ob die Russen Wort hielten. Eine großflächige Überwachung war aber nur mit der

U-2 möglich, die wiederum durch die SA-2 gefährdet war. UN-Sekretär U Thant versuchte zu vermitteln, indem er eine Überwachung durch die UN anbot. Er wurde jedoch bei seinem Besuch in Kuba schroff von Castro zurückgewiesen, so dass die USA die Initiative ergreifen mussten. Für die Überwachung hatten die Planer ein besonderes Konzept entwickelt. Die U-2 sollte in großer Höhe Kuba überfliegen. Eine außerhalb des kubanischen Luftraumes befindliche RB-47H beobachtete mit ihren leistungsstarken SIGINT-Geräten die Aktivitäten der SA-2 Batterien. Sobald mit einem Einsatz zu rechnen war, gab die RB-47H ein Warnsignal, das aber nicht direkt an die U-2 übermittelt werden konnte, sondern erst über eine »fliegende Relaisstation« vom Typ RC-121 geleitet werden musste. Die U-2 hätte in diesem Fall – so glaubte man – noch genügend Zeit für einen Rückzug gehabt. Binnen kurzer Zeit begann eine umfangreiche Aufklärertätigkeit, wobei bis zu fünf Flugzeuge gleichzeitig zum Einsatz kamen. Alles verlief ohne Zwischenfälle. Aber nicht wegen der gewählten Taktik. Es lag einfach daran, dass die sowjetischen

US-Spionageflugzeuge

SA-2-Besatzungen strikte Anweisung aus Moskau erhalten hatten, die Waffen schweigen zu lassen. Die Aufklärer konnten bis Ende November nachweisen, dass tatsächlich alle Raketen und Bomber wieder abgezogen worden waren.

Anzumerken bleibt, dass die U-2 noch lange über Kuba im Einsatz blieben. Bis Mitte 1963 waren es monatlich 25-30 Flüge. Die permanente Überwachung mit Spionageflugzeugen (Projekt »Idealist«) endete erst 1974.

Bei aller Euphorie über das Ende der Krise hatten die Missionen ein Dilemma der U-2 offenbart. Ihre elektronischen Gegenmaßnahmen waren viel zu schwach, um effektiv zu sein. Es gab zwar entsprechende Geräte, sie waren aber für das Flugzeug zu groß und zu schwer und die neuen leichten Anlagen wie System 14 und 15 wollte das SAC nicht mitgeben, da befürchtet wurde, sie könnten bei einem Absturz in gegnerische Hände fallen. Nach wie vor hatte der CIA großes Interesse an der U-2 und so verwundert es nicht, dass vom Geheimdienst Impulse für einen verbesserten elektronischen Schutz des Flugzeuges ausgingen, die schließlich zum System 12 führten, das in der Lage war, die meisten Radaranlagen wirksam zu stören. Es wurde im rechten Zusatztank untergebracht, so dass keine Platzprobleme auftraten. Als Erprobungsträger fungierte Article 342 ab November 1962. Die Versuche zeigten, dass das System einwandfrei funktionierte, so dass der CIA weitere U-2 damit ausstatten ließ. Als erste profitierten die Taiwanesen von der Verbesserung. Auch nach dem zuvor geschilderten Abschuss vom 6. Dezember 1962 führten sie ihre Aktivitäten über dem chinesischen Festland fort. Außerdem dehnten sie ihre Missionen gegen Nordkorea aus. Das Jahr 1963 war angefüllt mit zahlreichen Spionageflügen bis tief nach China hinein. Dabei traten zunächst keine Verluste ein, wenngleich immer wieder technische Probleme unterschiedlicher Art zu verzeichnen waren.

Die chinesische Luftabwehr konnte die U-2 wegen des mitgeführten Systems 12 nicht bekämpfen. Das Gerät arbeitete einwandfrei. Sobald der Aufklärer vom SA-2-Radar erfasst wurde, schlug es Alarm und der Flugzeugführer konnte die U-2 aus dem Wirkungskreis der Raketenbatterie (rund 35 km) heraus führen. Aus dieser Lage heraus entwickelte die Luftabwehr eine neue Taktik. Sie verlegte die geringe Zahl vorhandener SA-2 in den Bereich der am häufigsten genutzten Einflugrouten. Die Erfassung des Flugzeuges erfolgte nun nicht mehr mit dem SA-2-Fernradar, sondern mit einem Flak-Radar, dessen Abstrahlung das System 12 nicht erkannte. Die Messdaten des Flak-Radars wurden an die SA-2-Batterie weitergeleitet. Sie feuerte dann ihre Raketen ab und schaltete dabei das Leitradar ein. System 12 reagierte zwar darauf, aber die Vorwarnzeit für den Flugzeugführer war deutlich reduziert. Am 1. November 1963 fand die chinesische Taktik ihre Bestätigung. Als Major Robin Yeh von einem Erkundungsflug zum Raketenzentrum Shuang Cheng Tsu, an der Grenze zur Mongolei, zu seiner Basis zurückkehren wollte, wurde er abgeschossen, überlebte aber den Absturz und geriet in Gefangenschaft.

Der Großraum Asien hatte sich inzwischen zu einem Sorgenkind der amerikanischen Außenpolitik entwickelt. Der Einfluss Chinas wirkte destabilisierend auf die Region. Truppenkonzentrationen an den Südgrenzen des Landes ließen chinesische Militäraktionen in den Bereich des Möglichen rücken, zumal es zwischen Indien und China bewaffnete Auseinandersetzungen in Kaschmir gegeben hatte. All dies war Anlass genug, in Thailand eine U-2-Basis in Takhli einzurichten. Von hier aus konnten die Aufklärertätigkeiten gegen Tibet wieder aufgenommen werden. Indien stellte dazu seinen Luftraum zur Verfügung. Im Gegenzug überließen die Amerikaner Fotos der Kaschmir-Region.

Die weltweit erforderliche Präsenz der U-2 rückte 1963 den Gedanken des Flugzeugträgereinsatzes wieder in den Vordergrund. Den Beginn einer solchen Entwicklung markierte der 4. August des Jahres. An diesem Tag lief der Träger *USS Kitty Hawk* von San Francisco in den Pazifik aus. An Bord befanden sich Article 352 und Lockheed-Testpilot Bob Schumacher. Wenngleich der als Operation »Whale Tale« deklarierte Einsatz als geheim betrachtet wurde, ließ sich die Aktion angesichts einer Besatzung von etwa 3.000 Mann kaum verbergen. Bereits am folgenden Tag startete Schumacher von Bord des Trägers aus, wobei er ohne Katapulthilfe nur ein Drittel der Decklänge benötigte. Der Start erfolgt im Übrigen ohne Stützräder. Da diese unmittelbar nach dem Start automatisch aus ihren Halterungen fielen, bestand die Sorge, dass das Deck beschädigt werden könnte und so hielten Männer, die während des kurzen Starts mitliefen, die Flügelspitzen der U-2 fest. Schumacher führte drei Landeanflüge aus, ehe er zum Festland zurückkehrte. Der Trägereinsatz als solcher erschien also problemlos zu sein. Sorge bereitete indes die richtige Landetechnik und die strukturelle Belastung bei der Fanghaken-Landung. Johnson hatte zwar ein verstärktes Fahrwerk, die Befestigung des Fanghakens an einem der Rumpf-Hauptspanten und der Einbau eines Kraftstoffschnellablasses zur Reduzierung des Landegewichtes waren vorgesehen, dennoch blieben Bedenken. Zunächst erhielt Lockheed den Auftrag, die Article 348 und 362 unter der neuen Bezeichnung U-2G entsprechend umzubauen.

Am 29. Februar 1964 folgte der nächste Erprobungsschritt. Erstmals sollte eine Trägerlandung erfolgen und zwar auf der *USS Ranger*. Nach mehrmaligem Aufsetzen und Durchstarten (touch and go) kam der entscheidende Augenblick. Der Testpilot führte eine Fanghakenlandung durch, die sehr hart verlief und bei der das Flugzeug mit dem Bug auf das Trägerdeck schlug. Die Schäden an der U-2 waren aber gering und die Versuchsreihe konnte fortgeführt werden. Es zeigte sich, dass der flache Landewinkel des Flugzeugs äußerste Sorgfalt bei der Landung verlangte. Unterstützung fand der Flugzeugführer durch den Signaloffizier, der ihm Sichtzeichen z.B. für das Umstellen des Triebwerkes auf Leerlauf gab. Außerdem hatte Kelly Johnson Spoiler anbringen lassen und den Ausschlagwinkel der Landeklappen von 30 auf 45° geändert. Dennoch gab es in der nachfolgenden Erprobung und bei der Schulung der CIA-Piloten einiges an Schäden. Doch hielten sich diese in vertretbaren Grenzen. Am 19. Mai 1964 begann der erste von zwei »scharfen« Einsätzen. Ziel war das Atombombentestgelände der Franzosen in Polynesien.

In rund 1.500 km Entfernung startete die U-2G von Bord der *USS Ranger* in Richtung Zielgebiet. Die Mission verlief erfolgreich und auch der nächste Einsatz ging reibungslos vonstatten. Für den CIA Grund genug, vier weitere U-2G in Auftrag zu geben. Intern griffen jedoch Eifersüchteleien um sich. Die US Navy sah den Aktionen des Geheimdienstes von ihren Schiffen aus neidvoll zu, sie wollte solche Missionen künftig selbst durchführen. Tatsächlich blieb die Zahl der Trägermissionen dann auch gering.

1964 kristallisierte sich Vietnam (vormals Indochina) immer mehr als künftiger Krisenherd heraus. Im Rahmen dieser Abhandlung ist es nicht möglich, ausführlich auf den Vietnam-Krieg und seine Hintergründe einzugehen, so dass es auch hier bei einem kurzen Abriss bleiben muss.

Nach dem Ende des Zweiten Weltkrieges lehnten sich die Vietnamesen unter Führung von Ho Chi Minh gegen die französische Kolonialmacht auf. Mit der Folge, dass Ho Chi Minh am 2. September 1945 die Demokratische Republik Vietnam ausrief. Frankreich reagierte mit militärischen Mitteln darauf und ließ Haiphong mit Schiffsartillerie beschießen. Außerdem schuf Frankreich mit britischer und amerikanischer Unterstützung den Etat Vietnam und setzte als dessen Oberhaupt den ehemaligen Kaiser Bao Dai ein. Im Gegenzug erkannten China und die UdSSR die Regierung Ho Chi Minhs an. Es kam zu anhaltenden Kämpfen zwischen französischen Truppen und den Kräften Ho Chi Minhs, die 1954 in der Schlacht um Dien Bien Phu ihren Höhepunkt erreichten. Auch nachdem die Franzosen in dieser Schlacht vernichtend geschlagen worden waren und sich zurückgezogen hatten, trat keine Ruhe ein. In den USA herrschte große Sorge, dass nach und nach ein asiatisches Land nach dem anderen unter kommunistische Herrschaft fallen könnte und so wurde Vietnam zum Spielball verschiedenster Interessen. Letztlich erfolgte eine Teilung des Landes, wobei der 17. Breitengrad als Grenze diente. Während in Nordvietnam das kommunistische Regime unter Ho Chi Minh regierte, war es in Südvietnam der von den Amerikanern eingesetzte Ngo Dinh Diem, der sich als Diktator entpuppte und dessen Machtapparat als skrupellos und korrupt galt. Nachdem Diem die in seinem Machtbereich befindlichen Kommunisten verfolgen, einsperren und töten ließ, riefen diese den Norden um Hilfe an, der aber zunächst zögerlich reagierte. Erst 1960 kam es zur Gründung der Nationalen Befreiungsfront (FNL) und dem Beginn eines Bürgerkrieges. US-Präsident John F. Kennedy stellte daraufhin ein Bündel von Gegenmaßnahmen zusammen. Neben Finanzhilfen handelte es sich dabei in der Hauptsache um militärische Unterstützung wie die Lieferung von Napalm und dem Einsatz der Eliteeinheit »Green Berets«. Ende 1963 befanden sich bereits 17.000 US-Soldaten in Vietnam. Zu dieser Zeit war Diem politisch nicht mehr tragbar. Es kam zu einem Militärputsch, in dessen Verlauf Diem getötet und durch General Duong Van Minh ersetzt wurde. Die Gesamtlage ließ Kennedy ernsthaft darüber nachdenken, sich aus dem Land zurückzuziehen. Durch seine Ermordung am 22. November 1963 kam es jedoch anders. Sein Nachfolger Lyndon B. Johnson wollte die Macht der USA demonstrieren und begann ein starkes militärisches Engagement, das schließlich in einer direkten Konfrontation zwischen den USA und Nordvietnam mündete. Ein Konflikt, der von der UdSSR und China noch geschürt wurde, indem sie den Norden in vielfältiger Weise unterstützten. Im Gegenzug bauten die Amerikaner ihre Truppenstärke ständig aus. Im Frühjahr 1965 waren rund 184.000 US-Soldaten im Land. Parallel dazu begannen die USA Vietnam mit einem Luftkrieg zu überziehen, der in der Kriegsgeschichte einmalig ist. Es waren nicht nur Ziele im Norden, sondern auch angebliche FLN-Stellungen im Süden, speziell im Mekong-Delta. Trotz ihrer riesigen Kriegsmaschine (Ende 1967 waren 485.000 US-Soldaten im Einsatz) traten die Amerikaner militärisch auf der Stelle. Doch nicht nur das, sie mussten auch den Tod von 16.000 Soldaten beklagen. Dennoch änderten sie ihre Strategie nicht, so dass es in den kommenden Jahren zu schweren Bodenkämpfen mit hohen Verlusten auf beiden Seiten kam. Außerdem wurde die Bomberoffensive gegen Nordvietnam ausgedehnt. All dies konnte aber keine Überlegenheit der USA herbeiführen, so dass der inzwischen amtierende US-Präsident Richard Nixon 1973 einem Waffenstillstandsabkommen zustimmte, das letztlich den kompletten Rückzug der Amerikaner und die Wiedervereinigung des Landes am 2. September 1976 bewirkte.

Vor diesem Hintergrund wird deutlich, dass die Luftaufklärung über Südostasien spätestens ab 1964 hohe Priorität genoss. Dafür standen nun auch neue Kameras zur Verfügung. Zu ihnen gehörte die Delta-Kamera der Firma Itek in den Bauausführungen Delta I (Monofotografie), Delta II (Stereofotografie) und Delta III (wie Delta II, aber deutlich leichter), sowie die Hycon H-Kamera HR-329, die über vier Betriebsarten verfügte, aber nur in drei Exemplaren gefertigt wurde. Ebenfalls neu war die FFD Infrarot-Kamera, die sich hervorragend bewähren sollte.

Für den Vietnam-Einsatz verlegten Anfang 1964 drei U-2E des 4080th SRS auf dem Luftweg von Hawaii zu den Philippinen. Der Flug von 13 Stunden und 30 Minuten Dauer war der bis dahin längste in der Geschichte der U-2. Politische Entscheidungen führten dazu, dass die Flugzeuge nur kurz vor Ort blieben und dann nach Guam zur Anderson AFB verlegt wurden. Von dort gelangten sie schließlich nach Bien Hoa in Vietnam. Zeitgleich begann der CIA mit der Einrichtung der Takhli-Basis in Thailand. Von hier aus sollte eine U-2F Einsätze über Nordvietnam, Laos und Kambodscha fliegen, dabei galt es die Besonderheiten der Region zu berücksichtigen. Im feuchten, subtropischen Klima bildeten sich auch in großen Höhen verräterische Kondensstreifen, des Weiteren gab es in den verschiedenen Luftschichten einen drastischen Temperaturwechsel, auf den das U-2-Triebwerk mit Aussetzern reagierte. Und schließlich machten die Regenzeit, der oft stark bewölkte Himmel und der für Fotokameras undurchdringliche Dschungel die Einsätze schwierig.

Der chinesische Einfluss auf Südostasien wurde von den USA als Bedrohung ihrer elementaren wirtschaftlichen Interessen gesehen. Insofern war es wichtig, alle Informationen über die chinesischen Atomprogramme zu sammeln. Eine Aufgabe, die das taiwanesische »Black Cat« Squadron bis dato erfüllt hatte. Doch nach dem Ab-

US-Spionageflugzeuge

schuss von zwei U-2, einem tödlichen Unfall und dem Rückzug eines Piloten aus dem Flugdienst, war die Staffel handlungsunfähig geworden. Nachrekrutierungen und die Ausbildung auf der mit J75 motorisierten U-2 besserten die Situation, so dass die Aufklärertätigkeiten ab dem 16. März 1964 wieder auflebten. Neu an den Einsatzflugzeugen waren die Systeme 13 und »Birdwatcher«. Beim Birdwatcher handelte es sich um ein Telemetriegerät, das eine Vielzahl von Daten wie Flughöhe, Geschwindigkeit, g-Belastung, Triebwerksdaten und die Betätigung des Schleudersitzes an eine Bodenstation meldete, so dass die Einsatzleitung ohne direkten Funkkontakt mit dem Flugzeugführer über die wichtigsten Parameter informiert war. System 13 – das ab November 1964 verfügbar war – ermöglichte die Störung von S-Band Radars und in der Version 13A konnte auch noch das C-Band gestört werden.

Ein Flug am 16. März war ein voller Erfolg, doch schon Tage später gab es einen Rückschlag. Bei einer SIGINT-Mission an der chinesischen Küste stürzte eine U-2 wegen Überschreitung der Höchstgeschwindigkeit aus großer Höhe ab. Der Flugzeugführer kam ums Leben. Inzwischen waren auch die vielen Triebwerkaussetzer zu einem ernsten Problem geworden, worauf eine Stilllegung der Flugzeuge erfolgte. In mühevoller Kleinarbeit konnte ein aus den USA eingeflogenes Expertenteam das Problem weitgehend beheben. In China liefen gleichzeitig die Abwehrbemühungen auf hohen Touren. Die wenigen SA-2-Batterien wurden in die Einflugschneisen der Aufklärer gestellt. Die U-2-Piloten konnten nicht ausweichen. Durch verschiedene Einbauten war die Flugmasse angestiegen und die Reichweite reduziert. So blieb nur der direkte Flug zu den weit entfernten Zielgebieten. Die Rechnung der Luftabwehr ging am 7. Juli 1964 auf. Von zwei an diesem Tag eingesetzten U-2 konnte eine abgeschossen werden, wobei der Pilot zu Tode kam.

Die Verlustserie setzte sich fort und zwar im Rahmen der Ausbildung, als zwei Flugzeuge in den USA abstürzten. Zum Glück gab es keine Personenschäden. Die Unfälle offenbarten aber einen Schwachpunkt in der Zusammenarbeit mit den Taiwanesen. Sie sprachen extrem schlecht englisch und sie gaben aus Gründen der Ehre niemals zu, dass sie eine Anweisung nicht verstanden hatten. Dennoch gingen die Dinge voran. Das Detachment H des CIA hatte im September 1964 Position auf der thailändischen Takhli AFB bezogen, mit dem Auftrag, die erwarteten Atombombenversuche der Chinesen zu erfassen. In der Tat folgte eine Reihe von beeindruckenden Flügen, die über verschiedene Testzentren, Atomkraftwerke und andere wichtige Ziele führten. Dabei stellte das System 13 eine Lebensversicherung für die Flugzeugführer dar. Es ermöglichte, wie verschiedene SA-2-Angriffe zeigten, eine wirksame Störung der Raketenlenkung.

Die vielen Aktivitäten des Black Cat Squadrons wurden von ungezählten technischen Problemen, die zu einer Reihe von Flugabbrüchen führten, behindert und es gab erneut einen schweren Rückschlag. Am 10. Januar 1965 wurde Flugzeugführer Jack Chiang über China in der Nähe von Paotow in etwa 20.700 m Höhe abgeschossen. Er überlebte den Absturz mit einigen Verletzungen. Was war geschehen? Die Chinesen hatten ihrerseits ECM-Maßnahmen entwickelt und mit Erfolg das System 13 der U-2 ausgeschaltet!

Der Verlust zeigte, dass dringend etwas geschehen musste. Anstelle von Einzelmaßnahmen trat nun ein Paket von Neuerungen und Verbesserungen. Dazu gehörte das System 9B, das das Bordradar von Jagdflugzeugen störte. Das System 12B mit optimierten Warneigenschaften gegenüber dem Fan Song-Radar der V-75-Rakete und das OS-Gerät, das aus größerer Entfernung die Selbsttestaktivitäten von SA-2-Batterien erfasste, die einem Lenkwaffeneinsatz stets vorausgingen. Ferner gab es mit dem ASN-66 ein ECM-Gerät, das eine ganze Bandbreite von Frequenzen stören konnte. Außerdem waren ein APN-153-Doppler-Radar, eine verbesserte Funkanlage, ein neues Freund-Feind-Kenngerät und eine Selbstzerstörungsanlage für all diese Geräte an Bord.

So ausgestattet führten die Taiwanesen 1965 mehr als 20 Einsatzflüge über China bzw. der chinesischen Küste durch. Ein Hauptaugenmerk lag auf dem Grenzgebiet zwischen Nordvietnam und China. Die Sorge der Amerikaner, dass hier Truppen zur Unterstützung Ho Chi Minhs aufmarschiert waren, bestätigte sich nicht. Dafür konnten neue Flugfelder mit modernen MiG-21 Fishbed-Jagdflugzeugen lokalisiert werden.

Ab 1965 schaltete sich das SAC mit der U-2 unter dem Kodenamen »Lucky Dragon« (auch »Trojan Horse«) in die Luftaufklärung über Nordvietnam ein. Grund dafür war die Operation »Rolling Thunder«, dem Flächenbombardement des Landes. Bei diesen, meist von Jagdbombern durchgeführten Einsätze, gingen binnen weniger Wochen elf Kampfflugzeuge durch SA-2 verloren. Ab Mitte 1965 hatten China und die UdSSR als Antwort auf die Operation vermehrt SA-2-Batterien an Nordvietnam geliefert. Die Bekämpfung der Flak-Raketen-Stellungen wurde durch gute Tarnmaßnahmen sowie durch Attrappen erschwert. Aufgabe der U-2 war es die Stellungen auszumachen, zu stören und die Jagdbomberverbände zu warnen. Drei Aufklärer befanden sich vor Ort, von denen meistens zwei im Einsatz standen. Eine weitere Maßnahme zum Aufspüren der Stellungen sah wie folgt aus: Drohnen flogen in die entsprechenden Bereiche. Sobald diese von der SA-2 erfasst wurden, zeichneten weit entfernt fliegende RB-47H die Signale auf, so dass Gegenmaßnahmen zur Störung der Elektronik eingeleitet werden konnten.

Wie effektiv die neuen ECM-Geräte der U-2 waren, zeigen die Black Cat-Missionen des Jahres 1966. Trotz mehrfacher SA-2-Angriffe ging kein Flugzeug verloren. Dennoch musste der Verband zwei Abstürze ohne gegnerische Einwirkung hinnehmen. Als Randnotiz sei erwähnt, dass das SAC seine U-2-Einheiten inzwischen umbenannt hatte. Das seit einigen Jahren von der Langhil zur Davis-Mounthan AFB umgesiedelte Geschwader hieß nun 100th SRW und die Staffel 349th SRS.

Am 8. Oktober 1966 kam es ohne Fremdeinwirkung zum ersten Verlust über Vietnam. Major Leo Stewart hatte sich zwar retten können, die Selbstzerstörungsanlage für die elektronischen Geräte war jedoch nicht an Bord. Ein Ergebnis reiner Schlamperei. Nun galt es, die Anlagen zu bergen. Doch wo waren sie? Die U-2 war in der Luft

Lockheed U-2 – Einsätze und Technik

Der Spezialaufklärer Boeing RB-47H gehörte bis weit in die 60er-Jahre hinein zu den wichtigsten Aufklärungsmitteln des SAC. Mit einer sechsköpfigen Besatzung und einer Startmasse von 93,6 Tonnen erreichte das mit zwei 20 mm-Maschinenkanonen im Heck bewaffnete Muster eine Geschwindigkeit von bis zu 975 km/h, eine Flughöhe von 12.300 m und eine Reichweite von 7.400 km. (Foto: USAF Museum)

auseinandergebrochen und ihre Teile lagen weit verstreut auf dem Boden. Zunächst wurde ein kleines Team mit dem Hubschrauber abgesetzt, das aber die Geräte nicht fand. Daraufhin fotografierten eine U-2 und eine RF-101 das Gebiet großflächig, ohne dass irgendetwas entdeckt werden konnte. Erst als 128 Soldaten das Gelände drei Tage lang absuchten, fand man die geheimen Anlagen.

Während der Vietnam-Krieg ein immer größeres Ausmaß annahm, bauten die Chinesen ihre Militärmacht weiter aus. 1966 zündeten sie auf dem Versuchsgelände von Lop Nor nahe der Grenze zur Mongolei ihre erste Atombombe. Die Amerikaner waren brennend daran interessiert, mehr darüber zu erfahren. Die Corona-Spionagesatelliten lieferten zwar viele Fotos, doch das reichte nicht für eine genaue Analyse. Unter dem Begriff »Tabasco« begannen 1966 erste Arbeiten an einem 130 kg schweren Spezialbehälter, der über zahlreiche Sensoren und einen Funksender verfügte. Die Idee beinhaltete folgendes: mittels einer U-2 wurden zwei dieser Behälter über Lap Nor per Fallschirm abgeworfen. Die Landegeschwindigkeit war so bemessen, dass sich die Behälter bis zur Hälfte senkrecht in den sandigen Boden bohrten und ihre Arbeit aufnahmen d.h., Daten sammeln und diese per Funk weiterleiten. In der Folgezeit wurde der Gedanke mit Nachdruck weiterverfolgt und einige Versuchsabwürfe über dem US-Raketengelände von White Sands durchgeführt. Wenngleich dabei nicht alles perfekt abgelaufen war, begann am 7. Mai 1967 der Einsatzflug. Major Chuang Jen Liang von den taiwanesischen Luftstreitkräften führte die Mission vom thailändischen Startplatz Takhli aus durch. Die Gesamtstrecke von 5.740 km wurde ohne Probleme bewältigt und auch der Abwurf der Behälter funktionierte wie vorgesehen. Die von der Einsatzplanung ausgearbeitete Route war weitgehend frei von SA-2-Batterien. Im Zielgebiet waren sie aber vorhanden und tatsächlich wurden mehrere Raketen auf die U-2 abgefeuert. Doch die ECM-Geräte konnten ihre Bahn erfolgreich stören. Nach der Rückkehr Liangs warteten die Amerikaner vergeblich auf Signale der Behälter. Erst im Laufe der Zeit stellte sich heraus, dass die Reichweite des Funksenders zu gering war! Nun sollte eine U-2 eine Schleppantenne erhalten, Lop Nor überfliegen und die Daten aufnehmen. Trotz umfangreicher Umbauarbeiten für die Antenne und ihren Antrieb konnte der entsprechende Flug bereits am 31. August 1967 erfolgen. Es war zugleich der 100. Flug des Black Cat Squadrons über dem chinesischen Festland.

In der Zeit von Mai bis August 1967 hatten die Chinesen weitere SA-2-Batterien in der Einflugschneise der U-2 und im Bereich des Testgebiets aufbauen können, so dass die U-2 bei ihrem Einsatz am 31. August mehrfach unter Beschuss geriet, ohne jedoch getrof-

US-Spionageflugzeuge

Die chinesische Luftabwehr versuchte mit dem Überschall-Jagdflugzeug MiG-19 Farmer den taiwanesischen U-2 Aufklärern beizukommen. Ohne Erfolg. Anders die FlaRak-Batterien, sie konnten einige Erfolge bei der U-2-Bekämpfung verbuchen. (Foto: USAF Museum)

fen zu werden. Alles in allem verlief die Mission erfolgreich. Die Schleppantenne konnte aus- und eingefahren werden und einige Signale wurden aufgefangen. Dennoch war das Gesamtergebnis der Operation Tabasco völlig unbefriedigend, woraufhin weitere Versuche unterblieben. Nur wenige Tage nach diesem Flug mussten die Black Cats einen erneuten Verlust hinnehmen. Eine U-2 wurde in der Umgebung von Schanghai abgeschossen und der Pilot getötet.

Politische Disharmonien zwischen Taiwan und den USA, der verstärkte Einsatz von Aufklärungssatelliten mit verbesserten Kameras, die Verfügbarkeit der Lockheed A-11/SR-71 und die gestärkte chinesische Flugabwehr führten zum Abklingen der Black Cat-Flüge im Jahre 1968. Mit einer Ausnahme führte die Staffel nur noch grenznahe Flüge durch.

Auch in den USA standen CIA und Air Force vor der Frage, wie es mit der U-2 weitergehen sollte, zumal die Sowjets mit der MiG-25 Foxbat nun über einen Abfangjäger verfügten, der ohne Weiteres Flughöhen von 21.000 m und mehr erreichte. Kelly Johnson war nicht nur ein genialer Konstrukteur, sondern auch ein ausgezeichneter Verkäufer. Um die U-2 am Leben zu halten, hatte er den Bau einer neuen Variante – der U-2L – vorgeschlagen. Sie sollte über einen verlängerten Rumpf und einen neuen Bug verfügen, der ein großes Teleskop zur Beobachtung russischer Satelliten beinhaltete. Alternativ sah er die Fertigung einer U-2M vor. Sie entsprach der Version L, hatte aber einen drehbaren Bug, so dass das Teleskop auch die Erde beobachten konnte. Johnson stieß mit seinen Vorschlägen auf taube Ohren. Dennoch gab es Hoffnung für das Flugzeug. Pratt & Whitney hatte mit der Version P-13 des J75-Triebwerks einen er-

heblich verbesserten Antrieb entwickelt. Er war weniger störanfällig, neigte seltener zu Aussetzern und wies mit 7.718 kg (78 kN) eine deutlich höhere Leistung auf. Auf Basis dieses Triebwerks begannen 1965/66 die Arbeiten an der U-2R, wobei R für »Revised« (überarbeitet) steht. Die neue Baureihe war keine einfache Modifikation des Grundentwurfs, sondern stellte in vielen Bereichen eine Neuentwicklung dar. Das Tragwerk wurde umfänglich geändert. Die Spannweite betrug nun 31,39 m (vorher 24,43 m). Dadurch stieg die Flügelfläche von 55,8 auf 92,9 m². Ferner erfolgte eine Änderung der Tankanlage, deren Behälter anders im Tragwerk angeordnet wurden und nun zur Aussteifung des Tragwerkes dienten. Zusätzliche Spoiler machten aus der vormals trägen U-2 ein beweglicheres Flugzeug, das sich somit Raketenangriffen leichter entziehen konnte. Der Rumpfbug wurde geändert, er konnte mehr bzw. größere Lasten aufnehmen und war austauschbar. Parallel dazu stieg die Rumpflänge von 15,30 m auf 19,20 m und die Nutzlastmasse auf rund 500 kg. Auch der E-Schacht, der sich hinter dem Q-Schacht befand, war neu. Die Konstrukteure hatten das Cockpit überarbeitet, es war geräumiger und moderner. Der Flugzeugführer verfügte nun über den bequemeren S1010-Druckanzug und einen Zero-Zero-Schleudersitz, der einen Ausstieg in allen Höhen und bei jeder Geschwindigkeit erlaubte. Selbstverständlich verfügte das Muster über die neuesten Avionik- und SIGINT-Geräte einschließlich des COMINT-Empfängers System 21.

Nachdem die 1:1-Attrappe im November 1966 vorgestellt werden konnte, führte Lockheed-Testpilot Bill Park am 28. August 1967 den Erstflug durch. Das Flugzeug zeigte gute Flugeigenschaften. Die üblichen »Kinderkrankheiten« konnten rasch abgestellt werden. Sorge bereitete aber das Startverhalten. Die U-2R driftete stark nach links ab. Ursache war ein asymmetrischer Schub, der durch das Schubrohr verursacht wurde. Die Schubrohrverkleidung hatte man verlängert, um den Infrarot-Schutz zu verbessern. Doch nun gab es die erwähnten Probleme. Abhilfe brachte schließlich eine deutliche Verlängerung der Verkleidung und By-Pass-Klappen, die beim Start geöffnet wurden, um die Abgasströmung zu stabilisieren.

Die Modernisierung der Ausrüstung hatte natürlich auch vor der Kamera nicht Halt gemacht. Itek liefert mit der IRIS (alias KA-80) eine Panoramakamera, die aus 21.350 m einen 105 km breiten Streifen fotografieren konnte, wobei die Auflösung aus dieser Höhe bei 30 cm lag!

Ende 1968 waren die ersten U-2R einsatzbereit. Sie wurden an die Taiwanesen geliefert, die bereits am 5. Januar 1969 bei einer grenznahen Mission den ersten Absturz einer U-2R melden mussten. Die Amerikaner begannen ab März 1969 mit den ersten Flügen. Ziel der

Lockheed U-2 – Einsätze und Technik

Die Gegenüberstellung der U-2A und der U-2R verdeutlicht die Größenunterschiede zwischen den Baureihen. (Foto: USAF Museum)

U-2R des SAC war Kuba, das seit der Krise des Jahres 1962 ständig von U-2 überwacht wurde. Über Vietnam kam das Muster ab Juli 1969 zum Einsatz und im Monat darauf begannen die Vorbereitungen für einen Flugzeugträgereinsatz. Für die Erprobung standen zwei Flugzeuge parat. Bill Park führte am 21. November 1969 die ersten Starts und Landungen auf dem Träger USS America durch. Die Navy hatte aber an einem Aufklärereinsatz kein Interesse. Sie stellte sich die U-2R allenfalls als fliegende Relaisstation vor, die hoch über der Flotte operierte. Alles in allem blieb es bei den Testflügen.

1970 drohte zum Konfliktjahr zu werden. Am 26. August entdeckten U-2-Aufklärer Aktivitäten auf der kubanischen Marinebasis Cienfuegos. Diese deuteten auf den Bau einer Basis für russische Atom-U-Boote mit ballistischen Raketen hin. US-Präsident Richard Nixon reagierte in aller Schärfe auf die Ausbaupläne, die schlussendlich nicht ausgeführt wurden. Am anderen Ende der Welt griff Ägypten die in Sinai befindlichen Israelis an, um das besetzte Gebiet zurück-

zuerobern. Nach heftigen, verlustreichen Kämpfen gab es einen Waffenstillstand, der den Rückzug der Parteien auf bestimmte Posi-

Das Foto entstand während der Trägererprobung auf der USS America (CV-66). (Fotos: US Navy / USAF Museum)

US-Spionageflugzeuge

Der massive Einsatz des Langstreckenbombers Boeing B-52 mit bis zu 30 Tonnen Bombenlast konnte keine Wende im Vietnam-Krieg herbeiführen. (Foto: USAF)

tionen beinhaltete. Zur Überwachung der Vereinbarung schlugen die USA den Einsatz von U-2 vor. Unter dem Kodenamen »Even Steven« sollten die Aufklärer vom britischen Stützpunkt Akrotiri auf Zypern aus agieren. Wenngleich Großbritannien seine Bereitschaft, einige Flugzeugführer für die Mission abzustellen, zurückzog und Frankreich und Italien den aus Großbritannien nach Zypern fliegenden U-2 die Überflugrechte verweigerte, kam der dreimonatige Einsatz ab August 1970 doch zustande, wobei die Flugzeuge wahlweise die B- oder H-Kamera mitführten.

Nach wie vor war jedoch Vietnam ein Haupteinsatzgebiet der U-2. An die Stelle von Fotomissionen (Kodename »Giant Nail«) traten ab 1971 verstärkt COMINT-Einsätze zur Überwachung der gegnerischen Kommunikation. Die Firmen Sperry und Melpar hatten eine entsprechende Elektronik-Plattform entwickelt, deren Kerngeräte im Q-Schacht platziert waren, während sich die Antennen am Rumpf befanden. Zusammen mit der transportablen Bodenstation trug das System den Namen »Senior Book«. Wie leistungsfähig die Anlage war, sollte sich am 13. September 1971 zeigen. Wie üblich patrouillierte an diesem Tag eine U-2 über dem Golf von Tonkin. Hier stellte der Pilot fest, dass der komplette Luftverkehr über China einschließlich des militärischen Bereichs stillgelegt war. Lediglich ein Jagdflugzeugeinsatz konnte erfasst werden. Was war der Grund? Der chinesische Verteidigungsminister und Stellvertreter Mao Tsetungs, Lin Piao, hatte versucht, Mao Tse-tung in einem Staatsstreich zu verdrängen. Nachdem der Putsch gescheitert war, wollte sich Lin Piao im Tiefflug mit einem Trident-Verkehrsflugzeug in die UdSSR absetzen. Über der Mongolei wurde sein Flugzeug von der chinesischen Jagdwaffe gestellt und abgeschossen. Dank der U-2 COMINT erfuhren die Amerikaner aus erster Hand von dem Geschehen.

Trotz massiver militärischer Überlegenheit und dem Abwurf von rund 15 Millionen Tonnen Bomben (mehr als doppelt soviel wie im Zweiten Weltkrieg) konnten die USA den Vietnamkrieg nicht gewinnen. Daran änderte auch die 1972 zur Weihnachtszeit gestartete Luftoffensive »Linebacker II« nichts. Die Rolle der U-2 beim Bombardement Nordvietnams bestand darin, die Aktivitäten der SA-2-Batterie aus großer Höhe zu erfassen und Warnmeldungen an die eigenen Verbände abzugeben. Nachdem am 27. Januar 1973 in Paris ein Friedensabkommen zwischen den am Vietnamkrieg beteiligten Parteien unterzeichnet worden war, begann der Abzug der US-Truppen aus dem Land. Dennoch blieben die USA in Südostasien präsent. Ihre Spionageflugzeuge operierten nach wie vor über den Küsten der kommunistischen Länder. Dabei kam es zu einem Zusammenspiel zwischen den RC-135-Aufklärern und der U-2. Die von der Dragon Lady verwendete COMINT-Anlage HARC (High-Altitude Recon COMINT) wurde in einem frühen Stadium ihres Einsatzes durch das HARC IV (Rüststand Senior Spear) abgelöst, das über deutlich mehr Kanäle verfügte. Die Anlage benötigte jedoch mehr Platz. Daher wurden Flügelbehälter in die Vorderkanten des Tragwerkes eingebaut.

Zur Zeit des Vietnamkrieges, aber auch bei den Überflügen Chinas hatten sich die SA-2-Batterien als gefährliche Gegner erwiesen, denen zahlreiche US-Kampfflugzeuge zum Opfer gefallen waren. Nun sollte mit dem ALSS (Advanced Location and Strike System) ein Gerät zum Einsatz kommen, das in der Lage war, die exakte Position einer Batterie zu ermitteln und ihre Bekämpfung einzuleiten. Zur Taktik der SA-2-Stationen gehörte es, die Erfassung der Flugziele durch separate Fernradars durchzuführen. Die SA-2-Radars wurden immer nur für kurze Zeit eingeschaltet. Teilweise erfolgte auch ein mehrmaliges Ein- und Ausschalten, um den Gegner zu verwirren. Für ein einzeln fliegendes SIGINT-Flugzeug war es schwierig, die genaue Lage der Batterie zu erfassen. Beim ALSS sollten es daher drei U-2 sein, die in einer dreieckigen Formation flogen und alle relevanten Daten erfassten. Im Anschluss daran erfolgte die Datenübermittlung an Jagdbomber, die mit Gleitbomben die SA-2-Batterien ausschalten sollten.

Lockheed U-2 – Einsätze und Technik

Das Programm krankte jedoch von Beginn an. Grund waren technische Probleme mit den alten Flugzeugen. Es war kaum möglich, drei Maschinen gleichzeitig über längere Zeit in der Luft zu halten. Vielfach musste der Einsatz vorzeitig abgebrochen werden. Auch die Aufstockung von fünf auf sechs U-2 half nicht, die Erprobung rasch voranzutreiben. Nur mühsam nahm das Projekt Fahrt auf. Dennoch wurde ALSS zum festen Bestandteil bei der Planung präziser Luftschläge gegen Flugabwehrstellungen (Programm »Pave Strike«). 1975 begann die Auslandserprobung des Systems (Oberbegriff »Senior Ball«) auf dem Gebiet der Bundesrepublik Deutschland. Die auf dem RAF-Stützpunkt Wethersfield in Großbritannien stationierten Flugzeuge flogen in deutlichem Abstand von der innerdeutschen und der deutsch-tschechoslowakischen Grenze eine rechteckige Bahn von Nord- nach Süddeutschland. Die Bodenstationen befanden sich an verschiedenen Orten der Bundesrepublik. Die gesamte Aktion stand unter einem schlechten Stern. Bereits am 29. Mai 1975 stürzte Captain Robert Rendleman in der Nähe von Winterberg (Sauerland) ab, überlebte aber dank des Schleudersitzes den Crash. Der Absturz war zugleich ein Signal für das Ende des ALSS-Programms, dessen Technik sich als zu komplex erwiesen hatte.

Nicht nur das Ende des Vietnamkrieges hatte die politische Lage in Südostasien nachhaltig geändert, auch der Bruch zwischen der UdSSR und China war von Bedeutung. Bereits 1969 stritten sich die Länder am Amur-Fluss über eine gemeinsame Grenze. Ein Konflikt, der teils mit Waffengewalt ausgetragen wurde. Je mehr sich die Großmächte voneinander entfernten, um so mehr rückten die USA an China heran. In geheimer Mission begab sich US-Außenminister Henry Kissinger Anfang der 70er-Jahre nach China. Er bereitete unter anderem den Besuch von US-Präsident Richard Nixon für den Februar 1972 vor. Anlässlich dieser Aufgabe bezog Kissin-

Während der Auslandserprobung des ALSS trugen die beteiligten U-2C einen ungewöhnlichen Tarnanstrich. (Foto: USAF Museum / Zeichnung: Ralf Swoboda)

US-Spionageflugzeuge

ger gegenüber den Chinesen deutlich Stellung; so erklärte er unter anderem, dass Taiwan Teil Chinas sei und die USA beabsichtigten, ihre Truppen vom Inselstaat abzuziehen. Trotz dieser Aussage waren die Amerikaner nach wie vor an der Aufklärertätigkeit der Taiwanesen interessiert. Aus politischen Gründen sollten aber keine Überflüge Chinas mehr erfolgen. Es blieb also bei Missionen im Grenzbereich, wobei es sich überwiegend um COMINT-Einsätze handelte, bei denen wahlweise auch die B- oder H-Kamera mitgeführt wurde. Die Flüge konnten nicht darüber hinwegtäuschen, dass ein Bruch zwischen den Verbündeten eingetreten war. Der CIA versuchte zwar ein neues Abkommen mit den Taiwanesen zu schließen, doch es kam zu keiner Unterzeichnung. Damit war das Ende der langjährigen Zusammenarbeit (Projekt »Tackle«) zwischen dem US-Geheimdienst und den Taiwanesen besiegelt.

In den 70er-Jahren machte die elektronische Aufklärung große Fortschritte. Dies lag unter anderem an der Einführung von »synthetischen« Radargeräten, die trotz hoher Leistung, sprich Reichweite und Auflösung, nur über eine kleine Antenne verfügten. Dank neuartiger Arbeitsweisen konnten diese Geräte den Boden komplett erfassen und zwar bei jeder Wetterlage, Tag und Nacht. Die

Nachrichtendienst in der Hauptsache für den Einsatz und die Steuerung von Spionagesatelliten verantwortlich ist. Die Existenz des NRO wurde jahrelang geheim gehalten, erst Anfang der 70er-Jahre erfolgte die Enttarnung.

Das Radarprogramm (Senior Lance) sah als Trägermittel die U-2R vor. Article 061 (Serial-Number 68-10339) diente zur Erprobung. Das Seitenblick-Radar wurde im verlängerten Rumpfbug untergebracht. In dieser Form nahm das Muster im April 1971 die Versuche auf, wobei die Radarbilder über eine Datenverbindung direkt an eine Bodenstation übermittelt wurden, so dass die Aufklärungsergebnisse in Echtzeit verfügbar waren. Die Erprobung brachte ausgezeichnete Werte, woraufhin es zum Umbau weiterer Flugzeuge (»Senior Dagger«) kam und auch die Navy zeigte Interesse. Für die Dauer von sechs Monaten übernahm sie einen Versuchsträger, den Lockheed nach den Wünschen der Navy umbaute (Projekt »Highboy«). Die Navy dachte dabei an eine Seeüberwachung, bei der insbesondere ein Angriff von Cruise Missiles frühzeitig erkannt werden sollte. Die für den Einsatz erforderlichen Sensoren brachte Lockheed in separaten Flügelbehältern unter. Am Ende blieb es jedoch bei der Versuchsreihe.

Drauf- und Seitenansicht der U-2R. (Zeichnungen: Ralf Swoboda)

vom Synthetic Aperture Radar (SAR) erstellten Abbildungen haben Fotoqualität und lassen sich somit einfach interpretieren. Im Gegensatz zum bis dahin gebräuchlichen Real Aperture Radar (RAR) bleibt auch bei zunehmender Entfernung zum aufgenommenen Objekt die Auflösung bis in den Dezimeterbereich gut. Die Entwicklung solcher Radargeräte für den Einsatz in Satelliten und Flugzeugen wurde vom National Reconnaissaince Office (NRO) finanziert. Die Gründung des NRO erfolgte in den Jahren 1960/61, wobei der

Gründe dafür gab es viele. Die U-2-Flotte hatte sich durch zahlreiche Abstürze dezimiert und auch die Ersatzteillage wurde schwierig. Die Navy verfügte außerdem bereits über leistungsstarke Frühwarnflugzeuge und auch der Einsatz von Satelliten trug dazu bei, dass das U-2-Programm nicht weiter verfolgt wurde. Lockheed ließ aber nicht locker. Ben Rich, der inzwischen die Nachfolge von Kelly Johnson angetreten hatte, bot an, die Fertigungsstraße der U-2 wieder aufleben zu lassen. Dabei hatte er das Flugzeug als Träger für das PLSS-System im Auge, das als Ersatz für das erfolglose ALSS dienen sollte. Bevor es soweit kam, sollten noch einige Jahre vergehen.

Im Juli 1976 verlegte das 100th SRW von der Davis-Monthan Air Force Base zur Beale AFB nach Kalifornien. Unter dem Dach der 9th SRW taten die verbliebenen U-2 zusammen mit der Lockheed SR-71 Dienst. Alles in allem standen dem SAC zehn U-2R, fünf U-2C und zwei U-2CT zur Verfügung, die die 9. Staffel des Geschwaders bildeten.

Zahlreiche Start- und Landeunfälle mit der U-2 hatten zu Totalverlusten oder schweren Schäden geführt, so dass immer wieder der Ruf nach einer Trainingsversion des Flugzeuges laut geworden war, der viel zu spät – im Jahre 1973 – erhört wurde. Durch den Umbau einer U-2C entstand die zweisitzige U-2CT mit erhöhtem, zweitem Cockpit. Bill Parker blieb es vorbehalten, das Umbauflugzeug am 13. Februar 1973 zum Jungfernflug zu führen. 1976 folgte noch eine zweite Maschine. Abgesehen davon, dass es auch während des Schulbetriebes zu mehr oder weniger schweren Unfällen kam, taten die Flugzeuge bis 1987 Dienst. Trotz des verbesserten Trainings blieben weitere Abstürze nicht aus, wobei es von zwei besonders spektakulären zu berichten gibt. Am 7. Dezember 1977 stürzte Captain Robert Henderson beim Start von der zyprischen Basis Akrotiri in die dortige Wetterstation. Neben Henderson kamen fünf Meteorologen ums Leben. 14 weitere Personen wurden verletzt. Am 31. August 1981 flog Captain Edward Beaumont einen Routineeinsatz nahe der Beale AFB. Als der Funkkontakt zur Bodenstation abgerissen war und der Leitoffizier nur noch eigenartige Atemgeräusche vernahm, wurden zwei T-38 in die Luft geschickt, um sich ein Bild von der Situation zu machen. Die Überschall-Trainingsflugzeuge erreichten rasch die U-2 und sahen Beaumont über dem Steuer liegend. Augenscheinlich war er bewusstlos. Sein Flugzeug flog nun in weiten, flachen Kurven dem Boden zu. Mit Entsetzen sahen die T-38 Piloten, wie sich der Aufklärer einer Überland-Starkstromleitung näherte. Mit einer Tragfläche kappte die U-2 zwei Leitungen, legte sich dadurch aber wieder gerade und setzte auf morastigem Boden auf. Aus den beschädigten Tanks strömte Kraftstoff, der glücklicherweise wegen der leicht abschüssigen Lage der U-2 vom Flugzeug wegfloss und nicht in Brand geriet. Beaumont hatte nun das Bewusstsein wiedererlangt, war sich aber über die Situation nicht im Klaren, so dass er instinktiv den Schleudersitz betätigte und sich aus dem Flugzeug katapultierte. Wohlbehalten und nur minimal verletzt kehrte er am Fallschirm hängend zur Erde zurück!

Im Jahr 1976 lebte die Zusammenarbeit mit Taiwan wieder auf. Die legendäre Black Cat-Staffel erhielt zwei U-2R, mit denen sie von Südkorea aus Flüge entlang der Demilitarisierten Zone (DMZ) über mehrere Jahre hinweg durchführte. Zusätzlich übernahmen die Taiwanesen noch die Aufgabe, radioaktives Material von chinesischen Atomwaffenversuchen von Thailand aus zu sammeln (Operation »Olympic Race«).

1976 hatte die in Texas ansässige Firma E-Systems eine halbautomatische ELINT-Anlage entwickelt, die jedoch deutlich mehr Platz benötigte, als vorhanden war. Lockheed konstruierte daher zwei neue Unterflügelbehälter mit einer Länge von 8,23 m und einem Volumen von 2,55 m³, deren Front- und Heckpartien austauschbar waren. Außerdem konnten an den Unterseiten der Behälter Radarkuppeln befestigt werden. Der Rüstzustand trug die Bezeichnung »Senior Ruby«. Seine Erprobung konnte 1978 mit der Serial-Number 68-10339 beginnen. Bereits im Sommer des Jahres traf das Flugzeug in Großbritannien auf der RAF Basis Mildenhall ein. Hier erfolgte zusammen mit der 68-10338 eine längere Testphase gegen Elektronikziele im Ostblock, wobei sich die Bodenstation (Metro Tango) in Deutschland befand. Zu dieser Zeit existierte auf der Gegenseite eine kaum überschaubare Vielzahl von Radargeräten und Sendern, die es zu erfassen und auszukundschaften galt. Während sich die elektronischen Systeme bewährten, bereiteten Flattererscheinungen Sorgen. Sie rührten von den Behältern her. Da diese unterschiedlich beladen wurden, war es schwierig, Gegenmaßnahmen einzuleiten. Erst das Anbringen von Gewichten an den Querrudern konnte die Situation weitgehend bereinigen.

Der rasche Einmarsch von Truppen des Warschauer Pakts im Jahre 1968 in die Tschechoslowakei hatte gezeigt, dass die Satelliten-Überwachung nicht vor solchen Überraschungen schützen konnte. In den 70er-Jahren hielt man im Westen einen militärischen Erstschlag des Warschauer Pakts gegen Westeuropa für denkbar. Folgerichtig kamen erneut Spezialaufklärer ins Spiel. Dabei trat Boeing mit einer Drohne gegen die von Lockheed vorgeschlagene Wiederaufnahme der U-2-Fertigung an. Gegen den Einsatz eines unbemannten Fluggeräts sprachen damals jedoch viele Gründe, so dass Lockheed den Zuschlag für den Bau von 25 neuen Flugzeugen erhielt. Da in der Öffentlichkeit nicht der Eindruck entstehen sollte, es werde einfach nur Altes aufgewärmt, wurden die Flugzeuge als TR-1 bezeichnet. Innerhalb der Planungsphase traten verschiedene USAF-Kommandeure hervor, die dem SAC die wenigen Flugzeuge streitig machten. Sie wollten über eigene Aufklärer verfügen und erhoben Ansprüche. Tatsächlich zeigte sich das NRO bereit, aus seinen geheimen Mitteln den Bau von weiteren zehn TR-1 zu finanzieren.

Faktisch unterschied sich das neue Flugzeug kaum von der U-2. Unterschiede betrafen das verstärkte Heck, geringe Änderungen der Cockpit-Instrumentierung und den Anbau von nach vorne und hinten gerichteten Radarwarngeräten (System 27) an die Flügelspitzen und außerdem ist noch der Austausch des Störgerätes System 13 gegen das System 29 zu erwähnen.

Am 1. August 1981 führte Lockheed-Testpilot Ken Weir den Erstflug der TR-1 durch. Die folgende Erprobung verlief ohne

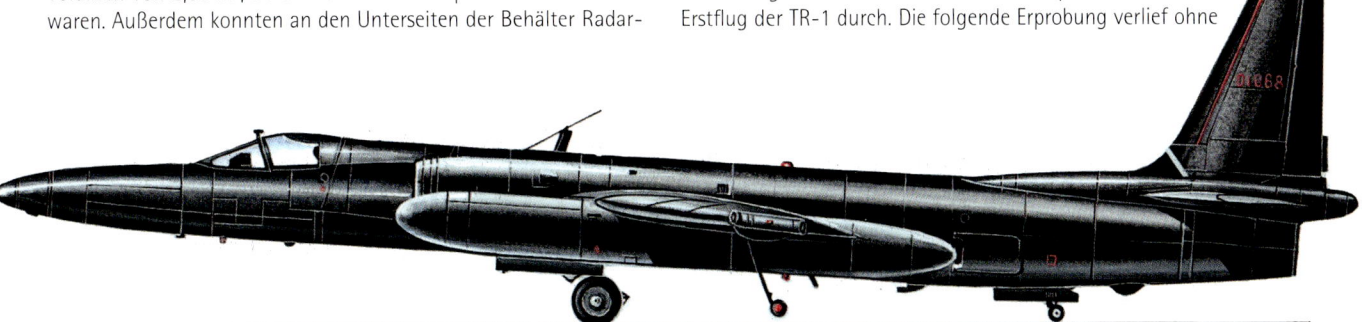

Durch den Anbau großer Unterflügelbehälter konnte das Einsatzspektrum der U-2 deutlich erweitert werden. (Zeichnung: Ralf Swoboda)

Besonderheiten, so dass die Serienfertigung langsam anlaufen konnte. Sie endete erst 1989 mit der Ablieferung des 37. Flugzeugs. Die Fertigung teilte sich dabei wie nachstehend auf:
25 TR-1A
2 TR-1B
2 ER-2
7 U-2R
1 U-2R(T)

Hierzu ist anzumerken, dass die TR-1B und U-2R(T) zweisitzige Schulungsflugzeuge waren, die dringend benötigt wurden. Als die TR-1 in Fertigung ging, gab es kaum noch Flugzeugführer für das Muster. Die Ausbildung neuer Piloten stand also im Vordergrund. Bei der ER-2 handelte es sich um eine Sonderausführung für die NASA, auf die wir noch zu sprechen kommen.

Das neue Flugzeug sollte eine Reihe von Aufgaben übernehmen und dafür speziell ausgestattet werden. Hughes begann 1981 mit der Entwicklung des Advanced Synthetic Aperture Radar System ASARS-2, das den Anbau eines um 82 cm verlängerten Rumpfbugs erforderte. Erprobungsträger dafür war die 68-10336. Nachdem die Tests erfolgreich abgeschlossen werden konnten, erfolgten Versuche mit dem Radar, die sich bis 1984 hinzogen. Ein weiterer Schwerpunkt der TR-1-Missionen sollte das Ausschalten gegnerischer Radargeräte mittels PLSS (vormals PELSS) sein. Wie schon beim Vorgänger ALSS wurden dafür drei Flugzeuge benötigt, die in einer dreieckigen Formation flogen. Die Amerikaner setzten große Hoffnungen auf das Programm. Die PLSS-Flugzeuge sollten in der Lage sein, eine Radarabstrahlung von nur fünf Sekunden Dauer zu erfassen und die Bekämpfung von 30 Zielen gleichzeitig einzuleiten. PLSS entpuppte sich jedoch als Fehlschlag. Wenngleich rund 1 Milliarde Dollar investiert wurden, trat das Programm auf der Stelle. Erst 1985 konnte eine Dreierformation mit sehr mäßigen Erfolgen erprobt werden. Auch die Reduzierung auf zwei Flugzeuge unter dem neuen Begriff SLATS (Signal Location and Targeting System) brachten nicht den erhofften Durchbruch und schließlich erfolgte die Einstellung des Programms.

Unabhängig von diesem Rückschlag hatte am 12. Februar 1983 die erste TR-1A nach Großbritannien auf den Stützpunkt Alconbury verlegt. Nur Tage darauf traf ein zweites Flugzeug auf der RAF-Basis Mildenhall ein. Die beiden Maschinen waren Teil des 95th Reconnaissance Squadron, das dem 17th Reconnaissance Wing des SAC unterstand. Später kam noch eine dritte TR-1A hinzu. Das Trio flog über Jahre hinweg ELINT-Einsätze entlang der innerdeutschen Grenzen. Mit zunehmender Anzahl ausgelieferter Flugzeuge begannen weltweite Missionen, die von den folgenden Einheiten durchgeführt wurden:

Detachment 2:
Osan, Korea, Kodename »Olympic Torch«
Detachment 3:
Akrotiri, Zypern, Kodename »Olive Tree«
Detachment 4:
Alconbury, Großbritannien, Kodename »Creek Spectre«
Detachment 5:
Patrick AFB, Florida, Kodename »Olympic Fire«

Während der Aufbauphase kam es 1984 zu drei Abstürzen, bei denen sich die Flugzeugführer retten konnten. Die TR-1-Flotte wurde daraufhin stillgelegt. Untersuchungen zeigten schon bald die Ursache auf. Das Schubrohr des J75 bestand aus zwei Teilen, die miteinander verbunden waren. An der Nahtstelle hatten sich Klammern gelöst, woraufhin das hintere Rohrstück seine Lage änderte. Der Triebwerkstrahl wirkte nun auf das Rohr ein, verschob es weiter und drückte es schließlich so stark nach hinten, dass das Heck des Flugzeuges abriss. Eine Verstärkung der Rohrbefestigung löste das Problem auf Dauer.

Ab 1985 stand das ASARS-2 für den Einsatz bereit. Eine erste Mission gegen die DDR erfolgte am 9. Juli des Jahres. Weitere folgten. Dabei spielte auch die Luftfotografie wieder eine Rolle. Für die US-Spionagesatelliten hatte Itek ein elektro-optisches Aufklärungssystem entwickelt, das unter dem Kürzel SYERS (Senior Year Electro-Optical Reconnaissance System) für die TR-1A adaptiert wurde. Den Kern der Anlage bildet eine Panoramakamera mit 178 cm Brennweite. Die Bilder wurden bei diesem System nicht auf Film erfasst, sondern auf elektronischem Weg gespeichert. Die Speicherdaten konnten direkt an eine Bodenstation (»Senior Blade«) übermittelt werden, die dann ein Bild erzeugte. Bei der TR-1A befand sich das System im drehbaren Rumpfbug. Die Kamera konnte so neben der senkrechten Position auch nach links und rechts gedreht werden.

In den 80er-Jahren hieß das Schlagwort »Echtzeit-Aufklärung«. Möglich wurde dies durch Kommunikationssatelliten, die die Daten in Sekunden um den Erdball schicken konnten. Doch so einfach wie dargestellt war es damals dann doch nicht. Lockheed arbeitete 1985 an einer TR-1-Version mit einer Satellitenantenne auf dem Rumpfrücken. Der tropfenförmige Behälter wurde zunächst mit der 80-1071 im Flug erprobt. Im Jahr darauf begann die eigentliche Testreihe mit der 68-10331 und dem Oberbegriff »Senior Span«. Sie zeigte viele Probleme auf. Als größte Schwierigkeit erwies sich die Ausrichtung der Antenne auf die schmale Bahn des Satelliten. Nach und nach konnten auch hier Lösungen gefunden und Senior Span von Korea, Großbritannien und Florida aus eingesetzt werden.

Sowohl SYERS als auch Senior Span kamen schneller als erwartet zu scharfen Einsätzen. Am 2. August 1990 waren irakische Truppen in das Nachbarland Kuwait einmarschiert. Der kleine Golfstaat mit rund 2,5 Millionen Einwohnern und einer Fläche von nur 17.818 km² war wegen seiner zahlreichen Ölfelder für den hoch verschuldeten Irak von großem Interesse. Nur wenige Tage nach dem Überfall annektierte Irak das Land und stieß damit auf heftigen internationalen Widerstand. Darüber hinaus hatten Aufklärungsflüge gezeigt, dass der Irak größere Truppenansammlungen an der Grenze von Kuwait zu Saudi-Arabien zusammengezogen hatte, so dass Sorge bestand, dass auch dieses Land angegriffen würde. Die USA reagierten zusammen mit weiteren 33 Nationen mit der »Operation Desert

Lockheed U-2 – Einsätze und Technik

Die Fotos zeigen die aufwändigen Vorbereitungen, die für einen U-2-Einsatz erforderlich sind. Zunächst atmet der Flugzeugführer in entspannter Lage rund 1 Stunde lang reinen Sauerstoff ein, um möglichst viel Stickstoff aus seinem Blut zu bekommen. Im Anschluss an die Prozedur bringen ihn Helfer unter Beibehaltung der Sauerstoffzufuhr zum Flugzeug und helfen beim Einsteigen und Anlegen der Gurte. (Fotos: USAF)

US-Spionageflugzeuge

Start einer U-2 in »Senior Span«-Konfiguration. Neben der Satellitenantenne auf dem Rumpfrücken fällt der Zusatzbehälter unter dem linken Flügelbehälter auf. (Foto: USAF)

Shield« auf die Bedrohung. Neben zwei Flugzeugträgern wurden rund 660.000 Soldaten in die Golfregion verlegt. Unterdessen hielten die Bemühungen um eine diplomatische Lösung an. Nachdem diese scheiterten, stellten die Vereinten Nationen dem Irak am 29. November 1990 ein Ultimatum. Danach sollten die Truppen bis zum 15. Januar 1991 abgezogen werden. Doch der irakische Führer Saddam Hussein ließ die Frist verstreichen, so dass UN-Streitkräfte unter der Führung der USA den Irak angriffen. Die im Wesentlichen von Saudi-Arabien ausgehende Offensive unter dem Namen »Desert Storm« begann mit schweren Luftschlägen am 17. Januar 1991. Nicht weniger als 750 Flugzeuge flogen rund 1.300 Ziele an. Vorrangig ging es um die Ausschaltung der irakischen Luftverteidigung und der Kommunikationsanlagen.

Nachdem eine Bodenoffensive der Iraker gegen Saudi-Arabien am 29. Januar 1991 gestoppt werden konnte, begannen die UN-Streitkräfte am 24. Februar ihrerseits mit Bodenkämpfen. Die totale waffentechnische Überlegenheit der Verbände führte unter den irakischen Truppen zu schwersten Verlusten und schlussendlich zum Zusammenbruch, so dass am 27. Februar die Einstellung der Kämpfe erfolgte.

Während der Kampfhandlungen hatte der Irak einige seiner »Scud«-Boden-Boden-Lenkwaffen gegen Saudi-Arabien und Israel verschossen. Hier bestand die Befürchtung, dass Saddam Hussein damit auch Giftgas oder chemische und biologische Kampfstoffe einsetzen könnte. Folgerichtig galt es, die Raketen schnellstmöglich auszuschalten. Ein schwieriges Unterfangen, da die meisten von ihnen auf beweglichen Abschussrampen stationiert waren.

Das Aufspüren der Lenkwaffen gehörte zu den Hauptaufgaben der U-2, von denen fünf in den Ausführungen SYERS und Senior Span ab August 1990 auf einer Basis im Saudischen Taif stationiert waren. Vor Beginn von Desert Storm hatten sie in wenigen Wochen mehr als 200 Einsätze durchgeführt. Sie flogen dabei in sicherem Abstand an der irakischen Grenze entlang, überwacht von AWACS-Frühwarnflugzeugen, die das Aufsteigen gegnerischer MiG-25 Foxbat beobachteten und bei Bedarf F-15 Eagle zum Schutz der Aufklärer in die Gefahrenzone beorderten. Nach Beginn der Kampfhandlungen waren die U-2 für die Erfassung der Bombenschäden (Bomb Damage Assessment, BDA) zuständig. Ferner dirigierten sie die Luftangriffe und mit dem Start der Bodenoffensive am 24. Februar auch das Artilleriefeuer. Während der Kampfhandlungen flogen die Aufklärer mehr als 260 Missionen und waren dabei rund 2.000 Stunden in der Luft.

Die Niederlage des Iraks war zugleich ein Signal an die im Norden des Landes lebenden Kurden und die im Süden beheimateten Schiiten, sich gegen Saddam Hussein zu erheben, so eroberten die Schiiten am 3. März 1991 Basra – die zweitgrößte Stadt des Irak. Nur zwei Tage später mussten sich die Rebellen jedoch wieder zurückziehen. Die gegen die Schiiten und Kurden durchgeführten Militäraktionen riefen die USA auf den Plan, die die Einrichtung von Flugverbotszonen im Norden und Süden des Irak (»Northern / Southern Watch«) durchsetzten, wobei die Überwachung zum Teil durch U-2 erfolgte. Am 12. April 1991 wurde ein Friedensabkommen unterzeichnet und eine entmilitarisierte Zone zwischen dem Irak und Kuwait eingerichtet. Nur kurz darauf begannen Kontrollkommissionen im Auftrag der UN mit der Suche nach ABC-Waffen (ABC = Atomar, Biologisch und Chemisch) auf dem Gebiet des Irak. Eine Aufgabe, die Anlass für weitere Militäraktionen der Amerikaner werden sollte. Doch dazu kommen wir noch.

Die Auflösung der UdSSR am 8. Dezember 1991 zog erhebliche politische Konsequenzen nach sich, die sich auch auf die militärische Planung der USA bezogen. Europa, bis dahin als besonders gefährdet eingestuft, konnte nun »vernachlässigt« werden, so dass es zum Truppenabbau

Die TR-1 bzw. U-2R bietet zahlreiche Möglichkeiten zum An- und Einbau diverser Geräte, Radars oder Objektive. (Zeichnung: Ralf Swoboda)

Die große Spannweite der U-2R wird bei dieser Aufnahme besonders deutlich. (Foto: USAF)

kam und demzufolge auch Luftstreitkräfte abgezogen wurden. Anders die Lage im Irak und Nordkorea. Hier bestand nach wie vor Bedarf für eine Luftaufklärung. Für die Überwachung des Iraks hatten die Amerikaner vier U-2/TR-1 abgestellt, die im Auftrag der Vereinten Nationen (Operation »Olive Branch«) nach Massenvernichtungswaffen suchten. Aber auch Nordkorea stand nach wie vor im Fokus der Amerikaner, die insbesondere die Entwicklung und den Bau von Atomwaffen in diesem Land fürchteten.

In den USA führte das politische Geschehen zur Schaffung des Air Combat Command (ACC), dass das SAC und TAC in sich vereinigte und neue Unterstellungsverhältnisse schuf. Die TR-1 wurden von nun an als U-2 bezeichnet. Sie unterstanden der 9th Operation Group (OG), die über das 1st Reconnaissance Squadron (Ausbildung), das 99th Reconnaissance Squadron (Einsatz) und das 9th Intelligence Squadron (Auswertung und Speicherung) verfügte.

Losgelöst von dieser Reorganisation ging eine Modernisierung der Flugzeuge einher. »Senior Span« wurde durch das verbesserte »Senior Spur« abgelöst und am 23. Mai 1989 hatte Lockheed-Flugzeugführer Ken Weir mit dem General Electric F101 (später F118) ein neues Turbofan-Triebwerk erprobt, das ab 1994 im Rahmen von Wartungsarbeiten das J75 ersetzte. Ferner wurden bei diesen Arbeiten die alten Steuerflächen, Luftbremsen und Fahrwerksklappen gegen neue aus Kunststoff getauscht und die Typenbezeichnung in U-2S geändert. Das erste so umgebaute Flugzeug hob am 12. August 1994 vom Boden ab. Das neue Triebwerk hatte nicht nur weniger Masse, es verbrauchte auch rund 16% weniger Treibstoff und neigte zu keiner Zeit zu Aussetzern. Mit dem F118-GE-101 konnte die Flughöhe um rund 1.100 m und die Reichweite um 2.260 km gesteigert werden. Auch auf den Gebieten der Avionik und Elektronik blieb die Zeit nicht stehen. Doch von den diversen Änderungen ist verständlicherweise kaum etwas bekannt geworden. Zu den wenigen öffentlich gemachten Modifikationen gehört der Einbau eines Bewegungsanzeigers (Moving Target Indicator, MIT), der Fahrzeug- und Truppenbewegungen über das Seitenblick-Radar erfasst und in erster Linie der Gefechtsfeldbeobachtung dient. Am Rande sei erwähnt, dass auch die Bodenstationen ständig optimiert wurden.

Anfang der 90er-Jahre spielte sich noch an einem anderen Krisenherd – dem Balkan – ein Drama ab. Die Kroaten erklärten am 19. Mai 1991 ihre Unabhängigkeit und damit den Austritt aus der Förderation mit Jugoslawien. Die Serben wollten diesen Schritt nicht akzeptieren, so dass es nach ersten kleineren Auseinandersetzungen ab Sommer des Jahres zu schweren Kämpfen zwischen den Kroaten und der serbischen Volksarmee kam, die sich noch über Jahre erstrecken sollten. In dieser Phase der Eskalation trat Bosnien-Herzegowina im März 1992 mit dem Ausrufen einer eigenständigen Republik hervor. Die im Land lebenden Serben und Kroaten sprachen sich gegen die Staatenbildung aus. Die Serben wollten in der Föderation verbleiben, während die Kroaten sich dem neu gegrün-

US-Spionageflugzeuge

deten Kroatien anschließen wollten. Als Folge der Auseinandersetzungen kam es zwischen den Parteien zu schweren Kämpfen und Massakern unter der Zivilbevölkerung, die am Ende rund 100.000 Menschen das Leben kosten sollten. Die UN und die NATO versuchten zu schlichten und die Kampfhandlungen zu unterbinden. Zunächst ohne sichtbare Erfolge. Erst als die NATO 1995 Luftangriffe gegen Serbien flog, trafen sich die Gruppen am Verhandlungstisch und unterzeichneten am 14. Dezember 1995 in Paris das so genannte Dayton-Abkommen.

Auch in diesem Krisengebiet waren U-2 im Einsatz. Sie flogen zunächst von Alconbury in Großbritannien die Ziele an. Nachdem diese Basis im März 1995 geschlossen worden war, erfolgte die Verlegung der Flugzeuge ins französische Istres und dann ins italienische Sigonella. 1996 konnte die Ausrüstung der U-2 abermals verbessert werden. Allerdings ist darüber nur wenig bekannt geworden. Die Senior Spear- und Ruby-Konfigurationen wurden unter anderem durch den Einbau digitaler Geräte optimiert, so dass sie unter »Senior Glass« laufen. Auch beim ASARS-2 gab es Änderungen. Sie führten zu einer verbesserten Auflösung von rund 10 cm (zuvor 30 cm) und in Sonderfällen wie dem Punkt-Modus sogar von 3 cm. 1998 dann der nächste Schritt. Nun war es die alte Kupferverkabelung des Flugzeuges, die ausgebaut und durch Glasfaserkabel ersetzt wurde. Dies bot zahlreiche Vorteile. Die neuen Kabel sind leichter, kaum störanfällig und verhindern Interferenzen zwischen den diversen Geräten und außerdem erlauben sie es, die höhere Leistung der F118-Generatoren für das elektrische Netz zu nutzen. Zu guter Letzt erfolgte bei

Bei Start und Landung hatte der U-2-Pilot lange Zeit keine Informationen über den Bodenabstand und den Flugwinkel, sodass die Maschinen immer von schnellen »Chase Cars« begleitet wurden. Diese wurden von anderen U-2 Piloten gefahren, die dann per Funk die nötigen Informationen an den Flugzeugführer weitergaben. Dank neuer Avionik gehört das aufwändige Verfahren jedoch seit einiger Zeit der Vergangenheit an. (Fotos: USAF).

den Modifikationen auch der Einbau einer neuen, einteiligen Windschutzscheibe.

Während all dieser Änderungen hatten sich erneut Einsatzgebiete aufgetan. Nachdem die irakische Armee am 31. August 1996 die Stadt Hewler in der autonomen Kurdenregion im Nordirak angegriffen hatte, sahen die USA darin die Entstehung eines neuen Unruheherdes. Als Antwort auf die Provokation starteten die Amerikaner am 3. September die Operation »Desert Strike«. In den kommenden Wochen wurde die militärische Infrastruktur des Irak mit Luftangriffen überzogen, wobei es zum Masseneinsatz von Marschflugkörpern kam, die entweder von den Schiffen der US-Flotte oder von B-52-Langstreckenbombern der US Air Force aus gestartet wurden. Seit dem Überfall auf Kuwait im Jahre 1990 hatte sich der Großraum zu einem Krisengebiet entwickelt, in dessen Mittelpunkt die USA und der Irak standen. Immer wieder gab es Verletzungen der Flugverbotszone und immer wieder wurden die Waffeninspekteure der UN in ihrer Arbeit behindert. Nach wie vor warnten die Amerikaner die Weltöffentlichkeit vor den Massenvernichtungswaffen des Saddam Hussein. Ihrer Ansicht galt es unter allen Umständen, den Bau solcher Waffen zu verhindern. Folglich führten sie in der Zeit vom 16. bis 20. Dezember 1998 erneut Luftschläge gegen den Irak durch. Die Operation »Desert Fox« richtete sich dabei gegen rund 100 ausgewählte Ziele. Wie bei allen Einsätzen zuvor standen auch diesmal die U-2-Aufklärer an vorderster Front. Allerdings ist darüber bis heute so gut wie nichts bekannt geworden.

Und auch ein anderer Kristenherd kam nicht zur Ruhe. Der Zerfall Jugoslawiens hatte auch im Kosovo den Gedanken der Unabhängigkeit beflügelt. Doch auch hier waren die Serben dagegen. Im Kosovo bildete sich darauf ein passiver Widerstand und schließlich kam es zur Bildung einer Exil-Regierung. Doch diese Maßnahmen fruchteten nicht, so dass es ab 1996 zum offenen Konflikt kam. Die Serben versuchten 1998 mit zwei Großoffensiven die Lage unter Kontrolle zu bringen. Gleichzeitig schalteten sich die Vereinten Nationen in den Konflikt ein. Dennoch flammten die Kämpfe Anfang 1999 wieder auf. Nachdem die am 6. Februar 1999 in Rambouillet einberufene Friedenskonferenz scheiterte, begann die NATO am 24. März des Jahres mit Luftangriffen gegen Serbien (Operation »Allied Force«). Es war der Beginn des Kosovo-Krieges, der erst mit dem Abzug der Serben aus dem Kosovo am 10. Juni 1999 endete. Wieder waren U-2 im Einsatz und wieder ist davon nicht viel bekannt geworden. Fest steht, dass die Flugzeuge während der 78-tägigen Kampfhandlungen 189 Missionen durchführten. Mittels des ASARS identifizierten und lokalisierten sie unter anderem 39 Radaranlagen und zahlreiche Militärflugzeuge. Die Daten wurden an die Zentralstation auf der Beale AFB gesandt, die diese zur Zielbekämpfung an die entsprechenden Einheiten weiterleitete. Dies konnten Verbände der US Navy sein, die dann die Lenkwaffe »Tomahawk« einsetzte oder Jagdbomber der US Air Force, die mit dem Rapid Targeting System (RTS) ausgestattet waren. Das RTS zeigte die relevanten Daten direkt auf einem Cockpit-Display an bzw. übertrug sie auf das Feuerleitradar des Flugzeugs.

Technologiefortschritte machten ab 2000 eine Reihe von weiteren Verbesserungen bei der Ausstattung der U-2 möglich. Allen voran das neue SYERS, das auf sieben statt auf fünf Wellenbereichen arbeiten kann. Neben drei sichtbaren Bereichen gehören nun auch zwei Kurzwellen-Infrarot-Bereiche und zwei Mittelwellen-Infrarot-Bereiche dazu. Mit der Zunahme der Datenmenge war auch eine Optimierung der Bordsender und der Bodenstation verbunden, so wurde die Interoperable Airborne Data Link II Sendestation in die U-2 eingebaut und die Bodenstation MOBSTR (Mobile Strech Data Relay System) verbessert.

Die vielen Änderungen führten jedoch auch zu einer Informationsflut, die der Flugzeugführer kaum bewältigen konnte. Zu seiner Entlastung gelangte eines neues »Glas-Cockpit« zum Einbau, das über drei Multifunktionsanzeigen verfügte. Ferner kamen einige neue Geräte hinzu, die erstmals in der Geschichte der U-2 Auskunft über die aktuelle Fluglage, insbesondere den Anstellwinkel während des Landeanflugs gaben.

Der Anschlag auf das World Trade Center am 11. September 2001 veranlasste US-Präsident George W. Bush, Afghanistan anzugreifen, da dort die Drahtzieher des Terrors vermutet wurden. Unter dem Begriff »Operation Enduring Freedom« begannen die Kampfhandlungen am 7. Oktober 2001. Die kombinierte Luft-Boden-Offensive war als eine Art der Selbstverteidigung von den Vereinten Nationen völkerrechtlich legitimiert worden. Nach dem Rückzug der Taliban und der Terrororganisation Al-Qaida bauten die 37 an dem Einsatz beteiligten Nationen (darunter auch Deutschland) die Sicherheitstruppe ISAF (International Security Assistance Force) auf, die derzeit aus rund 42.000 Soldaten besteht.

Nach wie vor hatten die Amerikaner den Irak im Visier. Neben den Tailban und der Al-Qaida wurde hier ein weiteres Netzwerk des Terrors sowie die Herstellung von Massenvernichtungswaffen vermutet. Bereits 2002 begannen die Vorbereitungen für die Operation »Enduring Freedom«, die in einem Präventivschlag die Niederwerfung des irakischen Führers Saddam Hussein vorsah. Insgesamt waren um die 30 Länder an der Aktion beteiligt. Zu den ersten Maßnahmen gehörten geheime Kommandoaktionen gegen den Irak, sowie eine Ausweitung der Kontrollflüge über dem Süden des Landes (Operation »Southern Focus«), bei denen es zum Waffeneinsatz gegen irakische Flak-Stellungen kam. Am 17. März 2003 stellten die USA Saddam Hussein ein Ultimatum. Er sollte das Land binnen 48 Stunden verlassen. Nachdem Hussein die Frist verstreichen ließ, begann in der Nacht vom 19. auf den 20. März ein einleitender Angriff mit 40 Marschflugkörpern. In der nachfolgenden Luft-Boden-Offensive rückten die Truppen rasch vor und bereits am 1. Mai 2003 war der Irak offiziell besiegt. An der Operation hatten nicht weniger als 15 U-2 teilgenommen, die von Basen in den Vereinigten Arabischen Emiraten (Al Dhafra), Saudi-Arabien (Al Kharj) und Akrotiri (Zypern) 169 Einsätze flogen und vorzugsweise Jagd auf die irakischen »Scud«-Raketen machten. Mit der Eroberung des Irak, der Festnahme Saddam Husseins und letztlich seiner Hinrichtung trat jedoch keine Ruhe ein. Es herrschen heute bürgerkriegsähnliche Zustän-

US-Spionageflugzeuge

Eine U-2S mit SYERS-Ausstattung wird für einen weiteren Einsatz vorbereitet. (Foto: USAF)

Lockheed U-2 – Einsätze und Technik

de und die von den Amerikanern immer wieder ins Feld geführten Massenvernichtungswaffen ließen sich bis heute nicht nachweisen. Bei den vielen Missionen der letzten zehn bis 15 Jahre hat sich die U-2 hervorragend bewährt. Sie wird voraussichtlich noch lange im Einsatz bleiben. Untersuchungen haben gezeigt, dass die Flugzeugzelle eine Lebensdauer von etwa 75.000 Flugstunden erreichen kann. Bis heute haben von den vorhandenen U-2 aber nur wenige 30.000 und mehr Flugstunden aufzuweisen. Kein Wunder also, dass die US Air Force auch im Zeitalter der Drohnen nach wie vor auf das bewährte Muster setzt und es ständig modernisiert. So wurden 2004 mit dem Einbau des »Advanced Defensive System« (ADS) AN/ALQ-221 die elektronischen Abwehrmaßnahmen gestärkt. Darüber hinaus verfügen die Flugzeuge seit neuestem über eine elektro-optische Kamera unter dem Rumpf, die das alte Periskop ersetzt und die deutlich leistungsstärker ist.

Zum Ende des U-2-Kapitels noch ein Hinweis zum Einsatz bei der NASA. Die wenigen Flugzeuge wurden dringend für ihre ureigenste Aufgabe – die Aufklärung – benötigt, so dass kaum Spielraum für anderes blieb. Zu den wenigen Forschungsprojekten, an der die U-2 beteiligt war, gehörten die Programme HiCAT (High-Altitude Clear Air Turbulence) und TRIM (Traget Radiation Intensity Measurement). Dahinter verbergen sich Flüge zur Erforschung turbulenter Luftströmungen und die Messung von Infrarot-Strahlung im Rahmen von Raketentests. Die NASA übernahm Anfang der 60er-Jahre zwei U-2C (Serial-Numbers 56-6681 und 56-6882) und übertrug ihnen im Rahmen des »Earth Resources Technology Satellite Program« (ERST) ein Bündel von Aufgaben, zu denen unter anderem die Kalibrierung von Satelliten gehörte. Die Ausrüstung wurde im Q-Schacht, der von oben und unten zugänglich ist, untergebracht. Außerdem ließen sich in zwei klimatisierten und druckbelüfteten Behältern unter den Tragflächen Lasten von bis zu je 140 kg unterbringen und schließlich stand noch ein weiteres kleines Rumpfabteil für bis zu 50 kg zur Verfügung.

Die Erdoberfläche konnte mit einem breiten Spektrum an Kameras untersucht, erfasst und vermessen werden, wobei unterschiedliches Filmmaterial weitreichende Möglichkeiten eröffnete. Mittels Sensoren und Sammelbehältern waren die Untersuchungen der Ozonschicht, des sauren Regens oder der Auswirkungen von Vulkanausbrüchen möglich, um nur einige Beispiele zu nennen.

Zu Beginn der 80er-Jahre wurden die beiden U-2C durch zwei Neubauten abgelöst, die die Bezeichnung ER-2 (ER für Earth Resources) trugen und bis auf die militärischen Einbauten der TR-1 entsprachen. Zunächst vom J75 angetrieben, erhielten die Flugzeuge später das F-118 Turbofan-Triebwerk. Die ER-2 haben sich bis heute außerordentlich bewährt und sollen ebenfalls noch lange im Einsatz bleiben. Anzumerken bleibt, dass die ER-2 am 19. November 1998 mit 20.940 m einen Höhenweltrekord für die entsprechende Gewichtsklasse aufstellte.

Nach wie vor befinden sich U-2 über dem Irak und Afghanistan im Einsatz. (Foto: USAF)

Ohne die ansonsten obligatorischen Tragflügelbehälter wirkt die ER-2 der NASA sehr elegant. (Foto: NASA Carla Thomas)

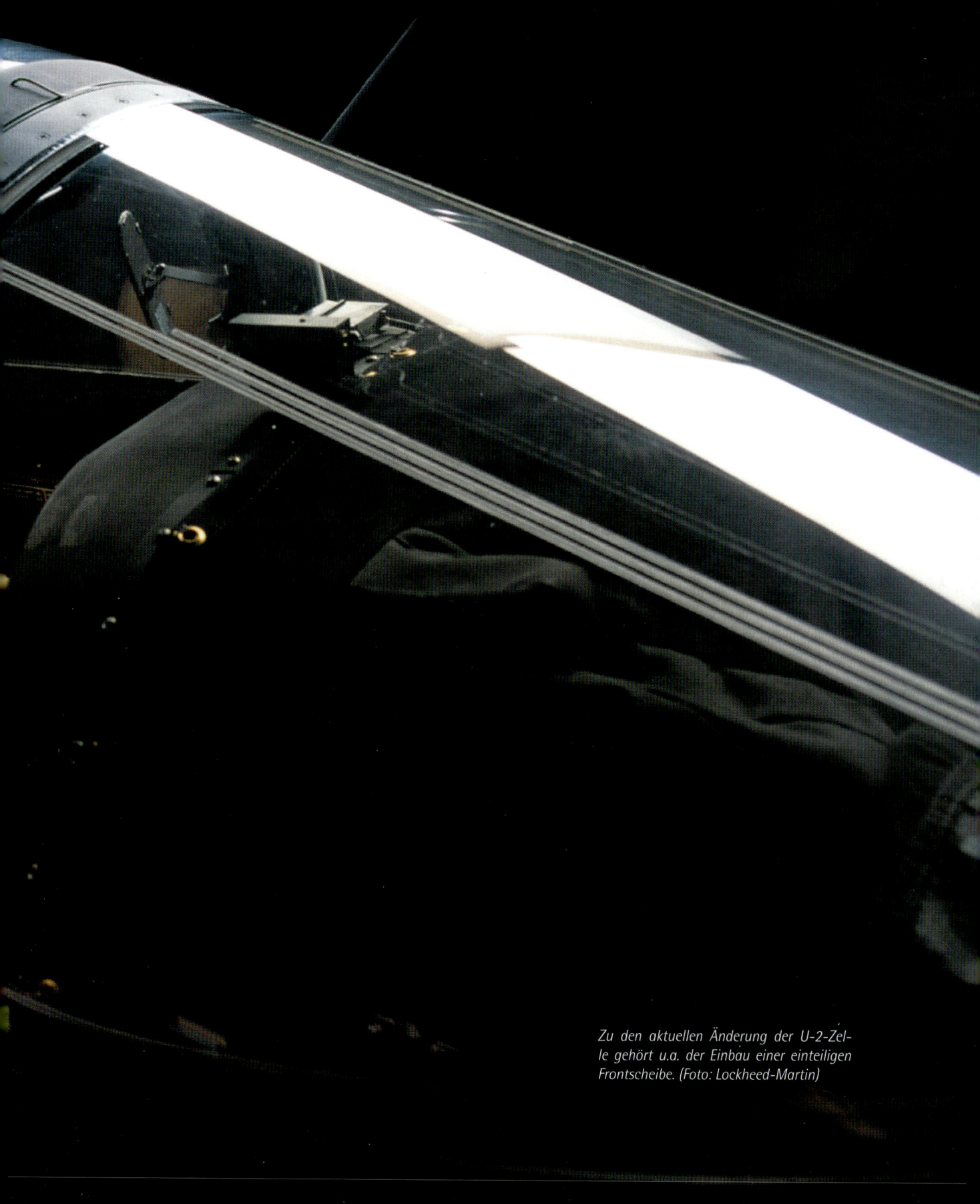

Zu den aktuellen Änderung der U-2-Zelle gehört u.a. der Einbau einer einteiligen Frontscheibe. (Foto: Lockheed-Martin)

US-Spionageflugzeuge

Technische Beschreibung Lockheed U-2R

Typ
Einmotoriger, einsitziger strategischer Aufklärer

Tragwerk
3-holmiger, freitragender Mitteldecker in Ganzmetall-Bauweise. Alu-Röhren in Leichtbauweise bilden die innere Struktur. Beplankung des Tragwerks durch große Platten. Modifiziertes NACA (NASA) 64A Profil. Acht Landeklappen (vier innere und vier äußere) erstrecken sich über etwa 70% der Flügelhinterkanten. Ihr Ausschlagwinkel beträgt 30°. In den Außenflügeln befinden sich die lang gestreckten Querruder, die über Trimmklappen verfügen. Ihr Ausschlagwinkel nach oben beträgt 16° und nach unten 14°. Auf dem Tragwerk sind vor den Landeklappen zwei Spoiler platziert. Die Flügelspitzen sind senkrecht nach unten gebogen, sie dienen als Landekufen. Das äußere Tragwerk lässt sich für den Flugzeugträgereinsatz nach oben klappen. Dieser Teil des Flügels nimmt keinen Kraftstoff auf. Im übrigen Tragwerk ist der gesamte Kraftstoffvorrat untergebracht. Er wird von hier in einen Rumpfsammelbehälter gepumpt und dann dem Triebwerk zugeführt. Die U-2 verfügt über Flügelpunkte zur Schwerkraftbetankung. Kraftstoffschnellablässe befinden sich an den Tragwerkhinterkanten zwischen den Klappen. Fest montierte Unterflügelbehälter mit einer Länge von 8,23 m und einem Volumen von 2,55 m³ sind vorhanden. Sie nehmen diverse Lasten von bis zu 544 kg auf.

Rumpf
Ganzmetall-Schalenbauweise mit kreisrundem Querschnitt. Luftbremsen mit maximalem Ausschlagwinkel von 50° an den Rumpfseiten. Der Rumpfbug ist in Form und Größe je nach Konfiguration veränderbar. Er nimmt unterschiedliche Geräte auf. Es folgt das druckbelüftete, klimatisierte Cockpit mit Steuerhorn, seitlich zu öffnender Kabinenhaube und Spezialisolierung zum Schutz gegen ultraviolette Strahlung. Ein Gerät zum Erwärmen von Astronautenkost ist ebenso vorhanden wie eine Anlage mit flüssigem Sauerstoff und ein Schleudersitz. Mittels des S1010B-Druckanzugs ist eine Rettung aus allen Flughöhen möglich. Wahlweise kann ein Periskop zur Beobachtung des hinteren Luftraums mitgeführt werden. Dem Cockpit folgt der so genannte Q-Schacht (Q-Bay). Ein Nutzlastschacht, der über große Klappen von oben und unten zugänglich ist. Nachgeschaltet sind der kleinere E-Schacht und der Stauraum für das Hauptfahrwerk. Es schließen sich die an den Rumpfseiten befindlichen Lufteinläufe und das J75 Triebwerk an. Den Rumpfabschluss bildet das Strahlrohr des Triebwerks mit seiner Düse. Oberhalb der Schubdüse befindet sich ein weiterer Stauraum. Er nimmt entweder einen Bremsschirm (Durchmesser 4,88 m) oder verschiedene Geräte wie z.B. einen ECM-Sender auf.

Leitwerk
Konventionelles, freitragendes Ganzmetall-Leitwerk. Die mechanisch betätigten Seiten- und Höhenruder sind ausgeglichen. Elektrische Trimmklappen befinden sich in jedem Höhenruder. Der Ausschlagwinkel des Seitenleitwerks beträgt zu beiden Seiten 30°. Die Höhenruder können um 30° nach oben und 20° nach unten geschwenkt werden.

Fahrwerk
Tandemfahrwerk. Hauptfahrwerk und Heckfahrwerk sind doppelt bereift. Das hydraulische Einfahren erfolgt nach vorne in den Rumpf. Die Abdeckung erfolgt durch je zwei Klappen. Während das Hauptfahrwerk herkömmliche Reifen hat, verfügt das Heckfahrwerk über Vollgummireifen mit Kunststoffzusätzen. Die Heckräder lassen sich um 6° zu jeder Seite drehen und dienen zur Steuerung am Boden. Doppeltbereifte Stützräder befinden sich unter dem Tragwerk. Sie sind jedoch nicht Bestandteil des eigentlichen Flugzeugs – sobald das Tragwerk Auftrieb erzeugt, fallen sie automatisch aus ihrer Arretierung. Für die anspruchsvolle Landung nur auf dem Haupfahrwerk wird die Maschine von Beobachtern am Boden eingewiesen. Bei Bedarf kann für den Flugzeugträgereinsatz ein Fanghaken unter dem Flugzeugheck angebaut werden.

Triebwerk
Pratt & Whitney J75-P-13B Zwei-Wellen-Triebwerk mit 15-stufigem Kompressor (acht Niederdruck- und sieben Hockdruckstufen), drei Turbinenstufen und acht ringförmig angeordneten Brennern. Trockenmasse: 2.224 kg. Startschub 7.990 kg (75,6 kN), Reiseleistung 6.855 kg (67 kN). Maximaler Innenkraftstoffvorrat 11.166 l JP-TS (Jet Propellant -Thermally Stabilized).

Systeme
Über das J75-Triebwerk werden die Hydraulikanlage und die Generatoren der elektrischen Anlagen angetrieben. Die Hydraulikanlage hat eine Leistung von 3.000 psi. Sie treibt die Landeklappen, das Fahrwerk, die Luftbremsen und die Kraftstoffpumpen an. Das elektrische System besteht aus zwei Teilen zur Erzeugung von Gleich- und Wechselstrom. Für den Notfall steht außerdem eine 35 Ampere Nickel-Cadmium-Batterie zur Verfügung.

Avionik
Zur Standardausrüstung gehören HF, UHF und VHF-Funkgeräte, TACAN-Navigation, zwei GPS-Anlagen, ein Instrumentenlandesystem (ILS), ein Peilgerät, ein Autopilot, ein Flugdatenrechner, ein Kompass und ein Astro-Kompass. Je nach Einsatzart bzw. Auftrag kommen noch zahlreiche Geräte hinzu, unter anderem können mitgeführt werden: ASARS (Advanced Synthetic Aperature), SYRS (SENIOR YEAR Electro-Optical Reconnaissance System), LOROP (Long-Range Oblique Photographic Camera), System 28 (Active ECM-Jammer), System 29 (Missile Warning Receiver).

Lockheed U-2 – Einsätze und Technik

Ein Vergleich zwischen der Cockpit-Instrumentierung der U-2A (oben) und der U-2S (unten) zeigt, welche Fortschritte sich auf diesem Gebiet getan haben. (Fotos: USAF)

US-Spionageflugzeuge

Das Foto dieser drei U-2R entstand auf der Beal AFB. Das Flugzeug in der Mitte verfügt über das Precision Location Strike System (PLSS). (Foto: Lockheed Martin)

Lockheed U-2 – Einsätze und Technik

Technische Daten Lockheed U-2C				
Maße	Spannweite	Länge	Höhe	Flügelfläche
	24,43 m	15,30 m	4,62 m	55,80 m²
Massen				
Leermasse	Startmasse			
14.250 kg	24.150 kg			
Leistungen				
Geschwindigkeit in 19.650 m Höhe		Einsatzhöhe	Reichweite	
692 km/h		22.500 m	6.852 km	

Technische Daten Lockheed U-2S				
Maße	Spannweite	Länge	Höhe	Flügelfläche
	31,39 m	19,20 m	4,88 m	92,90 m²
Massen				
Leermasse	Startmasse			
	18.144 kg			
Leistungen				
Geschwindigkeit in 21.650 m Höhe		Einsatzhöhe/Maximal	MaximaleReichweite	
759 km/h		23.100 m	11.667 km	

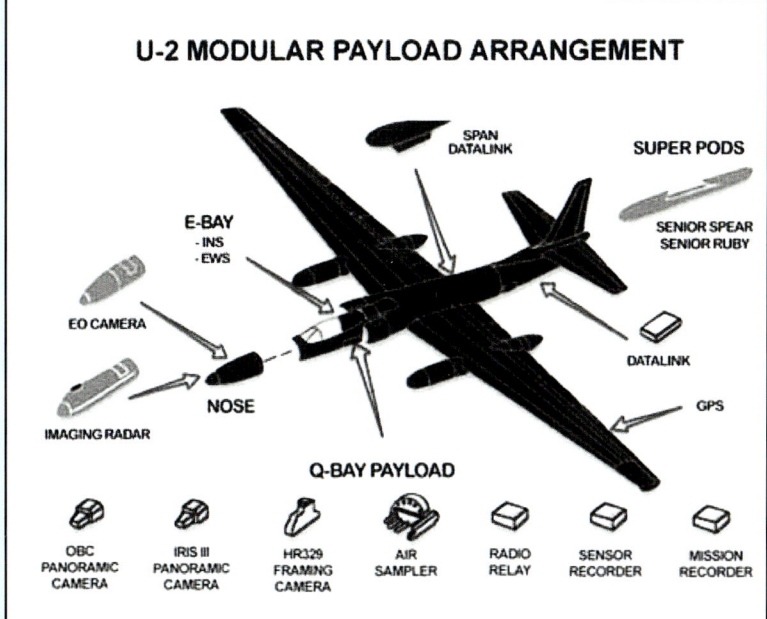

Übersichtszeichnung über die verschiedenen Belademöglichkeiten der U-2. (Zeichnung: Lockheed Martin).

US-Spionageflugzeuge

A-12, YF-12 und SR-71 – die phänomenale Blackbird-Familie

Der Wahlkampf um das Amt des US-Präsidenten wurde zur Jahreswende 1963/64 mit äußerster Härte geführt. Dem demokratischen Amtsinhaber Lyndon B. Johnson warf der republikanische Herausforderer Barry M. Goldwater Untätigkeit auf dem Rüstungssektor vor. Goldwater – ehemaliger Major General der US Air Force – konzentrierte sich dabei vorrangig auf die Luftstreitkräfte. Seiner Auffassung nach hatte die Sowjetunion den amerikanischen Vorsprung auf diesem Gebiet längst eingeholt, ja sogar überflügelt. Johnson sah sich genötigt, in die Offensive zu gehen. In einer am 29. Februar 1964 abgehaltenen Pressekonferenz verkündete er der Nation eine sensationelle Nachricht. Danach hatte die USA unter völliger Geheimhaltung ein überlegenes Militärflugzeug, das er als A-11 bezeichnete und dessen Höchstgeschwindigkeit er mit 2.000 Meilen pro Stunde angab, zusammen mit einem neuen Triebwerk entwickelt. Zugleich zeigte der Präsident ein Foto des Flugzeugs. Die Seitenaufnahme offenbarte allerdings nur wenige Konstruktionsdetails.

Besonders in Luftfahrtkreisen war die Überraschung groß. Bis dato hatten die Vereinigten Staaten eine recht offene Informationspolitik betrieben, stets war die Öffentlichkeit frühzeitig über neue Militärflugzeuge informiert worden. Nun war alles anderes und das Interesse an der A-11 riesengroß. Als einige Wochen später die Presse weitere Informationen erhielt und Fotos das Flugzeug in seiner Gesamtheit zeigten, wurde deutlich, dass es sich tatsächlich um eines der außergewöhnlichsten Flugzeuge handelte, die je gebaut worden waren.

Die Geschichte des Jets, der später unter den richtigen Bezeichnungen A-12, YF-12 und SR-71 bekannt werden sollte, geht bis in die Mitte der 50er-Jahre zurück. Lockheed befasste sich damals mit einem außergewöhnlichen Projekt, der CL-400, auch »Suntan« genannt. Während des Zweiten Weltkriegs nahm der Kraftstoffverbrauch der US Army Air Force ungeahnte Dimensionen an. 1944/45 schlug Alexis Lemmon jr. vom Office of Scientific Research and Development (OSRD) als Alternative zum Kerosin die Verwendung von flüssigem Wasserstoff vor. Diese Idee wurde in den kommenden Jahren systematisch untersucht und weiterverfolgt, wobei sich auch die Industrie und die NACA einschalteten. Die grundsätzliche Eignung von flüssigem Wasserstoff als Kerosinersatz konnte bereits 1949 beim der Aerojet Engineering und dem Jet Propulsion Laboratory in Testläufen nachgewiesen werden. Aus verschiedenen Gründen kam die Entwicklung aber ins Stocken. Erst im Frühjahr 1954 lebte sie wieder auf. Randolph Samuel Rae, ein britischer Ingenieur, der seit 1948 in den USA arbeitete, trat an das Air Force Air Research and Development Command (ARDC) heran, um das von ihm konstruierte und patentierte Triebwerk »Rex I« anzubieten. Der Antrieb war ganz auf die Verwendung von flüssigem Wasserstoff und flüssigem Sauerstoff ausgerichtet und arbeitete wie folgt: am Kopf des Motors befand sich eine Brennkammer, in die flüssiger Wasserstoff und in kleineren Mengen flüssiger Sauerstoff gepumpt und anschließend verbrannt wurde, wobei aus Gründen der Materialbelastung die Temperatur auf 1.100 K begrenzt werden sollte. Das Gas strömte nun in die erste von drei Turbinen, durchlief diese und wurde erneut in einer weiteren Brennkammer unter Beifügen von Flüssigsauerstoff erhitzt und in die zweite Turbine geleitet. Im Anschluss wiederholte sich der beschriebene Vorgang noch einmal. Das Gas wurde dann durch Wärmetauscher geleitet, deren Aufgabe es war, die für die Verbrennung bestimmten Stoffe aufzuheizen. Durch diese Erwärmung konnte die Verbrennung mit relativ geringen Temperaturen erfolgen. Das Gas strömte dann durch einen Auspuff nach außen. Die drei Turbinen trieben eine Welle an, die mit einem Reduziergetriebe verbunden war, das eine Luftschraube drehte. Für seinen Motor hatte Rea auch das passende Flugzeug vorgesehen. Es war ein zweimotoriger Hochdecker mit T-Leitwerk und einem Tragwerk von großer Spannweite. Die kalkulierte Höchstgeschwindigkeit von rund 800 km/h beeindruckte die Militärs wenig. Anders jedoch die Gipfelhöhe von 26.000 m und die phänomenale Reichweite von 10.000 km, die sich durch Gleitflug noch um 1.000 km strecken ließ.

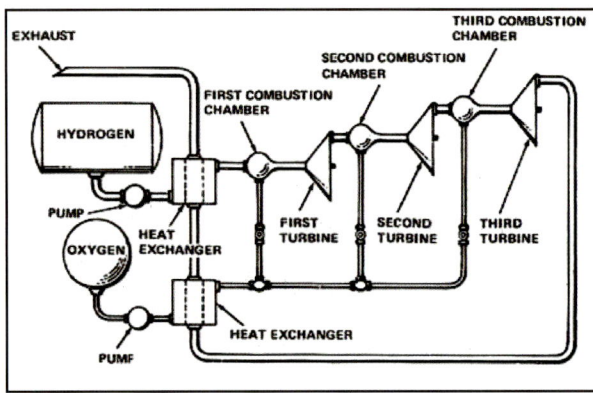

Funktionsprinzip des Rex I

Legende:
Exhaust	= Abgas
Hydrogen	= Wasserstoff
Oxygen	= Sauerstoff
Pump	= Pumpe
Heat Exchanger	= Wärmetauscher
First Combustion Chamber	= erste Brennkammer
Second Combustion Chamber	= zweite Brennkammer
Third Combustion Chamber	= dritte Brennkammer
First Turbine	= erste Turbine
Second Turbine	= zweite Turbine
Third Turbine	= dritte Turbine

A-12, YF-12 und SR-71 – die phänomenale Blackbird-Familie

Einerseits sah die Air Force eine Reihe von Entwicklungsrisiken, andererseits wurde das Potenzial, das in dem Antrieb steckte, klar erkannt. Demzufolge erhielt Lockheed 1955 den Auftrag, eine Entwicklungsstudie für ein Aufklärungsflugzeug mit dem neuartigen Treibstoff anzufertigen. Hintergrund war das Leistungsspektrum der U-2. Kelly Johnson und die USAF waren sich darüber im Klaren, dass das Muster nur sehr begrenzt unbehelligt über der Sowjetunion operieren konnte und schon bald durch ein wesentlich leistungsstärkeres abgelöst werden musste.

Rea hatte bis dahin mit der Summers Gyroscope Corporation zusammengearbeitet. Die Möglichkeiten dieses Unternehmens erschienen ihm aber zu begrenzt, so dass er sich der Firma Garrett zuwandte. Diese arbeitete nun das Rea-Triebwerk auf Rückstoßantrieb um und legte gegen Ende 1955 Johnson die wesentlichen Triebwerkdaten, also Abmessungen, Masse, Schub und Treibstoffverbrauch, vor. Bei den Skunk Works war man sich schnell darüber einig, dass die Leistungen nicht zum Erreichen der angestrebten Geschwindigkeit von Mach 2,25 ausreichen würden. Rea und Garrett schlugen im Gegenzug das stärkere Rex III-Triebwerk vor, das Johnsons Zustimmung fand und das er in seine Projekte CL-325-1 und CL-325-2 integrierte.

Am 18. Oktober 1956 kam es zu einem herben Rückschlag für Rea. Die USAF stoppte die Arbeiten am Antrieb. Nach zahlreichen Prüfungen erschien es der Air Force zu komplex. Die Idee des Wasserstoffantriebs war damit aber nicht erledigt. Neue, einfachere Triebwerke sollten zum Zuge kommen und so wurden die beiden größten US-Triebwerkhersteller, General Electric (GE) und Pratt & Whitney (PW), aufgefordert, entsprechende Vorschläge zu unterbreiten. Am Ende erhielt Pratt & Whitney den Zuschlag. In der Tat wies das PW 304-1 gegenüber den Rex-Motoren einen wesentlich einfacheren Aufbau auf.

Während sich bei den Triebwerken Fortschritte zeigten, war auch Johnson nicht untätig geblieben. Er hatte bereits im Januar 1956 der Air Force die Entwicklung eines Aufklärers angeboten, der folgende Eckdaten aufwies: Höchstgeschwindigkeit Mach 2,5, Gipfelhöhe 30.300 m, Reichweite 4.700 km. Von der Auftragserteilung bis zur Fertigstellung des ersten Flugzeuges kalkulierte Johnson einen Zeitrahmen von 18 Monaten. Das waren ansprechende Werte und Aussichten, so dass die US Air Force ihre Zustimmung erteilte. Unter dem Kodenamen »Suntan« liefen die Arbeiten unter strengster Geheimhaltung an. In rascher Folge legten die Skunk Works-Ingenieure ein Projekt nach dem anderen unter dem Oberbegriff CL-400 vor. Die einzelnen Entwürfe waren durch zusätzliche Zahlen gekennzeichnet (CL-400-1, CL-400-2 usw.) und ließen kein einheitliches Bild erkennen. Neben zweimotorigen Ausführungen gab es auch viermotorige Vorschläge und beim Tragwerk wechselten sich Deltaflächen und Rhombusflügel ab. So unterschiedlich die Motorisierung und die Auslegung der Zelle waren, so verschieden waren auch die Flugmassen. Sie variierten zwischen 55 und 185 Tonnen! Am Ende stand ein Entwurf, der dem CL-325 weitgehend ähnlich sah. Es war ein Mitteldecker mit kreisrundem Rumpf, Rhombustragwerk, T-Leitwerk mit rhombusförmigem Höhenleitwerk, großer Heckflosse, Triebwerken an den Flügelspitzen und Tandemfahrwerk mit einziehbaren Stützrädern unter den Motorgondeln. Als Antrieb war der PW 304-2 angedacht, der am Boden 41,9 kN (4.280 kp) und in 30.000 m Höhe bei Mach 2,5 26,3 kN (2.690 kp) leisten sollte.

Pratt & Whitney kam mit der Triebwerkentwicklung gut voran. Das erste PW 304-1 war am 18. August 1957 fertig und konnte ab 11. September des Jahres mit den Standläufen beginnen. Am 24. Juni 1958 kam mit dem PW 304-2 das erste Serientriebwerk in die Er-

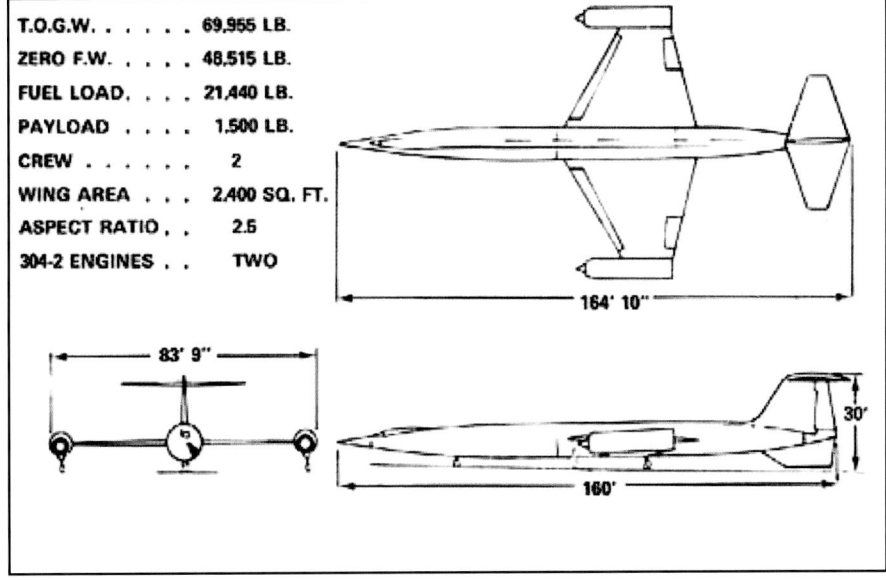

CL-400

Legende:
T.O.G.W = Startmasse 31.760 kg
Zero F.W. = Leermasse ohne Kraftstoff 22.025 kg
Fuel Load = Kraftstoffzuladung 9.755 kg
Payload = Nutzlast 680 kg
Crew = Besatzung 2
Wing Area = Flügelfläche 223 qm
Aspect Ratio = Flügelstreckung 2,5
304-2 Engines = 2 304-2 Motoren

probung. Der Wasserstoff-Treibstoff bereitete keine Probleme und alles lief nach Plan. Lockheed bestellte für die georderten Flugzeuge – zwei Prototypen, vier Vorserienflugzeuge und eine Bruchzelle – große Mengen Aluminium und die US Air Force gab den Bau eines Werkes zur Wasserstoffherstellung in Auftrag und auch die ersten Spezial-Tankfahrzeuge (U1 und U2 genannt) wurden fertiggestellt. Die CL-400 sollte auf ihren Flügen in drei Rumpfbehältern mehr als 116.000 Liter Treibstoff mitführen und dabei eine Eigenschaft des flüssigen Wasserstoffes nutzen: wird er abgekühlt, so nimmt sein Volumen ab, bei -257°C beträgt es nur noch ein Fünftel seines ursprüngliches Umfangs. Dennoch hatte Suntan ein Reichweitenproblem, das Johnson dem Auftraggeber bereits im März 1957 mitgeteilt hatte. Während nach Berechnungen der US Air Force das Flugzeug rund 6.500 km erreichen würde, vertrat Johnson die Ansicht, dass lediglich die von ihm kalkulierten 4.700 km möglich wären. Insbesondere sah er für eine Erweiterung der Tankkapazität keine Möglichkeit, da eine Unterbringung von Wasserstoff im Tragwerk ausgeschlossen war.

Die Befürworter des Programms, die USAF-Offiziere Appold und Seaberg, zeigten sich davon nicht beeindruckt, so dass die Arbeiten weiterliefen. Ende 1958 änderte sich das Bild. Das Scheitern des Projekts wurde offenkundig. Es war nicht nur die Reichweite, sondern auch die problematische Handhabung des Treibstoffs, die dem Programm im Februar 1959 ein Ende bereitete. Johnson, der der Kombination von flüssigem Wasserstoff und Flüssigsauerstoff anfänglich positiv gegenüber gestanden hatte, wandte sich nun Kohlenwasserstoff-Treibstoffen und einem völlig neuen Aufklärungsflugzeug zu. Die Suntan-Programmkosten in Höhe von rund 250 Millionen US-Dollar konnten zum Teil abgefangen werden, da sich einige Entwicklungen beim Raketenbau verwenden ließen.

Die ersten U-2-Spionageflüge über der Sowjetunion hatten gezeigt, dass die russischen Radaranlagen das Flugzeug erfassen und verfolgen konnten. Ein neues Spionageflugzeug sollte neben überlegenen Höhen- und Geschwindigkeitsleistungen eine sehr kleine Radarrückstrahlfläche aufweisen, die im englischen Sprachraum als Radar Cross-Section (RCS) bezeichnet wird. Die Lösung des Problems stellte höchste Anforderungen an die Ingenieure. Es existiert eine Vielzahl von verschiedenen Radar-Systemen mit unterschiedlicher Arbeitsweise und Wellenbereichen. Das Rundsichtradar, bei dem sich die Antenne im Kreis dreht und den Luftraum in einem bestimmten Sektor abtastet, ist wohl das bekannteste Bodenradar. Daneben gibt es noch Dutzende von anderen Systemen. So z.B. Rundsichtgeräte, die den Luftraum rasterförmig abtasten, wobei der Radarstrahl kreisförmige Bahnen, Zacken oder Schleifen beschreibt. Ähnliches gilt auch für Geräte, die nicht für den Rundumbetrieb, sondern für das Erfassen eines bestimmten Sektors ausgelegt sind. Darüber hinaus differieren die Wellenbereiche der Radar-Geräte ganz erheblich. Sie liegen zwischen 8,5 mm und 1,5 m.

Die Bedeutung der Radartechnik (deutsch Funkmesstechnik) nahm während des Zweiten Weltkrieges rasch zu. Gleichzeitig begann die Entwicklung von Störmaßnahmen, z.B. durch den Abwurf von Staniolstreifen. Sie reflektierten den Radarstrahl, so dass die Bodenstationen geblendet wurden. Später kamen andere Techniken – wie der Einsatz von Störsendern – hinzu. Neben diesen aktiven Maßnahmen gab es ab 1944 auch erste passive. Das zweistrahlige deutsche Nurflügelflugzeug, der Jagdeinsitzer Horten H IX (alias Go 229), wies einen Aufbau auf, der Radarstrahlen absorbieren sollte. Die Zellenbeplankung bestand aus zwei 1,5 mm dünnen kunststoffimprägnierten Sperrholzplatten. Zwischen ihnen befand sich eine Mischung aus Sägemehl und Holzkohle.

Das Verwenden von Material, das Radarstrahlen absorbiert (RAM – Radar Absorbent Material) wurde auch in den USA untersucht. Das Massachusetts Institute of Technology entwickelte 1944 eine Anti-Radar-Farbe, deren Hauptbestandteil Neopren war, dem Eisenpartikel beigemischt wurden. Ein solcher Anstrich konnte aber allenfalls eine Teillösung des Problems darstellen. Er war schwer und raute die Oberfläche eines Flugzeugs auf, so dass der Anstrich sich negativ auf die Leistung auswirkte. Erfolgversprechender erschien es, das Flugzeug selbst so zu konstruieren, also ihm eine solche Form zu verleihen, dass es die Radarstrahlen nicht mehr oder nur noch ganz schwach reflektierte.

Beim Bau des U-2 Nachfolgers – zeitweise U-3 genannt - sah sich Johnson vor eine solche Aufgabe gestellt. Zunächst wurden verschiedene Wege untersucht. Im Herbst 1957 hatte die CIA die Entwicklung eines Unterschallflugzeugs gefordert, das eine extrem geringe RCS aufweisen sollte. Unter dem Kodenamen »Gusto« begannen die Skunk Works mit den Arbeiten. Es entstand ein recht einfacher, aber effektiver Entwurf. Die Ausführung Gusto 2A war ein einsitziger Nurflügler mit zwei Seitenleitwerken an den Flügelspitzen und zwei Strahltriebwerken auf der Oberseite des Tragwerks – links und rechts neben der Kanzel des Flugzeugführers – und einem zentralen Lufteinlauf im Bug. Gusto war von Anfang an nur zweite Wahl, als Rückversicherung für den Fall gedacht, dass der künftige Hochleistungsaufklärer versagen sollte. Die Projektierung eines solchen Flugzeugs wurde Lockheed und General Dynamics unter dem Kodenamen »Oxcart« übertragen. Der Auftrag beinhaltete die Entwicklung eines Aufklärers mit möglichst hoher Geschwindigkeit, Flughöhe und Reichweite, der außerdem über eine geringe RCS verfügen sollte.

Während bei General Dynamics die Arbeiten unter dem Kodenamen »Fish« anliefen, begann Johnson im Frühjahr 1958 mit den ersten Entwürfen, die unter dem Begriff »Archangel« geführt wurden. Das Projekt Fish hatte folgende Konstruktionsmerkmale: stark abgeflachter, breiter Rumpf mit einem maulförmigen Lufteinlauf unter dem Rumpf für zwei im Heck platzierte Staustrahltriebwerke. Deltatragwerk mit geschwungenen Hinterkanten und zwei Seitenleitwerken. Das Cockpit war nach links versetzt und in die Rumpfoberfläche eingetrakt. Durch eine weitgehende Verwendung von Keramik sollte der Hitzeschutz auch bei der geplanten Höchstgeschwindigkeit von Mach 4,25 gegeben sein. Wegen des Staustrahlantriebs war Fish jedoch nicht eigenstartfähig. Es war vorgesehen, dass ein zum Trägerflugzeug umgebauter Hustler-Bomber (B-58B) das Flugzeug auf

A-12, YF-12 und SR-71 – die phänomenale Blackbird-Familie

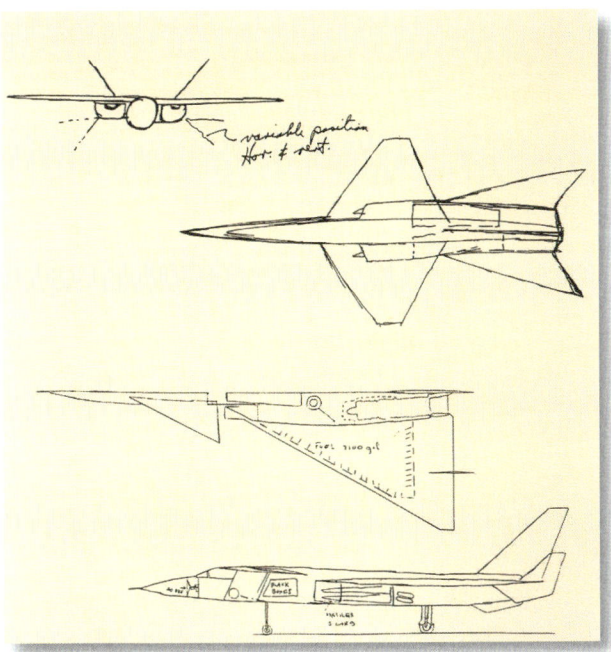

Erste Grobskizze von »Kelly« Johnson im Rahmen des Oxcart-Programms. (Zeichnung: CIA)

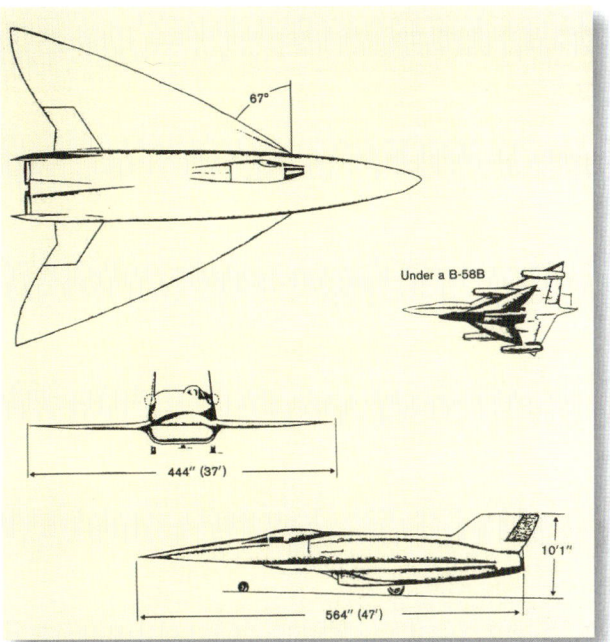

General Dynamics schlug das Projekt »Fish« vor, das von einer B-58B in der Luft gestartet werden sollte. (Zeichnung: CIA)

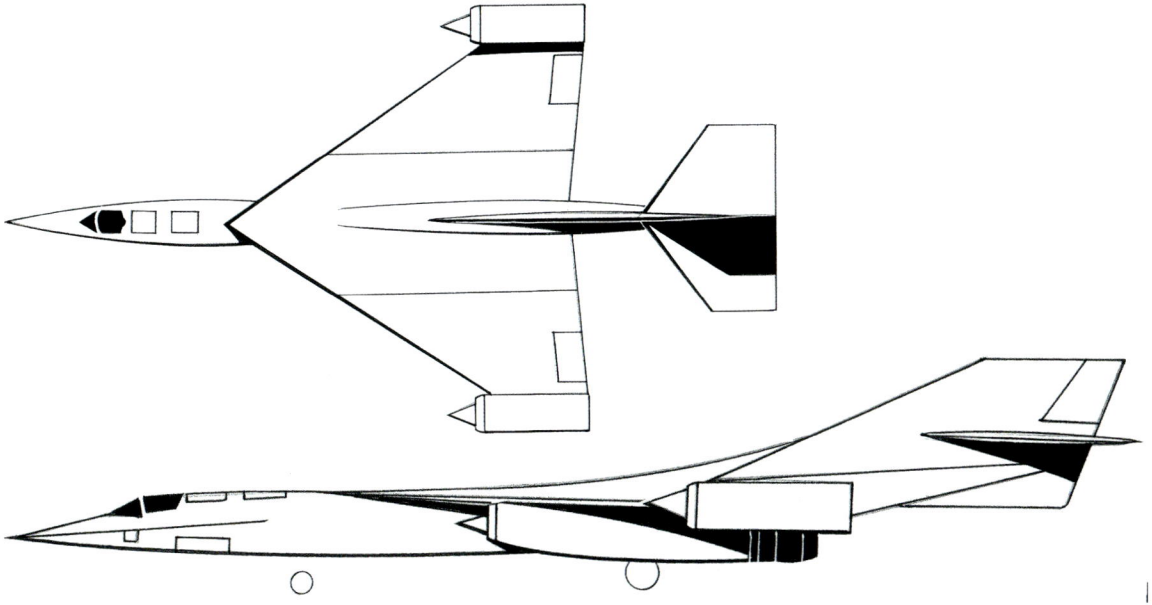

Die Zeichnungen zeigen das Projekt »Archangel 1« in seiner Endstufe. (Zeichnungen: Ralf Sowoboda)

US-Spionageflugzeuge

Höhe und Geschwindigkeit bringen sollte.

Die Projektreihe Archangel begann mit dem Entwurf A-1: ein Schulterdecker mit Deltaflügel, zwei Turbinenluftstrahltriebwerken an den Rumpfseiten, zwei Staustrahlantrieben an den Flügelspitzen und einem überdimensionierten Höhen- und Seitenleitwerk, das weit über die Tragwerkshinterkante hinausragte. Doch schon der A-1-Alternativentwurf sah völlig anders aus. Die Schulterdeckerauslegung wurde zwar behalten, aber ein rhombusförmiges Tragwerk gewählt und auf Höhenleitwerk und Staustrahltriebwerke verzichtet. Neu war dagegen ein großer Nasenflügel.

Während der Arbeiten an Archangel trat die US Navy mit einem abenteuerlichen Vorschlag an Johnson heran. Mittels eines Ballons sollte ein aufblasbarer Aufklärer auf 45.000 m gebracht werden, sich dort entfalten und mit Staustrahltriebwerken mehrfache Schallgeschwindigkeit erreichen. Johnson errechnete, dass der erforderliche Trägerballon einen Durchmesser von rund 1.600 m benötigen würde. Da eine solche Lösung nicht machbar war, untersuchte er eine andere Startmethode. Ein Schleppflugzeug sollte den »Gummi«-Aufklärer auf 18.000 m bringen. Hier erfolgten die Zündung eines Raketenmotors und der Steigflug auf 33.000 m. Dank des Raketenantriebs wurde eine Geschwindigkeit von Mach 2,5 erwartet, genug, um die Staustrahltriebwerke einschalten zu können. Doch die abstruse Idee kam schnell zu Fall und Johnson konnte sich wieder realistischeren Projekten widmen.

Am 25. November 1958 trafen sich im Büro des US-Präsidenten Dwight D. Eisenhower die Chef-Konstrukteure von Lockheed und General Dynamics, um ihre Entwürfe vorzustellen. Anwesend war auch die kleinen Abordnungen der Killian- und Land-Komitees. Während Dr. James Killian besondere Aufgaben im Bereich der nationalen Sicherheit bekleidete und zum engsten Beraterkreis Eisenhowers gehörte, war Edwin Land – der Erfinder der Polaroidkamera – der Fotospezialist und für die Entwicklung der Aufklärungsgeräte verantwortlich. Der Kreis der in das Oxcart-Programm eingeweihten Personen wurde so klein wie möglich gehalten. Neben den erwähnten Komitees gab es nur noch einige Kongressmitglieder und US Air Force-Offiziere, die darüber informiert waren.

Johnson legte seinen neuesten Entwurf A-3 vor und erfuhr hinter vorgehaltener Hand, dass er damit nur zweiter Sieger hinter General Dynamics sein würde. Das Unternehmen hatte das Projekt Fish verworfen und sich einer völlig neuen Lösung unter dem Namen »Kingfish« zugewandt. Dahinter verbarg sich ein Tiefdecker mit Deltaflügel, großen rechteckigen Lufteinläufen und zwei Seitenleitwerken, die im Bereich der Flügelspitzen angeordnet waren. Die Triebwerkanlage bestand aus zwei einziehbaren Turbinen-Luftstrahltriebwerken und zwei Staustrahlantrieben.

Die Skunk Works standen nun vor der Aufgabe, verlorenen Boden wettzumachen. Präsident Eisenhower hatte anlässlich der Konferenz klargestellt, dass über den Sonderetat des CIA nur einer der beiden Entwürfe realisiert werden konnte. Binnen kurzer Zeit entstanden bei Lockheed die Projekte A-4 bis A-10, auf die hier nicht näher eingegangen werden soll, zumal über einige Entwürfe bis heute nichts bekannt geworden ist. Mit der A-11 war Johnson seinem Ziel sehr nahe gekommen. Es handelte sich um einen Schulterdecker mit Rhombustragwerk, Seitenleitwerk und zwei Pratt & Whitney J58-Triebwerken, die unter dem Tragflügel befestigt waren. Die Skunk Works hatten jedoch die A-11 ganz auf Leistung ausgelegt und dabei die Radarrückstrahlfläche stark vernachlässigt. Das sollte sich aus Sicht der Auftraggeber als Nachteil erweisen und so blieb nichts anderes übrig, als an die Zeichenbretter zurückzukehren und gründlich nachzuarbeiten. Das Ergebnis dieser Bemühungen war die A-12. Ein Flugzeug mit zwei J58-Triebwerken im Deltaflügel, zwei Seitenleitwerken und einem abgeflachten Rumpf, der in großem Umfang zur Auftriebserzeugung dienen sollte.

Der 20. August 1959 war der entscheidende Tag des Oxcart-Programms. General Dynamics und Lockheed stellten dem Department of Defense, dem CIA und der US Air Force ihre ultimativen Vorschlä-

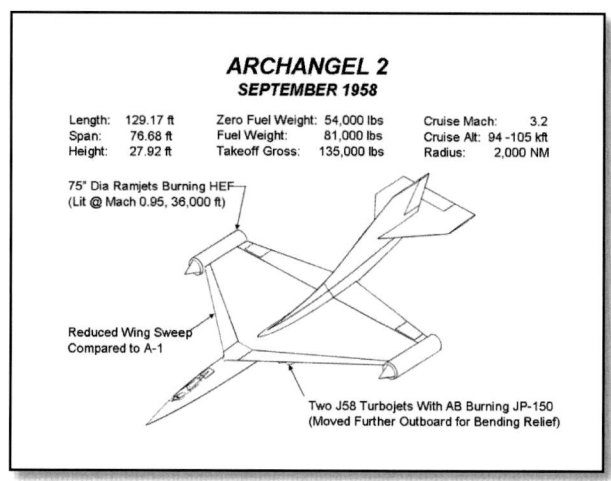

Quelle: CIA

Lenght = Länge 39,75
Span = Spannweite 23,33 m
Height = Höhe 8,53 m
Zero Fuel Weight = Leermasse ohne Kraftstoff 24.516 kg
Fuel Weight = Kraftstoffzuladung = 36.774 kg
Takeoff Gross = Startmasse 61.290 kg
Cruise Mach = Reisegeschwindigkeit Mach 3,2
Cruise Alt = Reiseflughöhe 28.651 bis 31.699 m
Radius = Einsatzradius = 3.704 km
75" Dia Ramjets...... = Staustrahltriebwerke mit 75 Zoll Durch messer für Wasserstoff (Zündung bei Mach 0,85 in 10.970 m Höhe)
Reduced Wing..... = Gegenüber A-1 verringerte Flügelpfeilung
Two J58 Turbo..... = Zwei J58 Strahltriebwerke mit Nachbrenner und JP-150

Kraftstoff (weiter nach außen gerückt zur Reduzierung der Biegekräfte)

A-12, YF-12 und SR-71 – die phänomenale Blackbird-Familie

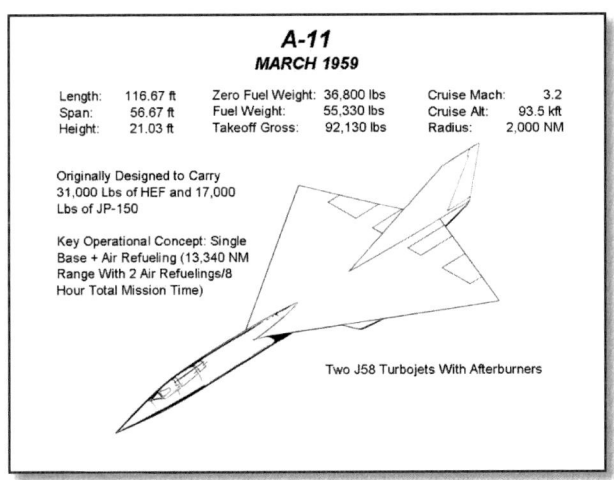

Quelle: CIA

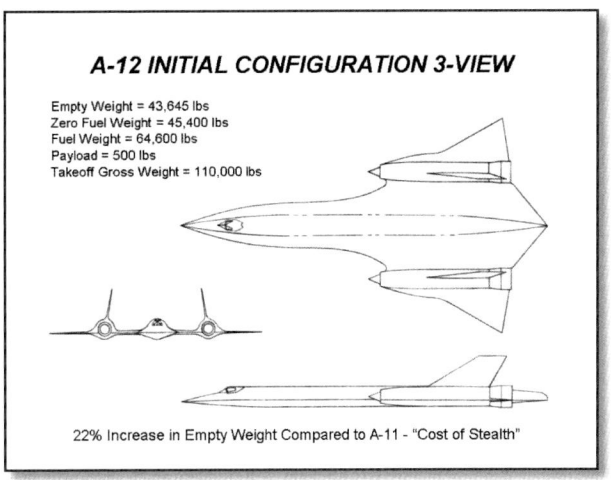

Quelle: CIA

Lenght	= Länge 35,52 m
Span	= Spannweite 17,23 m
Height	= Höhe 6,44 m
Zero Fuel Weight	= Leermasse ohne Kraftstoff 16.700 kg
Fuel Weigt	= Kraftstoffzuladung 25.120 kg
Takeoff Gross	= Startmasse 41.827 kg
Cruise Mach	= Reisegeschwindigkeit Mach 3,2
Cruise Alt	= Reiseflughöhe 28.500 m
Radius	= Einsatzradius 3.704 km
Originally Des.....	= Ursprünglich für 14.100 kg HEF Wasserstoff und 7.700 kg JP-150 Kraftstoff entworfen.
Key Opertaional Con.....	= Einsatzkonzept: zwei Flugbetankungen für eine Reichweite von 24.700 km bzw. 8 Stunden Flugzeit.
Two J58 Turbo......	= Zwei J58 Strahltriebwerke mit Nachbrennern

ge vor, wobei General Dynamics weit vorgearbeitet hatte. Eine 1:1-Attrappe der Kingfish war bereits fertig und konnte auf der Area 51 in Groom Lake auf ihre Radarrückstrahlfläche hin untersucht werden. Ein Vergleich der Leistungsdaten zeigte, dass die beiden Muster mit Mach 3,2 die gleiche Höchstgeschwindigkeit erreichen würden. Die etwas größere und schwerere A-12 hatte aber deutliche Vorteile in Bezug auf Reichweite und Gipfelhöhe: 7.630 km beziehungsweise 29.750 m standen 6.300 km respektive 28.650 m gegenüber.
Am 28. August erhielt Johnson vertraulich die Information, dass Lockheed den Wettbewerb für sich entscheiden konnte. Die offizielle Bestätigung folgte am nächsten Tag und kurz darauf kam es zum Vertragsabschluss und der Bereitstellung einer ersten Teilzahlung in Höhe von 4,7 Millionen US-Dollar.

A-12 Initial Con....	= 3-Seitenzeichnung des A-12 Ausgangsentwurfs
Empty Weight	= Leermasse 19.815 kg
Zero Fuel Weight	= Leermasse ohne Kraftstoff 20.611 kg
Fuel Weight	= Kraftstoffzuladung 29.328 kg
Payload	= Nutzlast 227 kg
Takeoff Gross Weight	= Startmasse 49.940 kg
22% Increase in Em.....	= 22 % Anstieg der Leermasse im Vergleich zur A-11 - Tribut an die Tarnkappentechnik.

Bereits am 31. August 1959 nahm das Skunk Works-Team volle Fahrt auf. Für das Programm war eine Reorganisation des Mitarbeiterstabs, aber auch der Räumlichkeiten des Konstruktionsbüros erforderlich. Zunächst wurde der Bau von zwei Attrappen beschlossen. Eine in Originalgröße, die andere im Maßstab 1:8. Außerdem erfolgte die Festlegung der verschiedenen Aufgaben auf die einzelnen Ingenieure. Johnson hielt wie gewohnt die Zügel in der Hand und legte eine beispielhafte Arbeitsleistung an den Tag.
Es gehört zu den ungeschriebenen Gesetzen des Flugzeugbaus, dass jedes Flugzeug nur so gut wie sein Antrieb ist. Eine Aussage, die auch auf die A-12 zutraf. Auf dem Sektor der verfügbaren Turbinen-Luftstrahltriebwerke kristallisierte sich einzig das Pratt & Whitney J58 als geeignet heraus. Das Triebwerk war im Auftrag der US Navy als Antrieb für Flugzeuge bis Mach 3 entstanden. Zu den potenziellen Anwärtern, die mit dem Motor ausgestattet werden sollte, gehörte das für Mach 2,6 konzipierte Jagdflugzeug Chance Vought F8U-3 Crusader III, von dem aber nur zwei Versuchsmuster gebaut wurden. Die US Navy verlor dann rasch das Interesse am J58, das auch als JT 11 bekannt ist. Die Entwicklung des Motors hatte 1956 auf zunächst privater Initiative begonnen und war später von der Navy gefördert worden. In Form des YJ58 konnten ab

93

1957 die ersten Standläufe durchgeführt werden. Als sich Lockheed für den Antrieb aussprach, hatte dieser erst 700 Stunden auf dem Teststand absolviert. Die Entscheidung für das J58 wirkte sich positiv auf die weiteren Arbeiten an der A-12 aus. Mit erheblichen finanziellen Mitteln ausgestattet, konnte Pratt & Whitney die Ent-

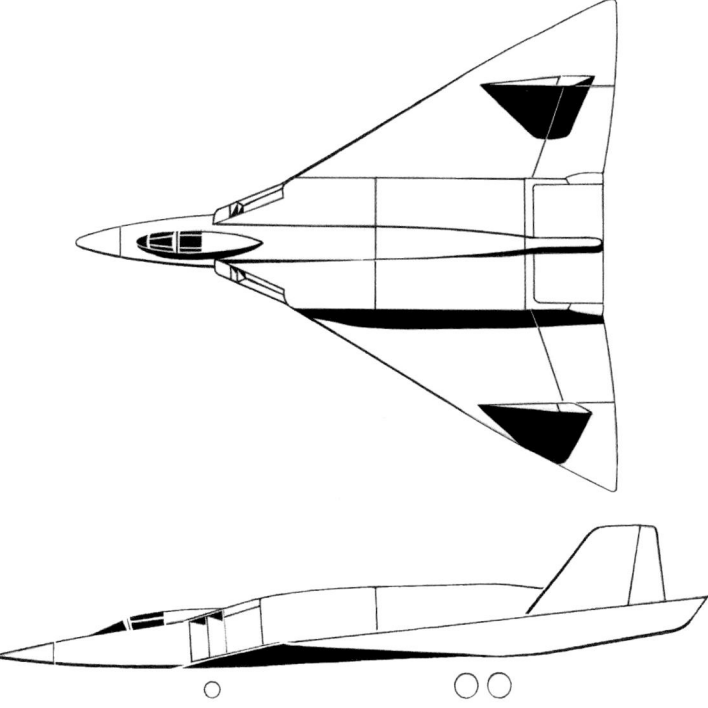

Übersichtszeichnungen des General Dynamics Entwurfs »Kingfish«. (Zeichnungen: Ralf Swoboda)

wicklung nach vorne treiben. Die Last der Arbeiten lag dabei auf Chef-Ingenieur William H. Brown, der eine Gruppe von 25 Mitarbeitern leitete. Die Organisation und Arbeitsweise des Teams orientierte sich stark am Vorbild der Skunk Works. Dies betraf auch die Geheimhaltung, die soweit ging, dass für die verschiedenen Triebwerkteile Tarnnamen verwendet wurden.

Das J58 musste für den Betrieb in der A-12 in großem Umfang abgeändert werden. Ebenso wie Lockheed mit dem Spionageflugzeug Neuland betrat, stand auch Pratt & Whitney vor einer völlig neuen Aufgabe. Dies betraf zum einem die Werkstoffe und zum anderen den Betrieb des Motors. Nicht alle Baugruppen des J58 wurden gleichstark hitzebelastet und nicht alle ließen sich beliebig formen und bearbeiten. So blieb nichts anderes übrig, als verschiedene Werkstoffe miteinander zu kombinieren. Neben Titan waren es vornehmlich Nickellegierungen, die unterschiedliche Eigenschaften haben, gegenüber Titan hitzebeständiger sind und auch heute noch in verschiedenen Industriebereichen verwendet werden. Einige von

ihnen heißen Hastelloy X, Astoloy, Inconel 718 und Waspaloy. Das in Blechform lieferbare Hastelloy weist eine relativ geringe Festigkeit, aber eine hohe Oxidationsbeständigkeit und eine gute Verformbarkeit auf. Das Material lässt sich in angemessener Form auch schweißen und ist für Temperaturen von bis zu 740°C ausgelegt. Astoloy bietet den Vorteil, dass es geschmiedet werden kann, weist aber mit 520° C eine eher geringere Belastbarkeit für ein Triebwerksbauteil auf. Waspaloy hingegen ist ein Werkstoff für besonders stark belastete Baugruppen. Mit 1.340 bis 1.390° C liegt sein Schmelzpunkt sehr hoch.

Die Herstellung und Verarbeitung der genannten Materialien war kompliziert und teuer. So kostete z.B. eine Turbinenscheibe damals 8.200 US-Dollar. Bei anderen Triebwerken waren es zu der Zeit gerade einmal 250 US-Dollar! Der Betrieb des J58 war ebenfalls komplex. Das Triebwerk musste außergewöhnlich flexibel sein. Es sollte beim Start am Boden genauso präzise funktionieren wie bei Mach 3+ in 24.000 m Höhe. Der jeweilige Luftdurchsatz war zu regeln und die unterschiedlichen Temperaturen zu beachten und außerdem musste das »Unstart«-Problem vermieden werden. Dabei handelt es sich um ein Phänomen, das dazu führt, dass die Schockwellen im Lufteinlauf plötzlich zum Eingang zurückströmen.

Während ein regelbarer Kegelstoß-Diffusor und diverse Ein- und Auslaufklappen am Triebwerkgehäuse den Luftstrom steuerten, gab es hinsichtlich der Temperaturverteilung Probleme. In großen Höhen trat die Luft mit etwa -60° C in das Triebwerk ein, um im ersten Schritt auf rund 300°C und schließlich auf rund 750 °C aufgeheizt zu werden. Allein durch die Temperaturänderungen konnte es zu einem Abschalten des Triebwerks bzw. zu Störungen im Kompressor kommen. Von den vielen Neuheiten des J58 ragte der Anbau von By-Pass-Rohren heraus. Sie führten Luft am Triebwerk vorbei und leitete sie in den Abgasstrahl der Ejektordüse. Dadurch konnte einerseits das J58 gekühlt werden, andererseits wurde der Motor bei hohen Geschwindigkeiten so zum Staustrahltriebwerk. Während im Langsamflug die Turbine den Rückstoß erzeugte, diente sie im Hochgeschwindigkeitsflug eigentlich nur noch zur Erzeugung der erforderlichen Strömung innerhalb des Aggregats. Ihr Anteil am Gesamtschub ging dabei auf gerade einmal 17% zurück. Die restlichen 83% ergaben sich aus dem Druck, der im Einlaufsystem des Triebwerks und der Ejektordüse entstand.

Losgelöst von den schwierigen Aufgaben, die Pratt & Whitney beim J58 abzuarbeiten hatte, machte die A-12 selbst gute Fortschritte. Das musste auch so sein. Johnson hatte den Auftraggebern zugesagt, das erste Versuchsmuster innerhalb von 20 Monaten in die Luft zu bringen. Umfangreiche Windkanalversuche – unter anderem bei der NASA – liefen an. Sie zeigten einige Stabilitätsprobleme, die auf die geforderten Tarnkappeneigenschaften des Musters zurückzuführen waren und die den versuchsweisen Anbau eines Nasenflügels nach sich zogen. Änderungen im Bugbereich des Flugzeugs machten jedoch eine solche Steuerfläche letzlich überflüssig.

Die Radarrückstrahlfläche blieb ein Dreh- und Angelpunkt des gesamten Entwurfs. Der Auftraggeber hatte Johnson ultimativ auf-

A-12, YF-12 und SR-71 – die phänomenale Blackbird-Familie

Gesamtansicht des Pratt & Whitney J58-Triebwerks. (Foto: NASA)

gefordert, hier noch nachzubessern, so dass er in der Pflicht stand. Wesentliche Erkenntnisse brachte die 1:1-Attrappe, die ab Dezember 1959 auf der Area 51 in Groom Lake diesbezüglich untersucht wurde. Zu diesem Zweck hatten die Ingenieure das Flugzeug auf einem hohen Masten mit dem Rücken nach unten befestigt. Die Radarrückstrahlfläche der A-12 konnte in mühsamer Kleinarbeit

Schritt für Schritt reduziert werden, wobei sich die Triebwerke als besondere Hürden erweisen sollten. Schlussendlich konnte mit der A-12 das erste Flugzeug mit einer deutlich reduzierten Radarrückstrahlfläche von beachtlichen nur noch 0,2 m² vorgestellt werden. Wie war dies möglich? In der Hauptsache waren es vier Maßnahmen, die zum Erfolg führten. An der gesamten Flugzeugvorderkante befanden sich dreieckige Titanplatten, die die Radarstrahlung auffingen und sie innerhalb der Dreiecke reflektierten, so dass sie stark abgeschwächt wurde. Kunststoff- und Keramikbauteile taten das ihre dazu und außerdem konnten mit der Spezialfarbe »Iron-Ball« und dem Einleiten eines cäsiumhaltigen Zusatzstoffs in den Abgasstrahl – A-50 genannt – weitere Reduktionseffekte erzielt werden.

Unabhängig von diesen Arbeiten beauftragte Lockheed in Abstimmung mit der CIA eine Reihe von Unterauftragnehmern. Dabei ging es in der Hauptsache um verschiedene Systeme. Die Firmen Firewell und David Clark entwickelten die Lebenserhaltungssysteme bzw. die Schutzanzüge für die Besatzung. Honeywell war für das Trägheits-Navigationssystem und den automatischen Flugregler zuständig und Perkin-Elmer befasste sich mit den Bordkameras.

Die Fertigstellung der Zelle war poblematisch. Dies lag in erster Linie an der Verwendung von Titan*, dessen Anteil bei 85% lag. Die restlichen 15% bildeten verschiedene Werkstoffe. Die Verwendung von Titan stellte zu Beginn der 60er-Jahre ein Novum im Flugzeugbau dar. Doch nicht nur das, auch die Hersteller hatten mit Schwierigkeiten zu kämpfen. Zu Beginn der A-12-Fertigung musste Lockheed etwa 80% des angelieferten Materials wegen diverser Fehler an den Lieferanten zurückgeben!

Mit der A-12 wurde in jeder Hinsicht der Schritt ins Unbekannte gewagt. Bis dato waren nur wenige Experimentalflugzeuge wie die Bell X-2 oder die North American X-15 in Regionen um Mach 3 vorgestoßen und das auch nur kurze Zeit. Die A-12 hingegen sollte längere Zeit in diesem Geschwindigkeitsbereich operieren und anders als die raketengetriebenen Forschungsflugzeuge luftatmende Triebwerke verwenden. Damit wurden auch an den Treibstoff neue Anforderungen gestellt. Unter der Bezeichnung JP-7 (JP für Jet Petrol) entstand ein schwerentzündlicher Kraftstoff, bei dem herkömmliche Zündmethoden versagten. So mussten spezielle Startfahrzeuge entwickelt werden. Für den Luftstart führte das Flugzeug Triethylboran (TEB) mit, das sich bei Kontakt mit Sauerstoff sofort entzündet. Die besonderen Eigenschaften des JP-7 machten einen

Aufbau des Lufteinlaufs für das J58-Triebwerk. (Zeichnung: NASA)

---

* Das chemische Element Titan (Symbol Ti) wurde bereits 1791 in England von William Gregor entdeckt. Seine kommerzielle Verwendung begann aber erst ab 1946. Titan bietet eine Reihe von besonderen Eigenschaften. Es ist leicht, fest und dennoch dehnbar und außerdem korrosionsbeständig. Seine hohe Festigkeit nimmt erst ab 400°Celsius ab.

US-Spionageflugzeuge

Messung der A-12-Radarrückstrahlfläche auf einem Teststand in Groom Lake. (Foto: CIA)

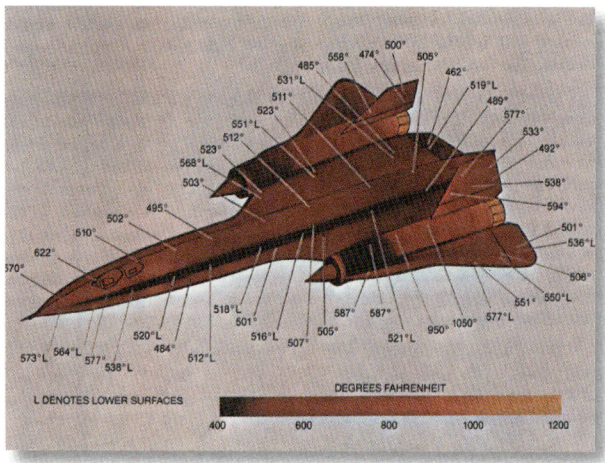

Hitzebelastung der Flugzeugzelle. (Quelle: CIA)

Straßentransport der A-12 in aufwändigen Spezialbehältern zum Testzentrum Area 51 Groom Lake. (Foto: CIA)

ganz anderen Umgang mit dem Kraftstoff möglich, als man ihn ansonsten gewohnt war. Das gesamte Treibstoffsystem war am Boden chronisch undicht – und zwar gewollt. Denn in der Luft bei hoher Dauergeschwindigkeit dehnte sich das Material aus und dichtete sich dann ab; man brauchte also diesen Ausdehnungsspielraum. Dem Treibstoff wurde neben seiner eigentlichen Aufgabe auch noch die Funktion eines Kühlmittels übertragen. In Rumpf und Tragflächen zirkulierend, sollte er die während des Hochgeschwindigkeitsflugs stark aufgeheizte Zelle auf erträglichen Temperaturen halten. Während der Fertigung des ersten Versuchsmusters notierte Johnson in seinen Aufzeichnungen ein Problem nach dem anderen. Zeitweise schien es, als ob die Aufgabe nicht gelöst werden könne. Aus der Vielzahl der Schwierigkeiten ragten Materialmängel und -engpässe, das Verwinden der Flügelvorderkanten und der Rückstand beim Umbau des J58-Triebwerks heraus.

Im März 1961 meldet Johnson dem CIA eine Programmverzögerung von mehreren Monaten. Richard M. Bissell, der das Programm seit Beginn im Auftrag des Geheimdienstes begleitet hatte, reagierte empört und drohte Johnson an, dass es bei weiteren Verzögerungen in Burbank zum einem »Erdbeben« kommen würde. Die Probleme weiteten sich auch auf die Finanzierung des Projekts aus, so dass der CIA den USAF-Ingenieur Lt.Col. Richmond Miller ab Oktober 1961 in der Funktion eines Programmbegleiters bei Lockheed einsetzte. Eine Maßnahme, die so gut wie nichts brachte. Wenngleich das komplette Skunk Works Team im Drei-Schichten-Betrieb arbeitete, rutschte das Erstflugdatum immer weiter nach hinten. Ein Grund war unter anderem das J58-Triebwerk, das Pratt & Whitney nicht in den Griff bekam. Nach Aussage des Unternehmens konnte der Antrieb frühestens im März 1962 geliefert werden. Damit es voran ging, entschloss sich Johnson zum Einbau des J75 in das erste Versuchsmuster. Allerdings musste dazu die Startleistung des Motors verbessert werden.

In der Zwischenzeit hatte der Ausbau der Area 51 in Groom Lake begonnen. Die vorhandene Startbahn wurde von 1.600 m auf knapp 3.000 m verlängert. Neue Hangars und Gebäude kamen hinzu. Lange vor Beginn der Flugerprobung hatte die Auswahl der Flugzeugführer begonnen. Ein äußerst hartes Verfahren, das an das US-Raumfahrtprogramm »Mercury« erinnerte und von Brigade General Don Flickinger ausgearbeitet worden war. Der CIA schätzte den Bedarf auf 60 Piloten, wobei in einem ersten Schritt 24 als ausreichend angesehen wurden. Tatsächlich konnten aber zunächst nur 16 das Auswahlverfahren erfolgreich absolvieren, so dass schon bald nachrekrutiert werden musste. Der Kreis der Flugzeugführer stammte aus Verbänden der US Air Force. Für ihre neue Aufgabe quittierten sie den Dienst und wurden Mitarbeiter des CIA. Den Erstflug der A-12 sollte aber ein Lockheed-Testpilot durchführen. Es war Lou Schalk, ein nervenstarker Flugzeugführer, der von Johnson persönlich ausgewählt worden war.

Kurz nach dem Abheben zum zweiten Versuchsflug entstand diese Aufnahme der Article 121. (Foto: CIA)

Während sich die Piloten auf den Weg zur David Clark Company begaben, um sich dort ihre S-901 Volldruck-Anzüge maßschneidern zu lassen, konnte die erste A-12 in zerlegtem Zustand auf dem Landweg zur Area 51 transportiert und dort endmontiert werden. Es war nun zum ersten Mal möglich, das Flugzeug zu betanken. Mit Erstaunen mussten die Ingenieure feststellen, dass das System hochgradig undicht war – weit über das vorgesehene Maß hinaus. Nicht weniger als 68 Leckstellen wurden ausgemacht. Es blieb nichts anderes übrig, als die Tankanlage komplett zu erneuern, wodurch ein weiterer Zeitverlust von mehr als vier Wochen eintrat.

Am 25. April 1962 – rund ein Jahr nach dem ursprünglich genannten Erstflugtermin – führte Lou Schalk einen Rollversuch mit hoher Geschwindigkeit durch. Dabei hob er bis auf etwa 6 m Höhe vom Boden ab und legte rund 2,5 km zurück. Er stellte sofort fest, dass das Flugzeug instabil war. Dennoch gelang es ihm, die A-12 auf dem glatten Boden des Groom Lake wieder sicher aufzusetzen. Die dabei aufgewirbelte Staubwolke versperrte allen die Sicht und auch ein Funkkontakt kam nicht zustande. Grund war die Lage der UHF-Antenne unter dem Rumpf. Für den Normalflug war sie hier bestens positioniert, in dieser Situation aber unwirksam. Während sich alle Beteiligten große Sorgen um Schalk und das Flugzeug machten, drehte der Testpilot das Flugzeug einfach um und rollte zur Überraschung der Beobachter, so als sei nichts geschehen, aus der Staubwolke heraus und auf die Basis zu. Für das Verhalten der A-12 gab es keine Erklärung. Schalk vertrat die Ansicht, dass das ausgeschaltete SAS-System, das automatisch alle drei Achsen des Flugzeugs dämpfte die Flugeigenschaften verbessern könnte.

Am 26. April 1962 erfolgte der erste wirkliche Flug der A-12. Schalk hatte nun das SAS-System aktiviert und ging mit ausgefahrenem Fahrwerk auf Höhe. Das Flugzeug verhielt sich einwandfrei und nach und nach schaltete Schalk eine Ruderdämpfung nach der anderen ab, ohne dass sich die Flugeigenschaften veränderten. Schlagartig wurde dem Testpiloten klar, was beim ersten Luftsprung schief gelaufen war. Es hatte schlicht und einfach an der Betankung gelegen. Die Rumpftanks waren für den Versuch nur zum Teil betankt worden, d.h. in den jeweiligen Behältern befand sich der Kraftstoff in den hinteren Zellen, somit war der Schwerpunkt des Flugzeuges völlig verschoben. Mit dieser beruhigenden Erkenntnis konnte die A-12 am 30. April 1962 den Vertretern von CIA, US Air Force und der Regierung im Flug vorgestellt werden. Schalk blieb 59 Minuten in der Luft und erreichte bei einer Startmasse von 32,6 Tonnen eine Höhe von 9.144 m und eine Geschwindigkeit von 630 km/h. Bereits beim dritten Flug konnte Mach 1 überschritten werden.

Nach diesen Erfolgen begannen die Vorbereitungen für diverse Aufklärungseinsätze. Dazu legte die US Air Force eine Reihe von JP-7-Treibstofflagern in Kalifornien, Florida, Arkansas, Alaska, Griechenland, Türkei und Okinawa an. Außerdem erhielt die Tankerflotte des 903rd Air Refueling Squadron, Beale AFB, mit der Boeing KC-135Q ein Flugzeug, das über eine geänderte Behälteranlage für JP-7 und ein ARC-50 Entfernungsmeßgerät verfügte.

Auch die Flugerprobung hatte Fahrt aufgenommen. Mit Bill Park und Jim Eastham kamen zwei weitere Lockheed-Testpiloten für die Versuchsfliegerei hinzu. Ende 1962 waren vier A-12 fertiggestellt und nach Groom Lake geliefert worden. Wie das erste Versuchsmuster auch, trugen die Flugzeuge an Stelle einer Werk- oder Seriennummer eine Article-Nummer und zwar 121, 122, 123 und 124. Bei der 124 handelte es sich um eine Trainingsvariante mit einem zusätzlichen Cockpit für den Fluglehrer, das in erhöhter Position hinter der eigentlichen Kabine platziert war. Das Flugzeug – mit dem Spitznamen »Titanium Goose« – flog im Januar 1963 zum ersten Mal, wobei J75-Triebwerke zum Einbau kamen. Die Probleme mit dem J58 hatten dazu geführt, dass die erste A-12 (121) erst am 5. Oktober 1962 entsprechend motorisiert werden konnte. Allerdings stand nur ein Triebwerk zur Verfügung. Dieses wurde in die linke Triebwerkgondel eingebaut, während sich in der rechten ein J75 befand. Am 15. Januar 1963 erfolgte dann der erste Flug mit zwei J58. Nach und nach erhielten auch die übrigen Flugzeuge, mit Ausnahme der Titanium Goose, das J58.

Die Flüge zeigten, dass es bis zur Serienreife einiges zu tun gab. Startprobleme wegen zu geringer Sauerstoffzufuhr und unterschiedliche Schubleistungen ragten aus der Vielzahl der Einzelprobleme heraus. Durch den Einbau von zusätzlichen Klappen in die Motorgondel sowie einer Sensorsteuerung des Triebwerksschubs konnten die Hauptmängel beseitigt werden. So war es möglich, Geschwindigkeit und Flughöhe zu steigern. Recht schnell wurden Mach 2,16 und 18.300 m erreicht. Dennoch war Johnson keineswegs mit dem J58

US-Spionageflugzeuge

Die einzige, zweisitzige A-12 trug den Spitznamen »Titanium Goose«. (Foto: Lockheed)

zufrieden. Seine Kritikpunkte lauteten: zu wenig Schubleistung, zu hoher Kraftstoffverbrauch und schlechte Höhenleistungen. Erst nach und nach ließen sich diese Dinge abstellen.

Am 24. Mai 1963 kam es zu einem ersten großen Rückschlag, als die A-12, Article 123, über Utah in der Nähe der Ortschaft Wendorer abstürzte. Flugzeugführer Ken Collins konnte sich durch Absprung retten. Die übrigen A-12 wurden aus Gründen der Sicherheit stillgelegt. Doch schon bald gab es bezüglich der Unfallursache Klarheit und der Flugbetrieb konnte wieder aufgenommen werden. Ursächlich für den Verlust waren eingefrorene Sensoren des Staurohrs. Gegenüber der Öffentlichkeit ließ sich der Absturz nicht verbergen. Allerdings gab die US Air Force nicht die Identität der A-12 preis, sondern behauptete, dass es eine Republic F-105 Thunderchief gewesen sei.

Mit Zunahme der Flugzeugfertigung und der Erprobung wurde es immer schwieriger, das Muster weiterhin geheim zu halten. In das Gesamtprogramm waren inzwischen mehr als 7.000 Personen eingebunden und durch die Flugversuche wurde die Wahrscheinlichkeit der Entdeckung von Tag zu Tag größer. Der langjährige Leiter des MiG-Konstruktionsbüros*, Rotislav Apollosovich Belyakov, behauptete Jahrzehnte später, dass die Sowjetunion sehr früh über das A-12-Programm im Bilde gewesen sei. Wie auch immer, es schien an der Zeit, das Geheimnis um das Flugzeug zu lüften und so kam es zu der anfangs erwähnten Pressekonferenz in der US-Präsident Lyndon B. Johnson die Existenz des Musters bekannt gab. Zu diesem Zeitpunkt befand sich das Programm auf einem guten Weg. Am 20. Juli 1963 hatte das Flugzeug zum ersten Mal Mach 3 erreicht. Es gab aber nach wie vor noch viel zu tun. So war es schwierig, die auf Hochtouren laufenden Triebwerke wieder herunterzuregeln, die pneumatische Steuerung der Kegelstoß-Diffusoren arbeitete nicht zufriedenstellend und die Strömungsverhältnisse innerhalb des Lufteinlaufs wurden oberhalb von Mach 2,4 als »rau« empfunden. Aber auch diese Probleme bekamen die Ingenieure in den Griff. Maßnahmen zum Abstellen der Mängel betrafen unter anderem den Einbau von kleinen Strömungskörpern – »Mäuse« genannt – in die Luftkanäle. Die Änderungen wurden von einer Steigerung der Leistungen begleitet. Am 3. Februar 1964 erreichte die A-12 für zehn Minuten ihre Entwurfsgeschwindigkeit von Mach 3,2 und eine Flughöhe von 25.300 m. Nach wie vor war das Flugzeug ein hochsensibles Muster, das auf Störungen empfindlich reagierte. Am 9. Juli 1964 stürzte Bill Park mit Article 133 ab, konnte sich aber durch Absprung retten. Grund für das Desaster war ein eingefrorener Servoantrieb. Doch auch dieser Zwischenfall konnte das Programm allenfalls etwas verzögern, aber nicht gefährden. Der endgültige Durchbruch gelang am 27. Januar 1965, als für die Dauer von 1 Stunde und 40 Minuten Mach 3,1 erreicht, und dabei eine Strecke von etwa 5.400 km zurückgelegt wurde.

Inzwischen war auf dem politischen Parkett einiges passiert. Im Mai 1962 hatte die damalige Sowjetunion damit begonnen, weitreichende Boden-Boden-Lenkwaffen heimlich auf Kuba zu stationieren. Das Vorhandensein der Raketen wurde durch U-2-Aufklärer entdeckt. Als eines dieser Flugzeuge am 27. Oktober 1962 abgeschossen wurde und Flugzeugführer Major Rudolph Anderson zu Tode kam, erhielt das A-12 Programm eine noch größere Bedeutung als dies ohnehin schon der Fall war. Für die aktuelle Kuba-Krise kam das Muster zwar zu spät, es sollte aber künftig die Aktivitäten des Inselstaates beobachten. Demzufolge begannen 1964 unter dem Kodenamen »Skylark« die Vorbereitungen für einen Einsatz der A-12 über Kuba. Da das Muster seine volle Leistungsfähigkeit noch nicht erreicht hatte, sahen die Planungen eine Geschwindigkeit von Mach

---

* Im Westen wurde das Jagd- und Aufklärungsflugzeug MiG-25 Foxbat (Erstflug 9.9.1964) als Gegenstück zur A-12/SR-71 angesehen. Das Muster erreichte in der Ausführung MiG-25RB eine Höchstgeschwindigkeit von 3.000 km/h, eine Dienstgipfelhöhe von 23.000 m und eine maximale Reichweite mit Zusatztanks von 2.900 km.

A-12, YF-12 und SR-71 – die phänomenale Blackbird-Familie

Paradeaufstellung der CIA A-12 Aufklärer. Beachtenswert ist der nur teilweise schwarze Anstrich der Flugzeuge. (Foto: Lockheed)

2,8 und eine Flughöhe von 24.300 m vor. Für den Einsatz waren zwei Systeme von ausschlaggebender Bedeutung: die Foto-Kamera-Anlage und die ECM-Ausrüstung.

Insgesamt standen vier Kameras zur Verfügung, die als Type I bis IV bezeichnet wurden. Parker-Elmar hatte Type I entwickelt. Eine Kamera mit 45 cm-Objektiv und einer Auflösung von 30 cm, die aber in ihrer Montage und Handhabung sehr komplex war. Der CIA hatte daher bei Eastman-Kodak eine einfacher zu bedienende und leichter einzubauende Kamera als Type II in Auftrag gegeben. Sie hatte ein 53 cm-Objektiv und erreichte eine Auflösung von 43 cm. Ferner kam noch die von der U-2 her bekannte Kamera »B« (alias Type III) in die engere Wahl und schlussendlich konstruierte die Hycon Corporation auf Basis der »B«-Kamera noch die Type IV mit 122 cm-Objektiv und 20 cm Auflösung. Ebenso wie die anderen Kameras bot auch die Type IV die Möglichkeit der Stereofotografie mit einer Überlappung von 30%. Der Bildstreifen variierte von Kamera zu Kamera. Type I brachte es auf 131 km, Type II auf 111 km und Type IV auf 76 km.

Cockpit der A-12. (Foto: CIA)

Für die elektronischen Gegenmaßnahmen sollten der A-12 die Systeme »Blue Dog«, »Big Blast«, »Pin Peg« und »Mad Mouth« zur Verfügung stehen. Sie waren in der Lage, anfliegende Raketen und ihre Flugbahn zu erfassen, so dass die Möglichkeit des Ausweichens bestand. Außerdem konnten sie die Kommandogeräte und das Radar von Flugabwehrraketen derart stören, dass diese ausfielen.

Die Dinge gingen schleppender voran als gedacht, so dass im Februar 1965 Unternehmen Skylark umfassend überarbeitet wurde. Nun sollte der Überflug mit Mach 3,05 erfolgen und die komplette ECM-Ausrüstung mitgeführt werden. Fünf Flugzeuge, fünf Flugzeugführer und acht Kameras – fünf von Perkin-Elmer, zwei von Eastman-Kodak und eine von Hycon – waren verfügbar. In Vorbereitung auf den Einsatz erfolgten eine Reihe von Trainingsflügen und eine konkrete Flugstreckenplanung, in die auch die zivile Luftfahrtbehörde FAA einbezogen wurde. Doch die Operation unterblieb. Inzwischen hatte sich in Südostasien ein neues Szenario eröffnet. Der Vietnam-Krieg hatte ein immer größeres Ausmaß angenommen. Die bis dahin mit der U-2 und der Aufklärerdrohne »Firebee« durchgeführten Flüge reichten nicht aus. Insbesondere ging es um die Frage, wie die Flugabwehr der Nordvietnamesen aufgestellt war und auch das Überfliegen von Rotchina sollte erfolgen. Doch US-Präsident Johnson sprach sich gegen einen Chinaeinsatz aus, stimmte den übrigen Maßnahmen aber zu. Die US Air Force

US-Spionageflugzeuge

arbeitete daraufhin die Operation »Black Shield« aus. Sie beinhaltete die Verlegung von drei A-12 zur Kadena AFB auf Okinawa. Bevor es dazu kam, musste die Einsatzbereitschaft des Musters bewiesen werden. Gefordert wurde die Funktionsfähigkeit aller Systeme und des Flugzeugs bei Mach 3,05 in 23.200 m. Ferner erwarteten die Planer eine Reichweite von 4.260 km und die Möglichkeit einer dreimaligen Luftbetankung.

Die Skunk Works kämpften zu dieser Zeit noch immer mit Antriebsproblemen. Der Lufteinlauf machte bei Geschwindigkeiten zwischen Mach 2,2 und 2,4 Schwierigkeiten, die sich aber völlig überraschend lösen ließen. Nachdem die hydraulische Betätigung des Kegelstoß-Diffusors durch einen elektrischen ersetzt wurde, waren schlagartig alle Mängel beseitigt. Dennoch war das Antriebssystem sehr empfindlich. Das Ansaugen schon kleinster Teilchen führte in der Regel zu schweren Schäden am J58. Dies war der Grund dafür, dass die Startbahn vor jedem A-12 Einsatz penibel gereinigt wurde und das Bodenpersonal zusätzlich eine Fremdkörperkontrolle durchführen musste. Welche Folge kleine Unachtsamkeiten haben konnten, musste man erfahren, als einmal während einer Triebwerkinspektion ein Techniker eine kleine Lampe im J58 vergaß. Dies führte zu Schäden in Höhe von 250.000 US-Dollar am Triebwerk. Eine – vor allem damals – astronomische Summe.

Trotz verschiedener Schwierigkeiten machte das A-12-Programm deutliche Fortschritte. So wurde eine Höchstgeschwindigkeit von Mach 3,29 erreicht und 1 Stunde und 14 Minuten mit Mach 3,2 geflogen. Ein weiteres Highlight der Erprobung war ein Flug, den Bill Park am 21. Dezember 1966 durchgeführt hatte. In sechs Stunden legte er quer durch die USA 16.400 km mit Luftbetankung zurück, wobei die Area 51 Start- und Ziel war.

Doch Licht und Schatten wechselten sich ab. Neben den Erfolgen gab es auch zwei Verluste zu verzeichnen. Am 28. Dezember 1965 war Mel Vojvodich beim Start abgestürzt. Während sich der Flieger retten konnte, ging die A-12 verloren. Grund für den Absturz waren falsch verkabelte Kreisel des Stabilitätssystem SAS. Der nächste Crash endete tragisch. Walter Ray wurde Opfer einer fehlerhaften Treibstoffanzeige. Vor Erreichen der Heimatbasis fielen beide Triebwerke aus. Ray sprang zwar noch ab, konnte sich aber nicht vom Schleudersitz lösen und stürzte in den Tod.

Die A-12/SR-71 war das einzige Flugzeug, das ungefährdet von der gegnerischen Abwehr über Nordvietnam operieren konnte und zahlreiche Fotos von zivilen und militärischen Anlagen erstellte. (Foto: CIA)

A-12, YF-12 und SR-71 – die phänomenale Blackbird-Familie

Die Existenz der Drohne D-21 blieb der Öffentlichkeit lange Jahre verborgen. (Foto: USAF Museum)

Inzwischen tauchte die Frage auf, ob die A-12 überhaupt noch zum Einsatz kommen sollten, da die US Air Force mit der SR-71 zwischenzeitlich über einen eigenen Aufklärer verfügte, der auf der A-12 basierte. Der Verlauf des Vietnamkrieges gab die Antwort: die A-12 wurde dringend gebraucht. Folgerichtig verlegten im Mai 1967 drei Flugzeuge (Article 127, 129 und 131) nach Okinawa. Gleich der erste, am 31. Mai durchgeführte Einsatz erwies sich als voller Erfolg. 70 Flugabwehr-Raketenstellungen und einige weitere Ziele konnten fotografiert werden. Bis zum Jahresende erfolgten noch weitere 21 Feindflüge, dabei kam es am 30. Oktober 1967 zu einem Zwischenfall, als eines der Flugzeuge mit sechs Boden-Luft-Raketen angegriffen wurde. Bei der anschließenden Inspektion der A-12 stellten die Techniker eine kleine Beschädigung im Bereich eines Außenflügels fest, die von einem Raketensplitter stammte.

1968 erfolgte die Fortführung der Einsätze, wobei auch zweimal Nordkorea das Ziel war. Mit der vollen Verfügbarkeit der SR-71 ab März 1968 erfolgte der schrittweise Rückzug der A-12, die ihren letzten Einsatz am 8. Mai über Nordkorea hatten und dann in die USA verlegt wurden, um bei Lockheed in Palmdale eingemottet zu werden. Zuvor war aber noch ein schwerer Verlust eingetreten. Am 5. Juni 1968 ging Article 129 mit Jack Weeks über dem Meer von China verloren. Wie üblich stand das Flugzeug mit dem Überwachungssystem »Birdwatcher« in Verbindung. Das System registrierte zwar Unregelmäßigkeiten an einem Triebwerk, konnte aber keine Funksprüche des Flugzeugführers auffangen. Bis heute verliert sich jede Spur vom Flugzeug und seinem Piloten. Bevor sich das Kapitel über die A-12 schließt, gilt es noch über die Versuche mit der D-21-Drohne zu berichten.

»Kelly« Johnson hatte frühzeitig den Versuch gestartet, die A-12 für verschiedene neue Aufgaben ins Spiel zu bringen. Neben einer Kampfflugzeug- und Jagdflugzeugvariante schlug er auch eine Ausführung als Satelliten- und Drohnenträger vor. Der CIA zeigte an der letztgenannten Version zunächst kein Interesse. Erst unter dem Einfluss der Personenverluste mit der U-2 wandelte sich die Einstellung zu einem Drohneneinsatz. 1962 trat der Geheimdienst an Lockheed heran und forderte den Bau eines Aufklärungsflugkörpers, der hohe Geschwindigkeiten erreichen sollte. Lockheed hatte sich zu dieser Zeit mit der A-12 und der Radarrückstrahltechnik einen uneinholbaren Technologievorsprung gegenüber allen anderen US-Flugzeugfirmen erobert, so dass der Auftrag nicht in Form eines Wettbewerbes ausgeschrieben wurde. Interessant war, dass der CIA keine konkreten Forderungen an die Drohne stellte und Johnson eigene Vorstellungen bezüglich der Leistungsparameter entwickelte. Sie beinhalteten eine Dauergeschwindigkeit von Mach 3 und eine Reichweite von 5.600 km. Als Nutzlast wurde ein Kamerapaket mit einem Gewicht von knapp 200 kg eingeplant.

Der Flugkörper stellte nach Meinung Johnsons die Skunk Works vor keine allzu großen Probleme. Neben dem reichen Erfahrungsschatz aus dem A-12-Programm sollte vor allem die Verwendung eines unkomplizierten Staustrahlantriebs zu einer raschen Realisierung des als Q-21 bezeichneten Entwurfs führen. Die Firma Marquardt besaß auf diesem Gebiet der Antriebstechnik die weltweit meisten

US-Spionageflugzeuge

Erfahrungen. Das Unternehmen hatte bei einigen Versuchen bereits mit Lockheed zusammengearbeitet und mit dem RJ43 einen Staustrahlmotor für den Boden-Luft-Lenkkörper Boeing IM-99 Bomarc entwickelt, der sich nach einigen Änderungen auch für die Q-21 verwenden ließ.

Neu an der Aufgabe war die Einsatzdauer. Bis dahin hatten Staustrahltriebwerke Betriebszeiten von etwa 15 Minuten erreicht. Nun sollten es 90 Minuten und mehr werden. Mit diesem Ziel vor Augen begannen Versuchsreihen im Windkanal und Testflüge mit der Lockheed X-7, einem Flugkörper, der im Auftrag der US Army Air Force im Jahre 1946 als Versuchsträger für aerodynamische Flächen und Rückstoßantriebe entwickelt worden war. In der Hauptsache ging es um unterschiedliche Druckverhältnisse im Triebwerk bei verschiedenen Temperaturen und Höhen und dem Erreichen eines gleichmäßigen Brennvorgangs. Dazu wurden die Treibstoffleitungen, die Treibstoffregelung, die Treibstoffpumpen, die Einspritzanlage und die Flammenhalter neu entworfen. Außerdem musste sich das Triebwerk bei einem Ausfall in der Luft wieder starten lassen, so dass der chemische Zünder TEB mitgeführt wurde.

Die Dinge um die Q-21 gingen rasch vonstatten. Bereits im Dezember 1962 konnte Lockheed eine 1:1-Attrappe für Radarrückstrahlversuche nach Groom Lake bringen. Im Prinzip war der Flugkörper nichts anderes als ein geflügeltes Triebwerk. Der Rumpf hatte einen kreisförmigen Querschnitt. Ein Kegelstoß-Diffusor regelte den Luftdurchsatz. Es folgten der lange Luftkanal und der Staustrahlmotor, dem ein weiterer Kegelstoß-Diffusor vorgeschaltet war. Der Rumpf nahm neben dem Kraftstoff auch die Funkanlage, das Trägheitsnavigationssystem und eine von Hycon entwickelte Kamera auf. Die Q-21 maß von der Spitze bis zum Heck 12,19 m. Der Tragflügel hatte eine Deltaform, wobei die Vorderkanten im vorderen Bereich wie ein Halbkreis ausgebildet waren. Die Tragflächen mit einer Spannweite von 5,18 m wiesen größtenteils eine Kunststoffbauweise auf. Die Steuerung der Drohne erfolgte über Elevons an den Hinterkanten des Tragwerks, sowie über ein Seitenleitwerk. Bis heute gibt es zu den genauen Maßen und Massen der Q-21 nur sehr wenige Angaben. Danach betrug die Höhe 1,83 m und die Startmasse etwa 5 Tonnen.

Nach einem fulminanten Start geriet das Programm rasch ins Hintertreffen. Ein Problem reihte sich an das andere. Das Spektrum reichte dabei von Flattererscheinungen am Tragwerk über Steuerungsprobleme des Kegelstoß-Diffusors bis zur Startmethode. Bekanntlich sind Fluggeräte mit Staustrahlantrieb nicht eigenstartfähig. Da bei dieser Triebwerkart der Kompressor fehlt, muss das Fluggerät zunächst auf eine Geschwindigkeit gebracht werden, die genügend Luft in den Antrieb strömen lässt. Johnson wollte die Q-21 mit einer A-12 bei Mach 3 starten. Ein Unterfangen, das sich als schwierig erweisen sollte.

Im Juni 1964 konnten Trägerflugzeug und Drohne erstmals miteinander verbunden werden. Damit es keine Verwechslungen mit Baugruppen der A-12 gab, hatte Johnson die Zahl 12 einfach umgedreht und 21 daraus gemacht. Außerdem wurde der Buchstabe Q ausgetauscht. Aus der Q-12 wurde nun die D-21 (D für »Daughter« – Tochter) und aus dem A-12 Trägerflugzeug die M-21 (M für Mother). Anzumerken ist, dass die Trägerflugzeuge zweisitzig waren. Die Verbindungen zwischen der M-21 (Article 134) und der D-21 (Nr. 501) stellte ein langgestreckter Pylon von geringer Höhe her. In ihm befanden sich zwei Befestigungshaken und ein pneumatisches Notsystem.

Nachdem das Gespann im August 1964 nach Groom Lake verlegt worden war, begannen unter Leitung von Bill Park am 22. Dezember 1964 die Flugversuche, wobei sofort mehr als Mach 1 erreicht wurden. Auch in dieser Phase lief das Programm, das den Kodenamen »Tagboard« trug, unter höchster Geheimhaltungsstufe. Dies machte die ohnehin problematische Aufgabe noch komplexer. Johnson musste gleichzeitig mehrere Baustellen abarbeiten. Der Flugkörper hatte am Bug und Heck eine aerodynamische Abdeckung aus Plastik, die vor dem Start abgesprengt wurde. Beim ersten Versuch beschädigte die vordere Kappe die Vorderkanten des D-21-Tragwerks, außerdem waren Kunststoffteile in den Luftkanal geraten. Durch Einfügen eines Metallrings in die Abdeckung konnte das Problem abgestellt werden. Die Firma Honeywell, die für das Trägheitsnavigationssystem verantwortlich zeichnete, trat bei der Lösung der Aufgabe auf der Stelle, wodurch weitere Zeit verloren ging. Im November waren zwar die vom CIA und der US Air Force georderten Drohnen fertiggestellt, die Flugerprobung aber noch nicht weitergekommen. Dies lag unter anderem daran, dass der Übergang von der transsonischen zur supersonischen Geschwindigkeit nicht wie gewünscht erfolgte. Durch den Einbau verbesserter J58-Motoren in die M-21 konnte Abhilfe geschaffen werden.

Am 5. März 1966 war zum ersten Mal ein Luftstart der D-21 möglich. Das Gespann trennte sich bei Mach 1,24 ohne Schwierigkeiten. Mangels eines Navigationsgeräts wurde die Flugstrecke auf 222 km begrenzt. Der nächste Flug – nun mit Trägheitsnavigation – war ein voller Erfolg. Die Drohne erreichte Mach 3,3 sowie 27.400 m Höhe und knapp 2.300 km Entfernung. Für die Auftraggeber Grund genug, weitere 15 D-21 zu ordern. Der dritte Testflug wurde als Teiler-

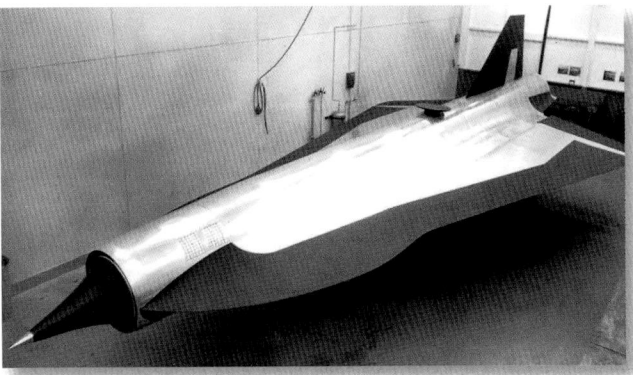

Die Aufnahme zeigt die eigentümliche Form des D-21-Tragwerks. (Foto:Lockheed)

A-12, YF-12 und SR-71 – die phänomenale Blackbird-Familie

Die Huckepack-Einsätze der M-21/D-21 sollten sich als sehr gefährlich und verlustreich erweisen.

folg gewertet. Erneut erzielte das Muster beste Werte in Bezug auf Geschwindigkeit und Höhe und außerdem konnten auf der mehr als 2.900 km langen Strecke acht vorprogrammierte Wenden geflogen werden. Der Abwurf des Kamerapakets funktionierte aber nicht. Das Einsatzschema sah vor, dass die Drohne nach Erfüllung ihres Auftrags zurückkehrte und bei Mach 1,67 in 18.300 m Kamera und Navigationssystem per Fallschirm abwarf. Die Bergung sollte mittels eines Lockheed JC-130B Spezialflugzeugs erfolgen.

Der 30. Juni 1966 ging als schwarzer Tag in die Geschichte der M-21-Trägerflugzeuge ein. Bill Park und Ray Torick starteten mit der M-21 Article 135 und einer D-21 zu einem weiteren Versuchsflug. Begleitet wurden sie dabei von der zweiten M-21, der Article 134. Bei Mach 3,3 sollte sich die D-21 vom Mutterflugzeug trennen. Unmittelbar nachdem sich die Drohne vom Trägerpylon gelöst hatte, rollte sie schlagartig nach rechts und schlug auf die M-21 auf, die daraufhin die Nase steil nach oben nahm, wodurch der Rumpfbug mit samt den Cockpits abbrach. Während die restliche Zelle in einer riesigen Wolke aus Treibstoff zu Boden ging, konnten sich die Testpiloten zunächst mit dem Schleudersitz retten und auf dem offenen Meer niedergehen. Torick hatte sich aber beim Absprung so verletzt, das er nicht in sein Schlauchboot klettern konnte. Da er auch sein Helmvisier geöffnet hatte, lief sein Anzug rasch voll Wasser und er ertrank. Bill Park hingen überlebte den Crash. Der schwere Unfall war der endgültige Auslöser für die Aufgabe des M-21/D-21-Gespanns. Johnson hatte schon vorher einen Luftstart mit der Boeing B-52 in Erwägung gezogen. Der Langstreckenbomber war für einen solchen Einsatz wegen seiner Schulterdeckerbauweise und seiner großen Nutzlastkapazität prädestiniert, er erreichte aber nur Unterschallgeschwindigkeiten – für einen Start der D-21 nicht genug. Folglich musste Lockheed eine Startrakete (Booster) entwickeln, die die Drohne beschleunigte. Der Booster hatte eine Länge von 16,18 m und einen Durchmesser von 92 cm, er wog 6.031 kg und gab für 87 Sekunden einen Schub von 12,4 Tonnen ab. Mittels des Boosters beschleunigte die D-21 auf Mach 1,5, so dass das eigene Triebwerk eingeschaltet werden konnte.

Das M-21/D-21-Gespann wird für den Start vorbereitet. Die Schubdüse der Drohne ist mit einer Plastikkappe abgedeckt, die erst vor dem Luftstart abgeworfen wird. (Foto: Lockheed)

US-Spionageflugzeuge

Für den Einsatz mit der B-52 musste die Drohne abgeändert werden. Sie erhielt Anschlüsse für den Booster unter dem Rumpf und Trägerhaken auf dem Rumpf. In dieser Form lautete ihre Bezeichnung D-21B. Der erste Start von einer B-52H aus erfolgte am 6. November 1969. Wegen eines Aussetzers am Booster kam es zu einem Fehlschlag. In den kommenden Monaten und Jahren wechselten sich Erfolge und Niederlagen in großer Regelmäßigkeit ab. Allem Anschein nach wurden die Einsätze mit der D-21B im Jahre 1971 eingestellt. Zuvor ist es wohl zu Aufklärungsflügen über stark verteidigte Ziele in Nordvietnam gekommen.

Die Existenz der Drohne kam erst 1977 ans Tageslicht, als Luftfahrtenthusiasten 17 D-21 auf dem Gelände der Davis Monthan AFB in Arizona entdeckten. Die Air Force Base dient seit Jahrzehnten als Abstellplatz für ausgemustertes Fluggerät der USAF. Wenngleich 30 Jahre seit Bekanntwerden der D-21 Entwicklung vergangen sind, hüllt sich die US Air Force nach wie vor über die Einsätze der Drohne in Schweigen. Sie bezeichnet sie lediglich als sehr erfolgreich.

Während sich die Skunk Works ausgiebig mit der D-21 beschäftigt hatten, nahmen zwei andere Entwicklungen Gestalt an, die auf der A-12 basierten. Es waren dies die YF-12 und die SR-71. Im Herbst

Ein zweites Cockpit sowie ein neu gestalteter Rumpfbug bilden die wesentlichen Unterscheidungsmerkmale zwischen dem Aufklärer A-12 und dem Jagdflugzeug YF-12A. (Foto: CIA)

1960 begannen die Arbeiten an einem Langstrecken-Abfangjäger, der aus großer Höhe den Luftraum überwachen und Angreifer bekämpfen sollte. Zunächst war daran gedacht, die siebte A-12 für diesen Zweck unter der Bezeichnung AF-12 umzubauen. Die Änderungen betrafen in der Hauptsache den Einbau eines Feuerleitsys-

Vier Luft-Luft-Raketen vom Typ AIM-47 Phoenix sollte die F-12 als Bewaffnung in separaten Rumpfschächten mitführen. (Foto: USAF Museum)

A-12, YF-12 und SR-71 – die phänomenale Blackbird-Familie

Am 1. Mai 1965 stellte die YF-12A mehrere Weltrekorde auf. (Foto: USAF Museum)

tems sowie die Einrichtung eines Cockpits für den Radarbeobachter. Kernelement des Feuerleitsystems war das von Hughes konstruierte Such- und Verfolgungsradar AN/ASG-18, das eigentlich für die North American F-108 bestimmt war und zusammen mit der ebenfalls von Hughes entwickelten Luft-Luft-Rakete AIM-47 (vormals GAR-9) Phoenix zum Einsatz kommen sollte. Nach der Aufgabe des F-108-Programms waren die beiden Systeme verwaist, so dass sich Hughes mit großer Zuversicht der AF-12 zuwandte.

Der Einbau des großen, rund 650 kg schweren Radars mit 102 cm-Antenne und des zweiten Cockpits machten umfassende Modifikationen des Rumpfbugs erforderlich, die sich – wie Windkanalversuche zeigten – nachteilig auf die Stabilität des Flugzeugs auswirkten. Als Gegenmaßnahme wurden kleine Flossen unter die Triebwerkgondeln gesetzt und eine weit größere unter dem Heck platziert. Aus Gründen der Bodenfreiheit bei Start und Landung ließ sich diese Flosse seitlich anklappen. Die sonst bis zur Rumpfspitze vorgezogenen Flügelvorderkanten hatten die Ingenieure auf Höhe des ersten Cockpits gerade abgeschnitten und hier Infrarot-Sensoren eingebaut.

Johnson versuchte parallel zur AF-12 auch noch eine Bombervariante unter dem Kürzel RB-12 in die Fertigung zu bringen, doch schlussendlich blieb es beim Versuch. Während sich die RB-12 nicht durchsetzen konnte, zeigte die US Air Force großes Interesse an der AF-12, von der sie drei Exemplare unter der neuen Bezeichnung YF-12A bestellte. Bereits im Dezember 1962 begann der Bau der Flugzeuge und schon am 7. August 1963 konnte Jim Eastham den Erstflug mit der YF-12A, Article 1001, Serial-Number 60-6934 von Groom Lake aus durchführen.

Nach dem US-Präsident Lyndon B. Johnson in einer Pressekonferenz vom 29. Februar 1964 einen kleinen Teil der geheimen A-12-Entwicklung gelüftet und das Flugzeug absichtlich mit der falschen Bezeichnung A-11 vorgestellt hatte, stand Lockheed unter Zugzwang. In seiner Rede hatte der Präsident erwähnt, dass sich eine Reihe von A-11 zur Erprobung auf der Edwards AFB befänden. Es war klar, dass die Medien nun nach Edwards ziehen würde, um weitere Informationen, insbesondere Fotos, zu erhalten. Tatsächlich gab die Air Force einen Pressetermin bekannt und so mussten in aller Eile zwei YF-12A nach Edwards verlegen. Um die Zahl der vorhandenen Flugzeuge zu verschleiern, erfolgte die Unterbringung der YF-12A sofort nach ihrer Landung in einem Hangar. Die Flugzeuge strahlten hier eine so große Hitze ab, dass die Sprinkleranlage auslöste und die Maschinen eine unbeabsichtigte Dusche erhielten!

Im Rahmen der Flugerprobung wurden die Abschüsse der AIM-47 mit großer Spannung erwartet. Noch kein Flugzeug zuvor hatte eine Lenkwaffe bei Mach 3+ aus einem Waffenschacht befördert und gestartet. In einem Vorversuch hatte ein Mach 2-Bomber vom Typ Convair B-58 Hustler erste Abschüsse durchgeführt, die aber wegen der geringeren Geschwindigkeit keine exakten Rückschlüsse auf den Einsatz mit der YF-12A zuließen. Ein erster nicht ganz erfolgreicher Ausstoßtest mit einer motorlosen AIM-47 gelang am 16. April 1964. Doch die Probleme bekam man in den Griff und auch sonst befand sich das Programm auf einem guten Weg. Am 9. Janu-

US-Spionageflugzeuge

ar 1965 konnte Jim Eastham für fünf Minuten Mach 3,23 erreichen. Lyndon B. Johnson hatte in seiner Pressekonferenz von den außergewöhnlichen Leistungen der A-11 gesprochen. Nun erwartete die amerikanische Öffentlichkeit Beweise. Am 1. Mai 1965 war es soweit – die erste und dritte YF-12A stellten folgende von der FAI anerkannte Weltrekorde in der Klasse C, Gruppe III auf:

24.463 m Höhe, Besatzung Col. Robert Stephens / Lt.Col. Daniel Andre

3.330 km/h auf der rechteckigen 15/25 km-Strecke, Besatzung Col. Robert Stephens / Lt.Col. Daniel Andre

2.717 km/h auf dem 500 km-Rundkurs, Besatzung Major Walter Daniel / Major Noel Walter

2.643 km/h auf dem 1.000 km-Rundkurs mit zwei Tonnen, einer Tonne und ohne Nutzlast, Besatzung Major Walter Daniel / Captain James Cooney

Neben diesen Rekorden gab es weitere Erfolgsmeldungen, die aber dem breiten Publikum verborgen blieben. In zahlreichen Versuchen war es gelungen, Drohnen in unterschiedlichen Höhen und bei verschiedenen Geschwindigkeiten abzuschießen. Ein Highlight war dabei der 28. September 1965, als eine AIM-47 bei Mach 3,2 in 22.860 m Höhe auf ein 67 km entferntes Ziel in 12.200 m abgefeuert wurde und die Drohne nur um 2 m verfehlte.
All dies bewog die US Air Force, Mittel für die Entwicklung eines Serienmodells, das die Bezeichnung F-12B erhielt, bereitzustellen und auch das AN/ASG-18, das noch nicht optimal auf die AIM-47 abgestimmt war, zu fördern. Lockheed offerierte seinerseits den Bau von 100 F-12B zum Stückpreis von 14 Millionen US-Dollar. Doch daraus wurde nichts. Die USAF favorisierte zwar nach wie vor das Muster, der neue US Verteidigungsminister Robert S. McNamara lehnte aber die Fertigung aus Kostengründen ab. Am 5. Januar 1968 kam das offizielle Aus für die F-12B, als die Air Force Lockheed eine entsprechende Nachricht übermittelte. Auch der angedachte Umbau von zehn A-12 und zehn SR-71 zu Jagdflugzeugen wurde nicht realisiert.
Bereits zu Beginn der A-12-Entwicklung war ein kleiner Kreis von NASA-Experten in die Windkanalversuche einbezogen worden. Mit großem Interesse verfolgte die Behörde den Werdegang des Flugzeugs, das zur Übernahme von Forschungsaufgaben besonders geeignet erschien. Nach der Einstellung der XB-70-und X-15-Flüge war der Lockheed-Jet das einzige verfügbare Mach 3-Flugzeug. Unter der Führung von Gene Matranga bemühte sich die NASA um die Maschine, jedoch ohne Erfolg. Lediglich eine SR-71 (61-7953) wurde kurzzeitig zur Verfügung gestellt, wobei die Zahl der eingebauten Messinstrumente und der Versuchsflüge gering blieb. Mit der Aufgabe des F-12B-Programms (Kodename Kedlock) änderte sich die Lage. Die NASA unterzeichnete am 5. Juni 1969 ein Abkommen mit der US Air Force. Danach überließen ihr die Luftstreitkräfte zwei YF-12A für diverse Testflüge im Hyperschallbereich. »Kelly« Johnson stand dem Ganzen sehr skeptisch gegenüber. Er befürchtete, dass die von der NASA veröffentlichten Berichte den Russen nutzen würden und außerdem sah er die Gefahr, dass die Leistung der Skunk Works in den Hintergrund rückte und sich die NASA mit falschen Lorbeeren schmücken könnte. Doch letztlich bot er der Behörde eine Zusammenarbeit an.
Der Vertrag sah zwei Phasen vor. In der ersten standen militärische Aspekte im Vordergrund. Dazu gehörten die Ermittlung der taktischen Leistungsdaten, die Prüfung des Feuerleitsystems, das Fliegen von Abfangeinsätzen gegen Luftziele, die Luft-Boden-Luft-Kommunikation, die Anforderungen an die Bodenorganisation und das Entwickeln von Rückzugmanövern nach einem Angriff. Aufgabe der NASA war es, die erforderlichen Test- und Aufzeichnungsgeräte mitsamt ihren Sensoren zu entwerfen und einzubauen. Der Schwerpunkt der zweiten Phase, die ab Frühjahr 1970 begann, lag auf Untersuchungen der Antriebssysteme, der Flugdynamik, der Flugeigenschaftskriterien und der Aerothermoelastik. Hinter diesem Begriff verbergen sich Fragen zu den Bereichen Wärmelasten, Wärmeschutzsysteme, Wirksamkeit der Trimm- und Steuerflächen und Probleme der Nickmomente.
Im März 1970 erfolgten die ersten Flüge der zweiten Phase mit der Serial-Number 60-6936 und der USAF-Besatzung Fritzhugh L. Fulton Jr. und Victor W. Horton. Nur einen Monat später kam die Serial-Number 60-6935 mit Donald L. Mallick und William R. »Ray« Young Jr. hinzu. Die dritte YF-12A war im Übrigen am 14. August 1966 bei einer Landung auf der Edwards AFB schwer beschädigt und demontiert worden. Wenn die NASA dennoch im Juli 1971 eine dritte YF-12 und zwar die YF-12C Serial-Number 06937 erhielt, so war dies ein Ablenkungsmanöver für den sowjetischen Geheimdienst. Tatsächlich handelte es sich bei dem Flugzeug um die SR-71A Serial-Number 61-7951, die einfach eine neue Identität und eine gefälschte Seriennummer erhalten hatte. Ob der sowjetische Geheimdienst KGB auf diesen Trick hereingefallen ist, dürfte mehr als zweifelhaft sein. Die YF-12C war als Ersatz für die YF-12A 60-6936 gedacht, die wegen eines Bruchs der Kraftstoffleitung und anschließendem Feuerausbruch am 24. Juni 1971 beim Landeanflug auf die Edwards Air Force Base abgestürzt war. Die Besatzung – Lt.Col. Ronald J. »Jack« Layton und Major Billy A. Curtis – konnte sich mit dem Schleudersitz retten.
Zurück zu den Testflügen. Das Interesse am Antriebssystem war hoch, ging es doch darum, eine Vielzahl von Fragen im Zusammenhang mit der Entwicklung eines amerikanischen Mach 3-Verkehrsflugzeugs zu klären. Ein solches Flugzeug müsste in verschiedenen Höhen und mit sehr unterschiedlichen Geschwindigkeiten operieren. Wie musste ein Lufteinlaufsystem beschaffen sein, das einerseits einen maximalen Druck, andererseits aber einen minimalen Widerstand erzeugt? Außerdem war das Verhältnis des Triebwerks zu seiner Masse, seiner Größe und seinem Verbrauch von Bedeutung. Viele Fragen ließen sich im Windkanal nur ungenügend be-

Die helle Beschriftung und das Hoheitskennzeichen bilden einen Kontrast zum weitgehend schwarzen Anstrich. Beachtenswert sind die roten Markierungen auf dem Tragwerk. Sie zeigen die Lage der Flügeltanks an und markieren zugleich den Bereich der nicht betreten werden darf. (Foto: USAF Museum)

antworten. Klarheiten konnten nur zusätzliche Testflüge bringen. Wie wichtig das Flugzeug war, sollten die kommenden Jahren zeigen. Die NASA widmete den YF-12-Versuchen nicht weniger als 50 wissenschaftliche Abhandlungen.

Die Aerothermoelastik wurden ebenfalls umfänglich untersucht. Dazu entstand das High Temperature Loads Laboratory (HTLL), dessen 16.430 Quarzlampen im Zusammenspiel mit 464 Stahlreflektoren die Flugzeugzelle von mehreren Seiten aus aufheizen konnte. Trotz des hohen Aufwandes ließ die Testanordnung Fragen offen. Dies lag daran, dass im Flug noch höhere Temperaturen erreicht wurden und außerdem erfolgten die Bodenversuche mit dem unbetankten Flugzeug, so dass der Kühleffekt des JP-7 Treibstoffs fehlte.

Es würde den Rahmen dieser Abhandlung sprengen und das Thema »US-Spionageflugzeuge« verfehlen, wenn alle NASA-Versuche detailliert dargestellt würden und so soll es bei einer kurzen Darstellung bleiben. Die YF-12 lieferten wertvolle Erkenntnisse für die Entwicklung des Space Shuttle, wobei die Simulation des Verhältnisses von Auftrieb zum Widerstand im Vordergrund stand. Aber auch für das damals geplante Mach 3-Verkehrsflugzeug der USA – SST (Super Sonic Transport) – lieferten die YF-12 zahlreiche Daten und Fakten, so erfolgten z.B. eine Reihe von Fahrwerksversuchen. Neben der Untersuchung der Rollverhaltens, das von der Masse des Flugzeugs,

US-Spionageflugzeuge

aber auch von der Beschaffenheit des Untergrundes abhängt, ging es auch um die Dämpfung des Fahrwerks. Sie trägt dazu bei, dass die Flugzeugzelle so gering wie möglich belastet und die Alterung des Flugzeugs reduziert wird.

Weitere Programme im Zusammenhang mit dem SST trugen die Bezeichnungen FLEXSTAB und NASTRA. Sie dienten zur Ermittlung der Aeroelastik und von Strukturanalysen. Für die NASTRA-Versuche wurden am Bug einer YF-12 zwei »Shaker Vanes« montiert. Das waren bewegliche Flächen ähnlich einem Nasenflügel, die Belastungen erzeugen konnten.

Abseits dieser Versuche gab es noch zahllose weitere Tests, von denen abschließend das Coldwall-Programm erwähnt werden soll. Bei diesem Experiment befand sich ein zylindrischer Körper von 42 cm Länge an einem Träger unter dem Flugzeug. Der Körper wurde durch Stickstoff extrem abgekühlt. Beim Erreichen von Mach 3 riss schlagartig die Ummantelung des Zylinders ab, wobei der aus rostfreiem Stahl gefertigte Körper unvermittelt einer hohen Wärmebelastung ausgesetzt wurde. Zweck des Versuchs war es unter anderem, den Wärmetransfer zu ermitteln. Bei einem der Versuchsflüge löste sich die Heckflosse von der YF-12 und schlug gegen das Tragwerk, wo-

Die Aufnahme entstand während des »Coldwall«-Experiments. Der Behälter mit der Testanlage ist deutlich unter dem Rumpf zu erkennen. (Foto: NASA)

durch ein Leck in der Tankanlage entstand. Es gelang der Besatzung, das Flugzeug trotz des schweren Zwischenfalls sicher zu landen.

Die US Air Force zeigte an der vom CIA genutzten A-12 großes Interesse. Sie selbst benötigte einen überlegenen Langstreckenaufklärer und so lag der Gedanke nahe, die A-12 für die Zwecke der Luftstreitkräfte abzuändern und sich von der CIA unabhängig zu machen.

»Kelly« Johnson hatte bereits bei Beginn der A-12-Entwicklung an verschiedenen Varianten des Flugzeugs gearbeitet, so dass ihn die Aufforderung der USAF, eine Aufklärerausführung und ein kombiniertes Aufklärungs- und Angriffsflugzeug zu konzipieren, nicht unvorbereitet traf. Aufgrund der im März 1962 von der Air Force in Auftrag gegebenen Studie ließ Johnson zwei Attrappen fertigen, die als R-12 und RS-12 bezeichnet wurden, wobei die Buchstaben für »Reconnaissance« und »Strike« standen.

Die geleisteten Vorarbeiten zahlten sich aus. Bereits im Mai 1962 konnte die Air Force die Attrappen besichtigen. Wesentliche Unterschiede zur A-12 ergaben sich durch den Einbau eines zweiten Cockpits und der damit verbundenen Änderungen im Bereich der Tankanlage und der Sensor- und Kameraschächte. Der Rumpf wurde zur Beibehaltung der Tankkapazität etwas verlängert. Damit die Stabilität erhalten blieb, musste der Rumpfbug neu gestaltet werden. In ihrer ursprünglichen Form war die R-12 ein schweres Flugzeug mit einer Startmasse von annähernd 70 Tonnen. Davon entfielen rund zwei Tonnen auf die Aufklärungspakete. Angesichts dieser Masse steuerte die Air Force gegen und reduzierte die Aufklärungstechnik auf 700 kg.

Am 18. Februar 1963 orderten die Luftstreitkräfte unter der Kodebezeichnung »Senior Crown« sechs Flugzeuge und erklärten zugleich die Absicht, weitere 25 R-12 zu bestellen. Die USAF hatte die Gewohnheit, ihre Muster durchlaufend zu nummerieren, wobei auch Projekte und Prototypen mit einbezogen wurden. Aktuellstes Flugzeug war zu dieser Zeit die North American XB-70 Valkyrie, die als B-70 bzw. RS-70 in den Dienst genommen werden sollte, letztlich aber aufgegeben wurde. Die R-12 erhielt nach diesem Schema die Air Force Bezeichnung RS-71. Angeblich war es US Präsident Lyndon B. Johnson, der auf einer Pressekonferenz die Buchstaben vertauschte und aus RS-71 SR-71 machte. Wie dem auch sei, fortan wurde das Muster als SR-71 geführt.

Die Fertigung der ersten Flugzeuge verlief langsamer als geplant. Grund war der Mangel an Titan und so dauerte es bis Ende Oktober 1964, ehe die erste SR-71 (Article 2001) per LKW von Burbank nach Palmdale zur endgültigen Fertigstellung transportiert werden konnte. Am 22. Dezember 1964 war es dann soweit. Lockheeds Cheftestpilot Bob Gilliand startete von Palmdale aus zum Erstflug, bei dem er mehr als 1.600 km/h erreichte. Für einen Jungfernflug sehr bemerkenswert. Die Flugerprobung verlief ohne große Probleme. Dies war auch nicht verwunderlich, hatte die A-12 doch erhebliche Vorarbeit geleistet. Dennoch nahmen die Dinge einen anderen Verlauf als erwartet. Fertigungsprobleme bereiteten Ärger und sorgten für Verzögerungen. Insbesondere die Bereiche Elektrik und Tankversie-

Blick in die SR-71-Fertigung. (Foto: CIA)

gelung erwiesen sich als neuralgische Punkte bei der Herstellung.

Als erste SR-71 übernahm die US Air Force das siebte Flugzeug der Produktion – eine SR-71B – und damit zugleich die erste Trainerversion, die sich durch ein überhöht angeordnetes zweites Cockpit von der SR-71A unterschied. Das Flugzeug ging an die 4200th SRW (Strategic Reconnaissance Wing) auf der Beale AFB in Kalifornien. Die Einheit wurde später in 9th SRW umbenannt. Sie verfügte mit der 1st und 99th SRS (Strategic Reconnaissance Squadron) über zwei Staffeln. Hauptaufgabe der Einheit war es, das Muster einsatzklar zu machen. Neben dem Abarbeiten von Trainingseinsätzen – dazu gehörte auch die Luftbetankung durch KC-135Q-Tanker – musste auch die Bodenorganisation auf die SR-71 ausgerichtet werden. Zu diesem Zweck hatte die Air Force ihre fähigsten Bodenmannschaften nach Beal abkommandiert und die SR-71A-Besatzungen in speziellen Auswahlverfahren ausgesucht, wobei die meisten Besatzungen von B-58-Einheiten und in weit geringerem Umfang von B-52 und U-2-Verbänden kamen.

Der erste schwere Unfall mit einer SR-71A ereignete sich am 25. Januar 1966 mit der Article 2003. In rund 23.000 m trat bei Mach 3,17 während eines 15°-Kurvenflugs eine Fehlsteuerung innerhalb des Luftkanals des rechten Triebwerks auf. Die Luftzufuhr stockte schlagartig, da sich die Luftströmung gedreht hatte. Die Querneigung des Flugzeugs änderte sich dadurch von 35 auf 60° und die SR-71A nahm die Nase hoch. Die ruckartige Bewegung führte zum Abbrechen des Rumpfbugs mit den beiden Cockpits. Flugzeugführer Bill Weaver erwachte am Fallschirm hängend aus seiner Ohnmacht. Sein Druckanzug hatte sich entfaltet, die Sauerstoffversorgung funktionierte und er schwebte langsam nach unten. Da sein Helmvisier vereist war, hatte er zunächst keine Sicht, doch das war kein großes Problem. Mit abnehmender Höhe konnte Weaver das Visier frei kratzen. Er setzte sicher auf dem Boden auf und war sehr überrascht, dass er hier schon erwartet wurde. Ein Farmer hatte den Unfall beobachtet und war mit seinem Hubschrauber zu Hilfe geeilt. Während Weaver sofort ins Krankenhaus gebracht wurde und keine wesentlichen Verletzungen aufwies, hatte sein Radaroperator Jim Zwayer kein Glück, er war bei dem Unfall zu Tode gekommen. Noch heute ist es ein Rätsel, wie Weaver vom Flugzeug frei kommen konnte. Seinen Schleudersitz fand der Bergungstrupp unbetätigt in der SR-71 vor!

Die Einführung des hochmodernen Musters in den Dienst der US Air Force entsprach einem Quantensprung, der schrittweise bewältigt werden musste. Drei Phasen wurden dazu eingeplant. Zunächst Stufe 1: Hier ging es um die Sicherheit der SR-71 und die Funktionsfähigkeit sämtlicher Systeme einschließlich der Aufklärerpakete. Drei Probleme standen im Vordergrund: undichte Tankanlage, ungenügende Reichweite und die Überhitzung verschiedener Geräte und Anlagen. Nur sehr mühsam gelang es, die Dinge in den Griff zu bekommen und die Mängel abzustellen. Die gewonnenen Erkennt-

Die Frontansicht verdeutlicht die neue Bugform der SR-71. (Foto: USAF Museum)

nisse führten zu einigen Änderungen, von denen der Rumpfbug besonders hervorsticht. Er wurde zur Verbesserung der Stabilität um 2° nach oben gebogen.

In die zweite Stufe waren drei Flugzeuge eingebunden. Sie erstreckte sich von 1965 bis Anfang 1967 und umfasste zahlreiche Flüge zu USAF-Stützpunkten im Ausland. Mit der Auslieferung der letzten von insgesamt 31 SR-71A im Jahre 1967 begann die dritte Stufe, in der die Geschwindigkeit von zunächst Mach 2,6 auf Mach 2,8 und Mach 3 und schließlich Mach 3,2 gesteigert wurde. Unter diesen Voraussetzungen konnten die ersten echten Aufklärungseinsätze beginnen. Dabei stand Nordvietnam im Fokus der Flüge. Am 21. März 1968 starteten Major Jerry O´Malley und Captain Ed Payne mit der 61-7976 von der Kadena AFB auf Okinawa zum ersten scharfen Einsatz. Zu dieser Zeit hatte das Flugzeug das Interesse der Inselbewohner auf sich gezogen, die die SR-71 wegen ihrer Ähnlichkeit mit einer auf Okinawa weit verbreiteten Schlange »Habu« nannten. Der Name bürgerte sich schnell bei den Besatzungen ein und schon bald trugen die SR-71 ein entsprechendes Motiv am Seitenleitwerk. Neben Habu tauchte ab den 70er-Jahren ein weitere Begriff für die SR-71 auf, der bis heute Bestand hat: »Blackbird«. Grund für den Namen war der vollkommen schwarze Anstrich, der gleichzeitig als Wärmeschutz diente. Bei der Vorstellung des schwarzen Flugzeugs trat die Frage nach dem Nationalkennzeichen auf, das nach internationalen Bestimmungen deutlich sichtbar sein musste, was aber bei der SR-71 nicht der Fall war. Ben Rich beantwortet kritische Anmerkungen zu diesem Thema mit der lapidaren Feststellung »wem kann die SR-71 auf ihrer Einsatzhöhe denn begegnen?«. Doch zurück zum 21. März 1968. Die SR-71 flog in 23.800 m Höhe und Mach 3,17 in den Luftraum von Nordvietnam ein. Ziele waren Haiphong, Hanoi und Umgebung. Die Radarstellungen der stark verteidigten Gebiete erfassten das Flugzeug und aktivierten die SA-2 Flugabwehrraketen. Die Aktionen blieben der SR-71-Besatzung nicht verborgen, mittels ihrer ECM-Geräte störten sie die gegnerische Flugabwehr so stark, dass diese lahm gelegt wurde. Nach zwölf Minuten war der erste Teil des Einsatzes erledigt. Die Blackbird verließ Nordvietnam, um über dem Meer nachzutanken. Dann drang der Aufklärer in das Gebiet der demilitarisierten Zone, die zwischen Nord- und Südvietnam existierte, ein. Hier ging es vorrangig darum zu prüfen, ob sich im dichten Dschungel Truppen aufhielten. Zu diesem Zweck führte die SR-71 ein Seitenblick-Radar (SLAR) mit, das hervorragende Ergebnisse lieferte. Nachdem der Auftrag erledigt war, flog die Crew nach Kadena zurück. Doch der Platz lag unter einer dichten Nebelschicht. Der Versuch mittels der GCA-Landehilfe (Ground Controlled Approach) zu landen, misslang. Es blieb nicht anderes übrig, als auf einem Ausweichplatz zu landen und so wurde Ku Kuan auf Taiwan (früher Formosa) angeflogen. Dabei sollte die Identität des Flugzeuges möglichst lange verschwiegen werden. Kurzer Hand wurde die Blackbird zum Tanker deklariert und ein ungewöhnliches Landemanöver durchgeführt. In dichtem Abstand landeten zunächst ein KC-135 Tanker, dann die SR-71 und eine weitere KC-135. In geschlossener Formation rollte das Trio zum nächsten freien Hangar. Bevor die Blackbird dort geparkt werden konnte, vergingen rund 30 Minuten, da die Halle erst freigeräumt werden musste. Für einige hundert Einheimische Zeit genug, den ungewöhnlichen Besucher in Augenschein zu nehmen. Bis zur Rückkehr nach Okinawa sollten noch zwei Tage vergehen.

Die drei, später vier in Kadena stationierten SR-71 führten regelmäßig Einsätze über Vietnam durch. Überwiegend verliefen sie so wie

Eine SR-71 unmittelbar nach der Luftbetankung. Kraftstoffreste aus der Betankungssonde sind als blaue Streifen erkennbar. (Foto: Lockheed)

bei der allerersten Mission, bei der der Einsatz zweigeteilt war. Flüge dieser Art wurden von den Besatzungen als »double loop« bezeichnet. Über verschiedene Kanäle hatten die USA Erkenntnisse über eine neue sowjetische Luft-Boden-Lenkwaffe, die SA-5 Gammon erhalten. Eine solche Rakete stellte prinzipiell eine Gefahr für die SR-71 dar. Um diese abwehren zu können, mussten authentische Daten zur Radarlenkung der Waffe ermittelt werden. Am 27. September 1971 drang eine Blackbird unter der Führung der Majore Bob Spencer und Butch Sheffield in den Luftraum über Wladiwostok ein und versetzte die sowjetische Luftabwehr in höchsten Alarm. Kaum war die nur wenige Minuten dauernde Aktion beendet, da geriet die SR-71 Crew in ernste Probleme. Fehlender Öldruck zwang zum Abschalten des rechten Triebwerkes und zur Reduzierung der Reisegeschwindigkeit auf Mach 0,9. An eine Rückkehr zur Kadena AFB war nicht zu denken, so dass ein Ausweichplatz in Südkorea angesteuert wurde. In dieser Situation stiegen nordkoreanische Abfangjäger auf. Die Amerikaner setzen daraufhin einige F-102 Delta Dagger ein, die sich zwischen die koreanischen MiGs und die SR-71 setzten, worauf die Blackbird unbehelligt in Südkorea landen konnte.

Die Ausbeute des Flugs war Gold wert. 290 verschiedene Radarsysteme – darunter erstmals das der SA-5 – konnten erfasst und analysiert werden. Zu dieser Zeit war es noch nicht möglich, die Daten und Fotografien vor Ort auszuwerten. In einem zeitraubenden Verfahren mussten die Ergebnisse der Einsätze an Auswertungsstellen auf dem amerikanischen Festland, nach Honolulu oder nach Tokio weitergeleitet werden. 1972 änderte sich dies. Mit der Einführung des Mobile Processing Center – auch Blue Box genannt – konnte die Auswertung in Kadena erfolgen und der US Präsident binnen vier Stunden von den Ergebnissen der jeweiligen Aufklärungsflüge unterrichtet werden.

In den kommenden Jahren wurden von Kadena aus immer wieder Flüge bis an die Grenzen der Sowjetunion durchgeführt, wobei verschiedene Anflugverfahren gewählt wurden. Die SR-71 flog entweder direkt auf die Grenze zu und dreht kurz vorher ab, oder sie flog an der Grenze entlang. In einem Fall kamen zwei Blackbirds zum Einsatz. Sie flogen an der Grenze entlang mit Mach 3 aufeinander zu. Der seitliche Abstand betrug dabei nur 5 km. All diese Flüge waren sehr erfolgreich. Die Crews brachten stets große Datenmengen und aussagekräftiges Bildmaterial nach Hause.

Ab Frühjahr 1972 hatte die Bombenoffensive* der USA gegen Nordvietnam ungeahnte Ausmaße angenommen. Dennoch blieben die B-52-Einsätze ohne erkennbaren Erfolg. Im Gegenteil. Die Flugabwehr forderte einen so hohen Blutzoll, dass die Taktik überarbeitet werden musste. Neben einigen B-52, die mit ECM-Geräten ausgestattet waren, wurden auch die SR-71 zur Unterdrückung der Luftabwehr eingesetzt. Eine Aufgabe, die hervorragend gelöst wurde. Alles in allem flogen die SR-71 mehr als 600 Einsätze im Gebiet von Vietnam. Mehrfach wurden dabei SA-2-Raketen auf die Aufklärer abgefeuert, ohne dass sie Schaden anrichten konnten. Einige der SA-2 wurden im Übrigen von den Besatzungen beim Anflug auf die SR-71 mittels der Periskope gesehen, so dass auch Ausweichmanöver geflogen wurden.

Wenngleich die Blackbirds wertvolle Ergebnisse lieferten, konnten sie den Verlauf des Kriegsgeschehens nur bedingt beeinflussen und an der amerikanischen Niederlage – die mit dem Vertrag von Paris am 27. Januar 1973 besiegelt wurde – nichts ändern.

Anfang der 70er-Jahre war die SR-71 zum Maß aller Dinge geworden. Als das Tactical Air Command (TAC) der US Air Force ihr neues Hochleistungsjagdflugzeug F-15 Eagle erhielt, brannten die Kommandeure darauf, es mit der SR-71 zu vergleichen. Bei simulierten Abfangeinsätzen trafen die Flugzeuge aufeinander. Die Blackbird-Crews gingen auf 21.500 m herunter, drosselten ihre Geschwindigkeit auf Mach 2,85 und ließen kurz Kraftstoff ab, um ihre Position sichtbar zu machen. Als sich die Eagle-Besatzungen damit brüsteten, sie hätten SR-71 »abgeschossen«, machten die Blackbirds ernst. Sie blieben auf ihrer Maximalhöhe, flogen mit Mach 3,2 und gaben sich nicht mehr zu erkennen. Nun hatten die F-15 das Nachsehen, nicht eine einzige SR-71 konnte erfasst werden.

Am 6. Oktober 1973 griffen Ägypten und Syrien in einer Überraschungsaktion Israel an. Da an diesem Tag das jüdische Yom Kippur Fest gefeiert wurde, gingen die Kampfhandlungen als Yom Kippur-Krieg in die Geschichte ein. Der Überfall war gut geplant und fand durch die damalige Sowjetunion Unterstützung. Die Russen starteten drei Cosmos-Spionage-Satelliten, die den Angreifern wichtige Erkenntnisse lieferten. In dieser Situation sahen sich die USA zum Handeln verpflichtet. Neben der schnellen Lieferung von Waffen und Material kam auch die SR-71 zum Einsatz. Zu diesem Zeck verlegten Flugzeuge von der Beale AFB zur Griffis AFB, einem Blackbird-Ausweichplatz, im Staat New York. Der Nachtflug sollte für Ärger sorgen, die erste SR-71 belegte während des Überschallflugs einen breiten Geländestreifen mit dem für sie typischen doppelten »Überschallknall«. Allenthalben fragten besorgte Bürger bei der Air Force und diversen Behörden nach dem Grund für die Ruhestörung. Aus Gründen der Geheimhaltung gab es aber keine klare Antwort und so rätselt auch die Presse über die Ursache und verstieg sich in die Meinung, dass ein Meteorit niedergegangen sei.

Der Einsatz über Nahost wurde minutiös geplant. Dies musste auch so sein, da von der Luftnachbetankung der Erfolg der Mission ab-

---

* Unter dem Kodenamen »Linebacker« begann die USAF im Mai 1972 von Guam aus die Bombardierung Nordvietnams. Der zeitlich begrenzte Einsatz wurde unter der Bezeichnung »Linebacker II« in der Zeit vom 18.–29.12.1972 wieder aufgenommen. Von den geplanten 741 Einsätzen führten die B-52D/G 729 durch. Sie richteten sich gegen Hanoi und Haiphong und hatten den Tod von 2.000 Zivilisten zur Folge. In die Aktion waren auch Jagdflugzeuge und Jagdbomber der USAF, der US Navy und der US Marine eingebunden. Die Nordvietnamesen schossen 15 B-52 und zehn weitere Kampfflugzeuge ab.

hängig war. KC-135Q Tanker standen im britischen Mildenhall und im spanischen Saragossa bereit, um die SR-71 mit JP-7 zu versorgen. Mit Dauern von mehr als zehn Stunden gehörten die Aufklärungsflüge über Ägypten, Jordanien und Syrien zu den längsten in der Geschichte des Flugzeugs. Wenngleich die Kampfhandlungen am 18. Januar 1974 beendet waren, wurden die Flüge bis zum 6. April 1974 fortgeführt. Zu keiner Zeit gab es für die SR-71 bedrohliche Situationen. Der insgesamt neun Flüge umfassende Einsatz verlief ungestört von gegnerischen Aktionen.

Nach der Yom Kippur-Mission (Kodename »Giant Reach«) hatte die US Air Force Zeit für neue Rekordflüge. Am 1. September 1974 legten die Majore James Sullivan und Noel F. Widdifield mit der 61-7972 die 6.463 km lange Strecke von New York nach London in einer Stunde, 54 Minuten und 56,4 Sekunden zurück. Den Rückflug führten am 13. September Capitain Harold B. Adams und Major Williams C. Machorek durch. Diesmal führte der Weg von London nach Los Angeles. Für die Distanz von 10.454 km wurden drei Stunden, 47 Minuten 35,8 Sekunden benötigt.

Aus den Erfahrungen der Einsatzflüge heraus schien die Mitführung zusätzlicher Ausrüstung, insbesondere einer nach hinten gerichteten ECM-Anlage, sinnvoll. Lockheed entwickelte daraufhin die »Big Tail«-Konfiguration. Dabei handelt es sich um einen Heckstachel von etwa 2,70 m Länge, der Lasten von bis zu 392 kg aufnehmen konnte und sich um 8,5° nach oben und unten bewegen ließ. Damit wurde eine ausreichende Bodenfreiheit bei Start und Landung erreicht und außerdem diente Big Tail zur Trimmung. Die 61-7959, Article 2010, wurde entsprechend umgebaut von Lockheed-Testpilot Darrell Greenamyer am 3. Dezember 1975 eingeflogen. Das Flugprogramm umfasste an diesem Tag zwei Abschnitte, bei denen insgesamt zwei Stunden und 15 Minuten mit Mach 3 und mehr geflogen wurde. In der Folgezeit kam es zu weiteren Flügen, wobei unterschiedliche Ausrüstung, darunter auch Kameras, im Big Tail zum Einbau gelangten und sich der Umbau rundum bewährte. Dennoch unterblieb eine Serieneinführung und auch neue Varianten der SR-71, wie eine Angriffsversion mit gesteuerten Eisenbomben, blieben auf dem Reißbrett.

In der Zeit vom 27. bis 28. Juli 1976 führte die US Air Force einige Weltrekordflüge durch mit dem Ziel, verschiedene Rekorde der russischen MiG-25 zu brechen. Ein Unterfangen, das von Erfolg gekrönt war und folgende Ergebnisse brachte:

Absoluter Höhenweltrekord für horizontal fliegende Flugzeuge
25.929,031 m; Besatzung: Captain Robert C. Helt und Major Larry A. Elliott

Absoluter Geschwindigkeitsweltrekord auf der 15/25 km-Strecke
3.528,8 km/h; Besatzung: Captain Eldon W. Joersz und Major George T. Morgan Jr.

Die SR-71 Article 2010 Serial-Number 61-7959 war das einzige Flugzeug mit »Big Tail«-Heck. (Foto: Lockheed)

US-Spionageflugzeuge

Absoluter Geschwindigkeitsweltrekord auf dem 1.000 km-Rundkurs
3.366,5 km/h; Besatzung: Majore Adolphus H. Bledsoe Jr. und John T. Fuller.

Das Jahr 1976 brachte eine Überraschung mit sich, die für die Luftrüstung der USA von großer Bedeutung war. Am 6. September des Jahres lief der russische Pilot Victor Belenko über und landete mit seiner MiG-25P Foxbat in Hokaido, Japan. Der CIA hatte den Coup von langer Hand vorbereitet. Er bescherte den Amerikanern nicht nur Einblick in die modernste Technik der UdSSR, sondern auch einige höchst informative Aussagen des Flugzeugführers, der sich auch zur SR-71 äußerte. Danach konnten die Russen das Flugzeug nicht abfangen. Den Jagdflugzeugpiloten wurde empfohlen, in einer Kette von vier Flugzeugen so hoch wie möglich zu steigen, dann ihre Maschinen hochzureißen und ihre Raketen abzufeuern in der Hoffnung, einen Treffer zu landen.

Unter US Präsident Carter hatte sich das Klima zwischen den USA und Kuba geringfügig verbessert. Aus diesem Grund führte die USAF keine Aufklärungsflüge mehr über der Insel durch, es erfolgte aber eine Überwachung durch Satelliten. 1978 entdeckte ein solcher, dass die Russen Schwenkflügelkampfflugzeuge vom Typ MiG-23 Flogger an Kuba geliefert hatten. Unklar war, um welche Baureihe es sich handelte. In der Version BN war die MiG in der Lage, Atombomben einzusetzen. Das wäre ein klarer Verstoß gegen die 1962 geschlossenen Abkommen gewesen, wonach Kuba über keine Offensivwaffen verfügen durfte. Die Sowjetunion versicherte zwar, dass sie nur Abfangjäger geliefert hätte, doch die Amerikaner gaben sich damit nicht zufrieden. Unter den Kodenamen »Giant Plate« und »Clipper« führten sie ab November 1978 wieder Aufklärungsflüge über Kuba mit der SR-71 durch, die dann die sowjetischen Angaben bestätigten, so dass keine weiteren Maßnahmen ergriffen wurden.

Von jeher standen und stehen Mittel- und Südamerika im Fokus der amerikanischen Außenpolitik, wobei die verschiedenen amerikanischen Geheimdienste eine oftmals unrühmliche Rolle spielten. Als 1984 der Diktator Somoza in Nicaragua gestürzt worden war und die Marxisten die Macht übernommen hatten, oblag es den SR-71 Aufklärern zu prüfen, welche Lieferungen Nicaragua aus der Sowjetunion erreichten.

Die Lage in Nahost führte immer wieder zum Eingreifen der USA. Neben den Konflikten um Israel gab es hier noch andere Krisenherde. Im Frühjahr 1979 drohte ein Krieg zwischen dem kommunistischen Jemen und dem an den USA orientierten Saudi-Arabien. Im März verlegte daraufhin eine Blackbird von der Beale AFB nach Mildenhall in Großbritannien, um einen Einsatz über dem Krisengebiet durchzuführen. Kurz nach dem Start erfolgte in der Nähe von Land's End die erste Nachbetankung. Nachdem Frankreich seinen Luftraum für solche Flüge gesperrt hatte, führte die Flugstrecke an

SR-71 Dreiseiten-Zeichnung (Zeichnung: Ralf Swoboda)

A-12, YF-12 und SR-71 – die phänomenale Blackbird-Familie

der spanischen Küste entlang. An der Straße von Gibraltar fand dann der nächste Tankerkontakt statt und schließlich wurde nach dem Überflug des Suez-Kanals nochmals Treibstoff aufgenommen. Im Zielgebiet gab es dann eine Panne, als die automatische Zielvorwahl versagte und der Kurs manuell gewählt werden musste. Dennoch konnte die Mission erfolgreich abgeschlossen werden. Nach einer weiteren Betankung flogen Buzz Carpenter und John Murphy nach Mildenhall zurück, wo ihnen ein großer Empfang bereitet wurde. Dabei überreichte der stellvertretende Chef der 9th SRW Buzz Carpenter eine braune SR-71-Krawattennadel in Anspielung auf eine Durchfallerkrankung, die sich bereits bei der ersten Betankung bemerkbar gemacht, aber den Einsatz nicht gefährdet hatte.

Am Beispiel dieses Fluges wird deutlich, welche Bedeutung die Tankerflotte der US Air Force für die SR-71-Einsätze hatte. Ohne sie wären die Blackbird-Missionen nicht möglich gewesen. Zu Beginn der A-12-Flugerprobung erfolgte der Umbau von etwa 20 KC-135A zur Sonderversion KC-135Q. Später folgten weitere, so dass sich die Zahl der Umbauten auf insgesamt 56 belief. Das Flugzeug führte neben 49.896 kg JP-4 – das für seine Eigenversorgung benötigt wurde – 33.788 kg JP-7 mit. Es verfügte über ein zusätzliches UHF-Funkgerät, ein AN/ARN-90 TACAN-Navigationsgerät und einen AN/ARC-50-Entfernungsmesser mit einer Reichweite von etwa 1.120 km. Ab 1980 kam noch ein System für Satelliten-Kommunikation hinzu.

Die A-12/SR-71 starteten in der Regel mit 55–60 % Kraftstoff an Bord. Eine Vorsichtsmaßnahme für den Fall das ein Triebwerk beim Start ausfallen sollte – das Flugzeug ließ sich bei geringer Startmasse besser beherrschen. Dies bedeute aber, dass die erste Luftbetankung rasch erfolgen musste. Da die Blackbird bis dahin im Unterschallbereich operiert hatte sprachen die Besatzungen von einer »kalten« Betankung bei der die Treibstofftanks noch einige Leckstellen aufwiesen. Erfolgte eine Nachbetankung nach einem Mach 3-Flug, so wurde sie als »heiß« bezeichnet. In allen Fällen gab es zwischen den Mannschaften nur minimalen Funkverkehr, um die Geheimhaltung des Einsatzes zu wahren. Und auch mit Lichtzeichen wurde sparsam umgegangen. Um den Aufklärern das Auffinden der Tanker zu erleichtern, setzen die KC-135Q einen kleinen Kraftstoffstrahl ab, der wie eine kleine Wolke aussah. Der Tankvorgang erfolgte in Höhen von rund 8.000 m mit 355 Knoten. Sowohl Höhe als auch Geschwindigkeit waren für die SR-71 nicht ideal. Bei einer Volltankung musste im Normalfall ein Triebwerk im Nachbrennerbetrieb laufen, um das schwere Flugzeug auf Geschwindigkeit zu halten.

Nachdem viele Jahre lang nur die KC-135 dafür verfügbar gewesen war, konnte ab den 80er-Jahren mit der KC-10 ein neues, leistungsstarkes Muster in die Versorgung eingebunden werden. Es transportierte die doppelte Menge an Kraftstoff, flog in mehr als 10.000 m und erreichte 435 Knoten. Vom Einsatz der KC-10 profitierte die

Das Nachtanken in der Luft gehörte routinemäßig zu jedem Blackbird-Einsatz oder Trainingsflug. (Foto: CIA)

US-Spionageflugzeuge

SR-71 aber nur wenig, da die KC-10 anderweitig benötigt wurde, noch genügend KC-135Q vorhanden waren und gleichzeitig die SR-71 Missionen mehr und mehr abnahmen.

Am 24. September 1980 kam es zu ersten Kampfhandlungen an der irakisch-iranischen Grenze, die sich zu einem langjährigen Krieg ausweiten sollten. Als am 18. Mai 1987 die Fregatte USS Stark von irakischen Mirage F.1 mit Exocet-Raketen angegriffen und schwer beschädigt wurde, hatte der Kampf eine neue Qualität erhalten. Die US-Flotte, die bei dem angeblich versehentlichen Angriff 28 Tote zu beklagen hatte, sah sich durch den Einsatz modernster Lenkwaffen bedroht. Als die Geheimdienste davon berichteten, dass China die Anti-Schiffs-Lenkwaffe »Silk Worm« an den Iran liefern wollte, rief dies die SR-71 auf den Plan, die ab dem 22. Juli 1987 vier Langstreckeneinsätze von je elfstündiger Dauer gegen den Iran durchführte.

In all den Einsatzjahren konnte immer wieder die Ausrüstung verbessert werden. Ein sehr großer Schritt in diese Richtung war die Einführung des Advanced Synthetic Aperature Radar System (ASARS-1) der Firma Loral, das ab 1983 zum Einbau kam und gestochen scharfe Bilder der Erdoberfläche lieferte. Wenngleich seitdem 25 Jahre vergangen sind, obliegen Einzelheiten zum ASARS-1 noch heute strikter Geheimhaltung. Ein Beweis für die fortschrittliche Auslegung des Systems.

Während zwischen dem Iran und dem Irak schwere Kämpfe tobten, machte Libyen eine Front gegen die USA auf. Nicht in offener Form, sondern wie der CIA meinte, durch eine Reihe von Terroraktionen. Zu den bekanntesten gehörte sicher der Anschlag auf die vorwiegend von Amerikanern besuchte Diskothek »La Belle« in Berlin vom 4. auf den 5. April 1986, bei dem drei Menschen getötet und 200 verletzt wurden. Das Attentat zog einen Luftschlag der US Navy

A-12, YF-12 und SR-71 – die phänomenale Blackbird-Familie

und US Air Force gegen die libyschen Städte Benia und Tripoli nach sich. Unter dem Namen »Operation Eldorado Canyon« griffen am 15. April 1986 18 F-111 und einige Flugzeuge der US Navy an. Das Ergebnis der Attacken sollte die SR-71 auswerten. Zwei Blackbirds, eine als Reservemaschine, führten den Einsatz ohne jegliche Gegenwehr von Mildenhall aus durch. Der britische Stützpunkt war schon seit langem eine viel frequentierte Basis für SR-71-Operationen. Die von dort erfolgten Einsätze richteten sich bevorzugt gegen Ziele in der Barentsee und Flottenstützpunkten wie Murmansk.

Gleichwohl wurde in den 80er-Jahren mehr und mehr deutlich, dass die Zeit für die SR-71 abgelaufen war und auch eine Modernisierung des Musters daran nichts ändern würde. Der Zusammenbruch des kommunistischen Systems und die damit verbundene Auflösung der Sowjetunion machte es den westlichen Geheimdiensten sehr einfach, die verschiedenen Länder zu infiltrieren und relativ leicht an Informationen zu kommen. Parallel dazu zeigten sich die betroffenen Staaten nun zugänglicher. So wurden z.B. Reisebeschränkungen aufgehoben, Archive zugänglich gemacht und die Informationspolitik westlichen Verhältnissen angepasst.

Flugzeuge wie die U-2R und RC-135 verfügen über hochmoderne Sensoren von großer Reichweite. Sie können länger im Zielgebiet verbleiben, ohne allzu dicht an die Grenzen heranfliegen zu müssen. Vorzüge die die SR-71 nicht aufweisen konnte. Hohe Betriebskosten und verbesserte Spionagesatelliten trugen das ihre zur Ausmusterung der SR-71 bei. Am 26. Januar 1990 wurde die Blackbird im Rahmen einer Feierstunde auf der Beale AFB aus dem Dienst in der US Air Force verabschiedet.

Einziger SR-71-Einsatzverband war die auf eben genannter Beale AFB in Kalifornien beheimatete 9th SRW (Strategic Reconnaisance Wing), die aus der 4200th SRW hervorgegangen war. Das Geschwa-

Die Seitenansichten zeigen deutlich die Unterschiede zwischen der SR-71A und B auf. (Fotos: NASA)

US-Spionageflugzeuge

der operierte weltweit und verfügte über folgende Detachments:
Det.1 Kadena AFB, Okinawa
Det.2 Edwards AFB, Kalifornien
Det.4 RAF Station Mildenhall, Großbritannien
Det.5 Eielson AFB, Alaska
Det.6 (vormals Det.51) Palmdale, Kalifornien
Dat.8 Diego Garcia, Inselgruppe auf dem Gebiet des British Indian Ocean Territory
Dat.9 Griffis AFB, Rome, New York
sowie die Ausweichplätze Seymour Johnson AFB, Warner-Robins AFB, Georgia und Bodo, Norwegen.

Anzumerken ist, dass ausländische Basen mit dem Kürzel OL für »Oversea Location« und einer Kennzahl markiert wurden. Kadena wurde nach diesem System mit OL-8 bezeichnet. Später ersetzten die Anfangsbuchstaben der Basis die Zahl, so dass aus OL-8 OL-KA wurde.

Mit der SR-71 verfügte die US Air Force über ein außergewöhnliches Flugzeug, dessen Leistungen bis heute von keinem anderen (bekannten) Muster erreicht wurden. Während ihrer Einsatzzeit absolvierten die Blackbirds 53.490 Flugstunden. 35.551 scharfe Einsätze wurden in 17.300 Stunden durchgeführt. Dabei wurden rund 1.000 Boden-Luft-Raketen auf die SR-71 abgefeuert, von denen nicht eine traf. Keine einzige Blackbird ging durch Feindeinwirkung verloren. Mit 11.675 Stunden im Mach 3-Bereich steht die SR-71 einsam an der Spitze. Ihr Schöpfer »Kelly« Johnson hatte schon Anfang der 60er-Jahre prophezeit, dass kein anderes Flugzeug bis zum Jahre 2000 in der Lage sein werde, die SR-71 zu übertrumpfen. Tatsächlich hat die SR-71 Blackbird wie kein anderes Militärflugzeug zuvor Luftfahrtgeschichte geschrieben und so verwundert es nicht, dass das Interesse der Öffentlichkeit an dem Muster unverändert groß ist.

Zum Schluss noch ein Blick in Richtung NASA. Sie erhielt für ihre Zwecke ab 15. Februar 1990 vier SR-71 und zwar die zweisitzige 61-7956 und die einsitzigen 61-7967, 61-7971 und 61-7980. Zweifellos sollten sich die Versuchsflüge mit dem auf dem Rücken montierten Aerospike-Triebwerk als die spektakulärsten erweisen. Allerdings wurde der Motor nie gezündet, es blieb bei Testläufen, bei denen Wasser durch den Antrieb gepumpt wurde.

Den letzten Flug einer SR-71 führte die 61-7980 am 1. Oktober 1999 durch. Von den vorhandenen Exemplaren fanden fast alle ihren Weg in die verschiedenen Luftfahrt-Museen oder Luftparks. Darunter auch die einzige SR-71C. Sie war 1969 durch den Zusammenbau von Teilen der YF-12A 60-6934 und der SR-71 Bruchzelle entstanden. Heute kann das Flugzeug auf dem Gelände der Hill Air Force Base in Utah besichtigt werden.

Eine SR-71A der NASA mit einer auf dem Rumpfrücken montierten Teil-Attrappe des Aerospike-Triebwerks. (Foto: NASA Jim Ross)

A-12, YF-12 und SR-71 – die phänomenale Blackbird-Familie

US-Spionageflugzeuge

Technische Beschreibung Lockheed SR-71A

Typ
Zweimotoriger, zweisitziger strategischer Aufklärer.

Werkstoffe
Der von den Firmen Lockheed und Titanium Metals Corporation entwickelte Werkstoff Beta B-120 (Ti-13V-11Cr-3A1) wurde für 93% der Baugruppen verwendet. Die restlichen 7% bestanden vorwiegend aus Teflon-Kunststoffen.

Besatzung
Die Besatzung bestand aus dem Flugzeugführer und dem Reconnaisance System Officier (RSO). Der RSO übernahm die Aufgabe eines Kopiloten, eines Bordingenieurs und eines Navigators. Außerdem war er für die Aufklärungsmittel verantwortlich. Die SR-71 war so eingerichtet, dass das Flugzeug vom RSO alleine geflogen werden konnte. Die Besatzung saß in getrennten Kabinen mit separaten Hauben. Die Kabinendächer wurden nach hinten oben geöffnet, sie hatten kleine Seitenfenster. Die Frontscheibe des Flugzeugführers wurde durch zwei dreieckige Scheiben gebildet, die durch eine messerscharfe Strebe getrennt waren. Ein Rückblickperiskop ermöglichte dem Piloten, die Lufteinläufe der Triebwerke, die Seitenruder und den hinteren Luftraum zu beobachten. Der RSO hatte zwei Periskope mit Blickrichtung nach vorne bzw. nach unten. Die Besatzung war auf Lockheed F-1 (SR-1)-Schleudersitzen untergebracht. Eine Rettung sollte bei allen Geschwindigkeiten zwischen Mach 0 und Mach 3 und in allen Höhen möglich sein.
Anfänglich trugen die SR-71 Besatzungen die silberfarbenen – teils auch olivgrünen oder braunen – S-901J-Anzüge der David Clark Company. Später wechselten Sie zum S-1030 »Gold-Anzug« desselben Herstellers. Die reiß- und feuerfesten Druckanzüge waren klimatisiert und hatten für Langstreckeneinsätze einen Urinbehältereinsatz.
Das Lebenserhaltungssystem der Besatzung umfasste die Druckkabine mit Heizung und die Atemluftversorgung, wobei zum Teil Zapfluft von den Triebwerken entnommen wurde. Für die Kabinenklimatisierung musste sie über eigene Systeme heruntergekühlt werden. Die Druckanzüge der Besatzung waren ebenfalls mit dem Lebenserhaltungssystem verbunden. Zwei 10-Liter-Flüssigsauerstoffkonverter produzierten ausreichende Mengen an Atemluft. Im Notfall standen in den Schleudersitzen zusätzliche Sauerstoffflaschen bereit.

Tragwerk
Freitragende Mittel-/Tiefdeckeranordnung mit modifizierter Delta-Planform. 60° Vorderkantenpfeilung. 10° negative Pfeilung der Hinterkanten. Dickenverhältnis 3,2%. Einstellwinkel gering negativ. Deutliche Krümmung der Flügelvorderkanten der Außenflügel. Trennung des Tragwerks in äußere und innere Bereiche durch zwei

A-12, YF-12 und SR-71 – die phänomenale Blackbird-Familie

Der große Bremsschirm trägt zu einer deutlichen Reduzierung der Landerollstrecke bei. (Foto: NASA)

US-Spionageflugzeuge

langgestreckte Triebwerkgondeln. Die Flügelvorderkanten (innen) erstreckten sich an den Rumpfseiten entlang bis zum Rumpfbug. Sie erfüllten drei Aufgaben bzw. Funktionen: Ersatz eines Nasenflügels, Erhöhung des Auftriebs (Gesamtanteil ca. 20%), Verbesserung der Richtungsstabilität durch Erzeugung von Wirbeln.

Die Flügelvorkanten (außen) erstreckten sich bis zu den Lufteinläufen der Triebwerkgondeln. Das Tragwerk hatte eine mehrholmige Bauweise, wobei im Bereich der Triebwerkgondeln ringförmige Holme verwendet wurden. Die Außenflügel und Teile der Triebwerkgondeln waren miteinander verbunden. Zur Wartung der Triebwerke konnten die Außenflügel und damit ein Teil der Triebwerkgondel hochgeklappt werden.

Die Flügelhaut war mit den Holmen durch Spezialklebstoff verbunden. Die Innenflügel hatten auf der Oberseite die Form eines Wellblechs. Dadurch ließ sich die Strömung bei langen Flügen mit hoher Hitzebelastung verbessern und die Steifigkeit der Konstruktion erhöhen.

An den Hinterkanten des Tragwerks befanden sich außen und innen hydraulisch betätigte Elevons (kombinierte Höhen-/Querruder). Die inneren hatten einen Ausschlagwinkel von 35° nach oben und 20° nach unten. Die äußeren ließen sich nur um 35° nach unten bewegen. Die mit Servorudern ausgestatteten Elevons steuerten das Flugzeug um die Längs- und Querachse. Die Hitzebelastung des Tragflügels erreichte 260° Celsius, in Teilbereichen bis zu 427° Celsius.

Rumpf

Ebenso wie das Tragwerk wurde auch der Rumpf nach dem »Fail-Safe«-Prinzip konstruiert d.h., dass beim Ausfall eines tragenden Bauteils ein anderes seine Funktion übernimmt. Der Rumpf hatte einen annähernd dreieckigen Querschnitt. Er diente in der Hauptsache zur Aufnahme der Besatzung, der Aufklärungsmittel und des Hauptvorrats an Treibstoff. Im Nasenbereich war der Rumpf zur Reduzierung des Trimmwiderstandes um 2° nach oben gebogen. Zur Verbesserung der Strömung reichte das Rumpfheck über die Hinterkanten des Tragwerks hinaus.

Leitwerk

Die Steuerung um die Längs- und Querachse erfolgte über die Elevons an den Hinterkanten des Tragwerks. Zwei Seitenleitwerke – je um 15° nach innen geneigt – übernahmen die Steuerung um die Hochachse. Sie wurden zunächst aus Titan gefertigt, später aus Kunststoff. Der beidseitige Ausschlagwinkel betrug 20°. Die Leitwerke waren zweigeteilt und bestanden aus einem festen Sockelstück, das mit der Triebwerkgondel verbunden war und dem beweglichen Pendelruder. Oberhalb von Mach 0,5 wurde der Ruderausschlag auf 10° bzw. 7° (ab Mach 3) begrenzt. Die Aktivierung der Ruder erfolgte ebenso wie bei den Elevons mechanisch. Die Hitzebelastung der hydraulisch betätigten Ruder lag bei 315°C, in Teilbereichen auch höher.

A-12, YF-12 und SR-71 – die phänomenale Blackbird-Familie

Die ungewöhnliche Auslegung des Hauptfahrwerks mit drei nebeneinander liegenden Rädern sticht bei diesem Foto hervor. (Foto: NASA)

US-Spionageflugzeuge

Fahrwerk

Hydraulisch arbeitendes Drei-Bein-Fahrwerk. Jede Haupteinheit hatte drei nebeneinander angeordnete Räder. Der Austausch der einzelnen Reifen konnte ohne das Entfernen der übrigen erfolgen. Die von Goodrich gelieferten Reifen waren zur Hitzereflexion mit Aluminiumpulver beschichtet. Die Hochdruckreifen wurden mit Stickstoff aufgepumpt, um das Risiko einer Entzündung zu minimieren. Sie hatten 22 Lagen, davon drei aus Nylon. Ihre Lebensdauer lag bei 15 Starts und Landungen. Der Stückpreis belief sich auf 2.300 US-Dollar. Das Hauptfahrwerk wurde von außen nach innen in die Rumpfunterseiten eingefahren und durch eine rechteckige Klappe vollständig abgedeckt. Der Vorgang dauerte im Schnitt 14 Sekunden.

Das zweirädrige, steuerbare Bugfahrwerk schwenkte nach hinten in den Rumpf ein. Die Abdeckung erfolgte durch zwei rechteckige Klappen.

Im Notfall fiel das Fahrwerk allein durch die Schwerkraft aus seinen Schächten heraus und verriegelte selbstständig. Die Fahrwerkbeine hatten eine ölpneumatische-Federung und je eine Rollbahnlampe. Der Landescheinwerfer befand sich am Bugbein. Scheibenbremsen mit begrenzten Anti-Rutsch-Eigenschaften waren ebenso vorhanden wie ein Bremsschirm, dessen Stauraum sich auf der Rumpfoberseite - etwa auf Höhe der Leitwerksvorderkanten - befand. Der Schirm hatte einen Durchmesser von 12,20 m. Mit seiner Hilfe konnte die Landerollstrecke von 2.750 m auf 1.220 m reduziert werden.

Triebwerksanlage

Die Triebwerkanlage bestand aus drei Hauptkomponenten: dem Lufteinlaufsystem, dem J58-Triebwerk mit Nachbrenner und der Ejektordüse. Aufgabe des Lufteinlaufsystems war es, den Luftstrom zum Triebwerk und um das Triebwerk herum (By-Pass) in allen Fluglagen und bei allen Geschwindigkeiten optimal zu regeln. Neben der ausreichenden Luftversorgung musste das System auch dafür Sorge tragen, das die Kompressorstufen des J58 weder durch die Luftströmung noch durch Temperaturanstieg geschädigt wurden und keine Strömungsabrisse an den Kompressor- und Turbinenstufen auftraten.

Auffälligstes Bauteil des Einlaufsystems war der Kegelstoß-Diffusor der auf hydraulisch-elektrischem Wege nach vorne oder hinten bewegt werden konnte und damit den Querschnitt der Lufteintrittsöffnung und somit den Luftdurchsatz veränderte. Auf halber Höhe des Kegels befanden sich 33 starre Öffnungen, über die Luft abgesagt und zur Kühlung des Triebwerks verwendet wurde. Das Einlaufsystem regelte nicht nur den Luftstrom zum J58, sondern auch die Luftzuführung innerhalb des By-Pass-Kanals. Mittels vorderer und hinterer By-Pass-Klappen ließ sich der Luftstrom regulieren oder komplett abriegeln.

In der Triebwerksgondel befand sich im vorderen Bereich, also bis zum Beginn des J58, ein System von Jalousie-Klappen, das in Abhängigkeit von der Geschwindigkeit des Flugzeugs wahlweise Luft in das Einlaufsystem ein- oder ausleitete. Innerhalb des Luftkanals waren noch bewegliche Leitbleche vorhanden, die zur Regelung des Luftstroms zum Triebwerk hin dienten und zur Reduzierung der Hitzebelastung der Kompressorstufen beitrugen. Der bis zur Ejektrodüse geführte By-Pass-Kanal ummantelte das gesamte J58. Auf Höhe des Kompressors gab es Klappen, die im unteren Geschwindigkeitsbereich (bis Mach 0,5) zusätzliche Luft in den By-Pass-Kanal einleiteten. Bei höheren Geschwindigkeiten schlossen sich die Klappen. Die Steuerung des Lufteinlaufsystems erfolgte elektronisch über das Digital Automatic Flight and Inlet Control System (DAFICS). Der Flugzeugführer hatte aber die Möglichkeit der manuellen Steuerung.

Am J58 befand sich ein System aus sechs Rohren. Sie leiteten ab Mach 2,2 Luft aus dem J58 (ab der vierten Verdichterstufe) in den By-Pass-Kanal ab, so dass die Druck- und Temperaturbelastung des J58 reduziert wurde und der Staustrahleffekt eintrat.

Das Pratt & Whitney J58 (zivile Bezeichnung JT11D) war ein Ein-Wellen-Turbinen-Luftstrahltriebwerk (TL; englisch Turbojet) das im Rahmen seiner Entwicklung durch Anfügen von By-Pass-Kanälen zu einem Hybrid-Antrieb wurde und im hohen Geschwindigkeitsbereich weitgehend wie ein Staustrahltriebwerk funktionierte d.h., dass bei Mach 3,2 der Anteil des J58 am Gesamtschub nur noch 17% ausmachte, der Rest kam über den Staustrahleffekt. Vorteilhaft war bei dieser Antriebsart neben der hohen Schubleistung - 10.430 kg ohne und 14.740 kg mit Nachbrenner auf Meereshöhe - ein gegenüber herkömmlichen Strahltriebwerken um 20% geringerer Kraftstoffverbrauch.

Das J58 verfügte über einen neunstufigen Kompressor und eine zweistufige Turbine. Die Brennkammer hatte acht ringförmig angeordnete Brenner. Bei Mach 3,2 wurden insgesamt 30.200 Liter JP-7 Kraftstoff pro Stunde verbraucht. Der Nachbrenner bildete den Abschluss des J58. Es folgte die Ejektor-Schubdüse. Zwischen den beiden Bauteilen befanden sich Klappen, die bei geringen Geschwindigkeiten (bis Mach 0,5) von außen Luft in die Düse leiteten, bei höheren Geschwindigkeiten aber geschlossen wurden. Mittels der Klappen, die die Schubdüse formten, war sie sowohl konvergent (bis etwa Mach 2,5) bzw. als auch konvergent-divergent (ab etwa Mach 2,5).

Der schwer entzündliche Spezialkraftstoff JP-7 befand sich in drei Rumpf- und zwei Innenflügel-Integraltanks. Der Gesamtvorrat von rund 36.300 kg (46.200 Liter) wurde über 16 elektrische Pumpen in die Triebwerke eingespeist, wobei ein automatisches System die Tankentnahme so steuerte, dass keine wesentlichen Änderungen des Schwerpunkts auftraten. Während des Steigflugs wurden beispielsweise die Flügeltanks als erste entleert. Die SR-71 konnte während des Flugs nachbetankt werden. Die Tanköffnung befand sich auf der Rumpfoberseite hinter dem zweiten Cockpit. Mittels des Spezialkraftstoffs war es möglich, die Zelle des Flugzeugs zu kühlen und die thermische

A-12, YF-12 und SR-71 – die phänomenale Blackbird-Familie

Nächtlicher Triebwerk-Testlauf eines J58. (Foto: Pratt & Whitney)

Belastung in Verbindung mit einem schwarzen Sonderanstrich zu reduzieren.
Teil der Tankanlage war ein Stickstoffsystem. Das Gas – Gesamtvorrat 270 Liter – setzte die Tanks unter Druck, so dass, wenn sie leergeflogen waren, der in den verschiedenen Höhen herrschende Druck die Behälter nicht zusammendrücken konnte.
Der Start der Triebwerke erfolgte am Boden mit einem eigens dafür entworfenen Startwagen. Die SR-71 führte außerdem die Chemikalie Triethylboran (TEB) mit, die es erlaubte, die Triebwerke bei Bedarf im Flug erneut zu starten.

Hydrauliksystem

Vier unabhängige Hydraulikanlagen (A, B, L und R) waren vorhanden. Während die Systeme A und B über eine Getriebebox (Accessory Drive System, ADS) des linken J58 angetrieben wurden, erfolgte der Betrieb der Systeme L und R über das rechte J58. Die Aufgaben waren wie folgt verteilt: A und B standen für die Betätigung der Steuerflächen zur Verfügung. A übernahm noch den Antrieb für den Stick-Pusher. Hierbei handelt es sich um einen Bestandteil des Automatic Pitch Warning System. Das System soll überzogene Anstellwinkel verhindern und drückt mittels des Stick-Pusher die Steuersäule selbsttätig nach vorne.
L steuerte den Luftkanal des linken J58, das Fahrwerk, die Bremsen, die Bugradsteuerung und die Klappen der Luftnachbetankung. R war für die Steuerung des rechten Luftkanals zuständig und übernahm die Aufgabe eines Reservesystems für die Fahrwerk- und Bremsfunktionen. Außerdem war es für den Ausstoß des Bremsschirmes zuständig.

US-Spionageflugzeuge

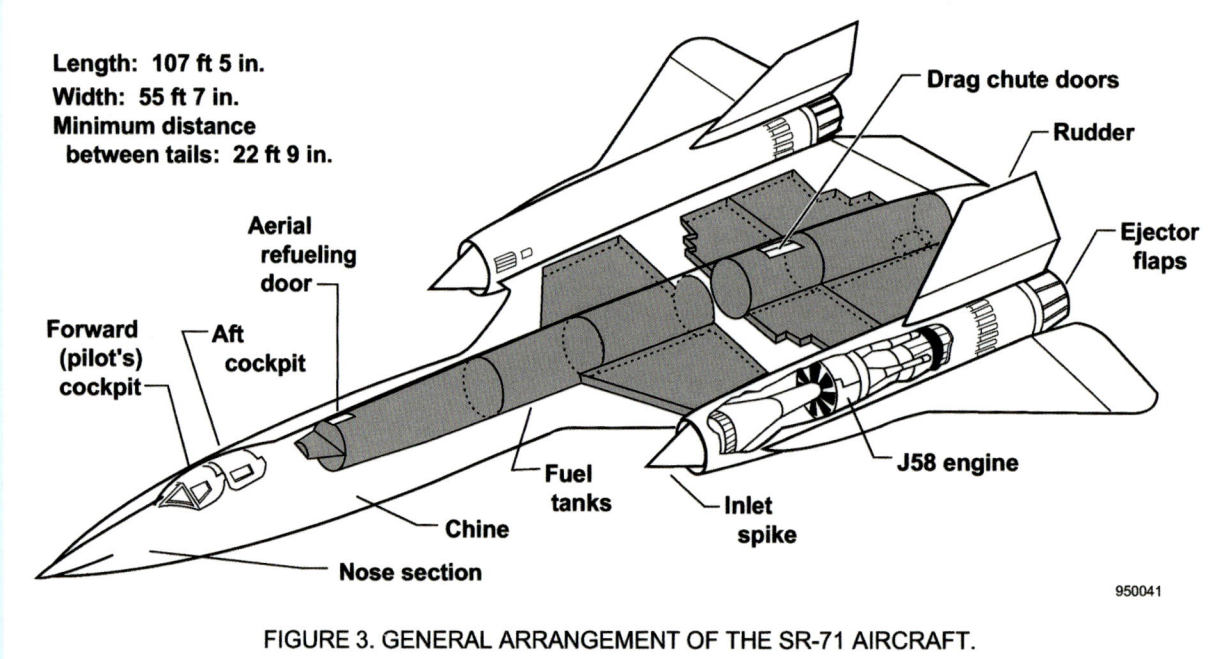

FIGURE 3. GENERAL ARRANGEMENT OF THE SR-71 AIRCRAFT.

Übersichtszeichnung der SR-71 Tankanlage. (Zeichnung: NASA)

Elektriksystem
Das elektrische System verfügte über Wechsel- und Gleichstrom, der von zwei 60 KVA-Generatoren erzeugt wurde. Ferner stand noch ein Notfallsystem bereit, mit dem die Treibstoffpumpen, die Trimmung und die Instrumentenbrettbeleuchtung betrieben werden konnten.

Flugkontrollsystem
Der breite Rumpfbug der SR-71 erzeugte einen Auftrieb vor dem Flugzeugschwerpunkt, so dass Probleme um die Querachse auftraten, aber auch die Richtungsstabilität um die Querachse war bei bestimmten Manövern kritisch. Über das AFCS (Automatic Flight Control System) ließ sich das Flugzeug in allen Lagen beherrschen. Das AFCS basierte auf drei Komponenten: Stability Augmentation System (SAS), Autopilot und Mach-Trimmsystem. Die für den Betrieb erforderlichen Informationen wurden über drei Gier-Kreisel, drei Nick-Kreisel, zwei Roll-Kreisel, drei Beschleunigungsmesser, einem Trägheits- und einem Astro-Navigationssystem bezogen.

Avionik und Aufklärungsmittel
Von der Rumpfspitze bis zu den Vorderkanten des Tragwerks erstreckten sich verschiedene Stauräume zur Unterbringung der Avionikgeräte und Aufklärungsmittel. Sie waren alphabetisch von A bis T gekennzeichnet. Ihr Volumen und Fassungsvermögen unterschied sich ganz deutlich voneinander. Schacht C war mit 61 x 61 x 41 cm der kleinste. Er konnte Lasten von bis zu 75 kg aufnehmen. Die Stauräume Q und R hatten mit 46 x 46 x 229 cm die größten Abmessungen. Ihre Nutzlastkapazität lag bei 160 kg. Die schwersten Lasten konnten die Schächte K und L mit je 445 kg mitführen.

Die Avionikausstattung der SR-71 bestand aus verschiedenen UHF-Funkgeräten, einer TACAN-Navigationshilfe, einem Freund-Feind-Kenngerät und einem Instrumentenlandesystem.

Im Laufe der Einsatzzeit kamen unterschiedliche Radargeräte zum Einbau. Das fortschrittlichste von ihnen war das ASARS (Advanced Synthetic Aperture Radar System), dessen Einzelheiten noch heute der Geheimhaltung unterliegen. Ein Trägheitsnavigationssystem vom Typ Singer-Kearfott SKN-2417 war ebenso vorhanden wie eine Anlage zur Astro-Navigation (NAS-14V2). Ein Mission-Recorder-System (MRS) zeichnete sämtliche von den Sensoren empfangene Daten auf. Außerdem erfasste es den kompletten Funkverkehr – einschließlich der Gespräche zwischen der Besatzung – und die Daten der Navigationssysteme. Die Aufklärungsflüge wurden mit verschiedenen Sensoren und Kameras durchgeführt, so dass SIGINT-, ELINT- und DEF-Aufgaben ausgeführt werden konnten.

Die Kameraanlage wurde meist von zwei Geräten gebildet. Einer TEOC (Technical Objective Camera), die Zielfotos im Winkel von 0 bis 45° fertigte und einer OBC (Optical Bar Camera), die unter anderem Stereo- und Panoramafotos erstellte. Für die Kamerafenster musste ein Spezialglas entwickelt werden, das trotz seiner starken Belastungen keine Verzerrungen hervorrief und das die Einflüsse der Grenzschicht, die bei Mach 3 einen dichten Film über dem Glas bildet, ausblendet.

Aus der Reihe der möglichen Kameras sollen die von Acton entwickelte Type H mit 152 cm-Objektiv und die KA-102A von Itek mit 123 cm-Objektiv erwähnt werden. Überwiegend wurde ein Kodak 3414-Film verwendet. Aus 24.000 m Höhe konnten Objekte bis zu einer Größe von 5 cm einwandfrei erfasst werden. Innerhalb einer Stunde ließ sich aus 24.000 m Höhe eine Fläche von 155.400 km^2 fotografieren.

Technische Daten Lockheed SR-71								
Maße								
Länge	Spannweite	Höhe	Flügelfläche insgesamt	Spurweite	Radstand			
32,74 m	16,95 m	5,64 m	167,23 m^2	5,18 m	10,36 m			
Massen								
Leermasse	mittlere Startmasse	Startmasse						
27.215 kg	63.505 kg	77.110 kg						
Leistungen								
Höchstgeschwindigkeit	maximale Dauergeschwindigkeit	mittlere Startgeschwindigkeit	mittlere Landegeschwindigkeit	Aufsetzgeschwindigkeit	mittlere Startstrecke	mittlere Startstrecke über ein 15 m-Hindernis	Landerollstrecke (ohne Bremsschirm)	
3.529 km/h (Mach 3,36)	3.219 km/h (Mach 3,2)	370 km/h;	334 km/h	278 km/h	1.646 m	2.715 m	2.750 m	
Flughöhe	Einsatz-Flughöhe	Wenderadius bei Mach 3,2	Typischer Einsatzradius	Reichweite bei Mach 3 in 24.000 m				
26.213 m	24.400 m	145 bis 193 km	1.930 km	4.800 km ohne Nachbetankung.				

US-Spionageflugzeuge

Mythen und Legenden – Area 51 und die US-Black-Programme

Adresse und Lage sind bekannt und über Google-Earth kann sich jedermann die Area 51 Groom Lake aus der Vogelperspektive ansehen. Dennoch ist und bleibt das Testzentrum der US Air Force im Bundesstaat Nevada voller Geheimnisse und Legenden. Befinden sich etwa hier in abgeschotteten, tief unter der Erde liegenden Räumen die Leichen von außerirdischen Raumfahrern, die 1947 bei Roswell abgestürzt sein sollen samt ihres Raumfahrzeugs? Dieser Frage, die immer wieder von UFO-Gläubigen mit ja beantwortet wird, wollen wir mangels Informationen nicht nachgehen und uns stattdessen belegten Fakten zuwenden.

Der Aufbau der Basis begann durch den CIA und die US Air Force 1955 im Zusammenhang mit der geheimen Erprobung der Lockheed U-2. Das Gelände hatte während des Zweiten Weltkriegs als Übungsbereich für die Flieger der benachbarten Nellis AFB gedient. Die Anlagen waren 1955 schon lange verweist, es existierten neben einer rund 2.600 m langen Startbahn aber noch eine Handvoll Gebäude und Hangars sowie ein Kontrollturm.

Das Gebiet sollte sich als besonders geeignet für den Aufbau eines geheimen Testzentrums erweisen. Es war weitläufig und ließ genug Platz für einen größeren Ausbau. Darüber hinaus gab es in der näheren und weiteren Umgebung nur sehr kleine Ansiedelungen. Ohnehin ist Nevada mit einem Einwohner pro Quadratmeile ein gering bevölkerter Bundesstaat der USA. Die wüstenähnliche Umwelt mit hohen Tagestemperaturen lädt weder Naturfreunde noch Touristen in die Gegend ein, so dass das Testzentrum weitgehend unbehelligt von neugierigen Blicken entstehen konnte.

Aufmerksamkeit erregte die Anlage erst wesentlich später, als bekannt wurde, dass von hier aus Flugzeuge wie die F-117 in die Erprobung gingen und Testflüge mit sowjetischen Mustern, die über verschiedene Wege in die USA gelangt waren, durchgeführt wurden. Recht schnell bildeten sich die ersten Mythen um das Zentrum. Offizielle Stellen taten nichts, um dies zu verhindern. Bis heute stoßen Interessierte bei Fragen zur Anlage auf eine Mauer des Schweigens. So liegt die genaue Bezeichnung nach wie vor im Dunkeln. Stattdessen gibt es eine Vielzahl von Begriffen für das Erprobungszentrum, unter ihnen »The Ranch«, »The Box«, »The Farm«, »The Test Site«, »The Container«, »Dreamland«, »Watertower Strip« und »Project 51«. Allgemein hat sich jedoch der Begriff »Area 51« durchgesetzt. Grund dafür ist ein Film der Firma Lockheed, der in den 60er-Jahren veröffentlicht wurde und Kelly Johnson zeigt, der auf eine Tafel schreibt, dass die erste A-12 nach Groom Lake zur Area 51 transportiert werden soll.

Trotz der isolierten Lage des Testgebiets, das als einzige Landverbindung über den Highway 375 verfügt, war es bis 1995 möglich, sich bis auf etwa 20 km dem Gebäudebereich zu nähern. Dann wurde das Sperrgebiet deutlich erweitert, insbesondere wurden Aussichtspunkte, die einen Überblick über den Komplex gaben, mit einbezogen, so dass Interessierte nun mit Entfernungen von mindestens 40 km vorlieb nehmen müssen. Da es unmöglich ist, das riesige Sperrgebiet komplett einzuzäunen und gegen unbefugte Eindringlinge abzusichern, greifen die Betreiber auf modernste Technik zurück. Detektoren, die auf Geräusche, Erschütterungen und menschliche Gerüche reagieren, sind überall verteilt und optische und elektronische Geräte überwachen das Gelände bei Tag und Nacht. Ferner sind ständig Hubschrauber und Geländefahrzeuge im Einsatz. Was Eindringlinge unter Umständen erwartet, ist auf den zahlreichen Warnschildern zu lesen, die den Schriftzug »use of deadly force authorised« tragen. Bis jetzt ist zwar noch kein Fall bekannt geworden, wonach jemand von den Wachposten tatsächlich erschossen wurde, aber es gab schon ernsthafte Konfrontationen zwischen dem Sicherheitspersonal und allzu neugierigen Zeitgenossen.

Die Area 51 wurde im Laufe der Jahre immer weiter ausgebaut. Neben neuen Gebäuden wurde auch die Startbahn auf rund 7.600 m Länge erweitert und 1996 eine zweite Startbahn von etwa 1.800 m eingerichtet. Allgemein wird angenommen, dass große unterirdische Hangars vorhanden sind.

Schätzungen zufolge sollen täglich zwischen 700 und 800 Personen auf der Basis arbeiten. Das Gros reist von Las Vegas mit Passagierflugzeugen vom Typ Boeing 737 an. Eigentümer der Jets ist die Firma EG&G, die 1947 von Harold Edgerton, Kenneth Germeshausen und Herbert Grier gegründet wurde. Aufgabe des Unternehmens ist es, Waffenforschung zu betreiben. Dabei werden alle militärischen Bereiche bearbeitet und eng mit der Industrie kooperiert. Es versteht sich von selbst, dass über die Firma nur wenig bekannt ist.

Selbstverständlich ist der Luftraum über der Area 51 für jeglichen zivilen aber auch militärischen Luftverkehr gesperrt. Waren, die für den täglichen Betrieb der Anlage benötigt werden, werden von einem eigens dafür ausgesuchten Lieferanten aus Las Vegas bezogen. Die Lieferung erfolgt mittels EG&G-Fahrzeugen, die bei ihrem Eintreffen in der Basis genau untersucht werden. Sofern Aktivitäten im Freien erforderlich sind, werden diese vorzugsweise bei Dunkelheit durchgeführt und die Position russischer Spionagesatelliten beachtet.

Auch innerhalb der Anlage gibt es eine Reihe von Sicherheitsvorkehrungen. Bestimmte Bereiche sind durch blickdichte Vorhänge abgetrennt. Musikbeschallung soll verhindern, dass Abhöranlagen Gespräche aufzeichnen. Besucher, die aus bestimmten Gründen hochgeheime Bereiche zwingend aufsuchen müssen, erhalten Brillen aufgesetzt, die nur eine Sichtweite von etwa 1 m zulassen.

Trotz höchster Sicherheitsstufen sickert doch die eine oder andere Information durch, wobei auch hier Fragen bleiben. Kann man den Meldungen Glauben schenken oder sind sie Teile gezielter Irreführung? Als Beispiel dafür mag Bob Lazar stehen der 1989 behauptete, er habe auf der Area 51 an einem außerirdischen Raumfahrzeug als Ingenieur mit dem Ziel gearbeitet, die fortschrittliche

Mythen und Legenden – Area 51 und die US-Black-Programme

Zu den Flugzeugen, die von der Öffentlichkeit unbemerkt auf der Area 51 erprobt wurden, gehörte auch das Tarnkappenflugzeug Lockheed F-117 Nighthawk. (Foto: Lockheed)

Technik zu erforschen. Nachfragen bei offiziellen Stellen verliefen selbstverständlich negativ. Angeblich kannte niemand Bob Lazar. Doch das will nichts heißen. In den letzten Jahren wurde einige Fälle bekannt, bei denen sich Beschäftigte der Area 51 meldeten und über schwere gesundheitliche Probleme klagten, die auf den Umgang mit neuartigen Materialien oder Techniken beruhten und auch Todesfälle waren zu verzeichnen. Im ansonsten klagefreudigen Amerika waren jedoch alle Bemühungen, eine Entschädigung zu erhalten, erfolglos. Die Mitarbeiter hatten Verträge unterzeichnet die ihnen absolutes Stillschweigen abverlangten und die Gerichte griffen die Thematik aus Gründen der nationalen Sicherheit nicht auf.

Die Finanzierung der kostspieligen Testanlage erfolgt über verschleierte Kanäle, so dass nur auf Vermutungen zurückgegriffen werden kann. Insiderkreise schätzen den jährlichen Bedarf auf mehrere Milliarden US-Dollar, genug um an zahlreichen Projekten – allgemein als »Black Programs« bezeichnet – zu arbeiten. Was die verschiedenen Entwicklungen anbetrifft, so kann man es mit dem Yeti – dem berühmten Schneemenschen – vergleichen: Es existieren viele Spuren, doch keine echten Beweise und schon gar kein aussagefähiges Bildmaterial.

Nachdem die Area 51 in den 70er-Jahren das Interesse der Öffentlichkeit, insbesondere durch den Stealth-Fighter F-117 auf sich gezogen hatte, wurde und wird immer wieder von diversen neuen Flugzeugen berichtet. Eine der ergiebigsten Quellen ist die renommierte Fachzeitschrift *Aviation Week and Space Technology*, die regelmäßig über geheime Programme berichtet. Doch sind hier erhebliche Zweifel angebracht. Gerüchte und Berichte ranken sich in der Hauptsache um drei Entwicklungen, die nachfolgend näher beleuchtet werden sollen. Die bekannteste von ihnen ist zweifellos der Superaufklärer Aurora, vom dem es zwar Modellbaukästen, ansons-

US-Spionageflugzeuge

ten aber keine prüfbaren Nachweise gibt. Augenzeugen wollen das Flugzeug – auch als SR-91 bekannt – Ende 1989 gesichtet haben. Danach handelt sich um einen zweisitzigen Aufklärer mit flacher Unterseite, gebogener Rumpfoberfläche, Deltatragwerk, zwei Seitenleitwerken und acht unter dem Rumpf zusammengefassten Triebwerken - vier Turbofans und vier Staustrahlantriebe. Aurora werden folgende technische Daten zugeschrieben: Spannweite 20 m, Länge 35 m, Höhe 6 m, Flügelfläche 300 m², Höchstgeschwindigkeit Mach 5+, Gipfelhöhe 40 km, Reichweite 15.000 km.

Das Flugzeug zog jahrelang das Interesse verschiedener Gruppen auf sich, ohne dass es wirkliche Nachweise für seine Existenz gibt. Die Wahrheit über das Programm ist vermutlich einfacher als von vielen Seiten gewünscht. Ben Rich – Chef der Skunk Works – erklärte in seinem 1994 erschienenen Buch *Skunk Works*, dass Aurora der Tarnname für die Entwicklung des Stealthbombers B-2 Spirit war und die Aurora nie existierte. Das Flugzeug teilt damit das Schicksal von zwei anderen SR-71 Nachfolgern. In den 60er-Jahren befasste sich die US Air Force mit dem ISINGLASS-Projekt. Ein kleiner Aufklärer sollte von einer B-52 auf Höhe geschleppt und dort gestartet werden. Der anschließende Flugverlauf entsprach der von Eugen Sänger in Deutschland entwickelten Idee des Antipoden-Gleiters. Dabei trifft das Fluggerät bei der Rückkehr aus dem All auf die Erdatmosphäre, prallt hier ab und gerät wieder in den Orbit. So wie ein flacher Stein über Wasser springt, sollte sich der Aufklärer verhalten und dabei mit hoher Geschwindigkeit große Entfernungen zurücklegen. ISINGLASS kam schlussendlich nicht zur Ausführung und auch das von Lockheed bearbeitete Projekt »Quarz« aus dem Jahr 1991 wurde frühzeitig aus Kostengründen aufgegeben. Dafür begann die Entwicklung verschiedener Aufklärer-Drohnen, über die im nachfolgenden Kapitel berichtet wird.

Bleiben wir zunächst im Bereich der Spekulation. Erneut war es das Magazin *Aviation Week*, das in den 90er-Jahren ausführlich über geheime Projekte berichtete. Dabei ging es um »Blackstar« und »Black Manta«. Der von William Scott verfasste Artikel »Secret Aircraft Encompasses Qualities of High-Speed Launcher for Spacecraft« schildert Blackstar als eine Kombination aus zwei Flugzeugen. Einer Trägermaschine – vom Aussehen her der XB-70 ähnlich – und einem Aufklärer, der als SR-75 »Penetrator« bezeichnet wird und unter dem Rumpf des Trägers befestigt ist. Aus heutiger Sicht darf das Blackstar-Programm wohl als Fabel abgetan werden. Dies gilt auch für den Aufklärer TR-3 Manta bzw. TR-3A Black Manta, wobei das Kürzel TR für »Triangular Reconnaisance Aircraft« stehen soll. Laut Scott befinden sich 25 bis 30 dieser Flugzeuge im Einsatz. Neben den Basisstationen, Holloman in New Mexiko und Tonopah in Nevada, soll es auch zu Flügen von Alaska, Panama und Okinawa gekommen sein. Doch auch 15 Jahre nach der Erstmeldung gibt es für die Existenz des Flugzeugs keinerlei Belege.

Was hat es mit den »Black-Programs« der USA tatsächlich auf sich? Fakt ist, dass der Vorhang, der darüber schwebt, nur ein wenig und mit zeitlicher Verzögerung gelüftet wird. Zwischen Juni 1990 und

So soll nach Aussagen einiger Augenzeugen das geheimnisvolle Flugzeug »Aurora« aussehen. (Zeichnung: Ralf Swoboda)

»Tacit Blue« stellte den Vorversuch für einen Gefechtsfeldaufklärer mit Tarnkappen(Stealth)-Eigenschaften dar. (Foto: USAF)

Januar 1991 gab es einige Beobachtungen, die nicht von der Hand zu weisen sind. Südkalifornien ist mit Erdbebendetektoren geradezu gespickt. Die Geräte erfassten im genannten Zeitraum diverse Erschütterungen, die zweifelsfrei auf Überschalldruckwellen beruhen. Die Auswertungen von Seismologen ließen auf ein Fluggerät mit Mach 3 bis Mach 4 schließen. Die Flüge fanden jeweils an Donnerstagen zwischen 6 und 7 Uhr morgens statt. Während dieser Zeit war weder die SR-71 noch der Space Shuttle in der Luft, so dass ein anderes Fluggerät die Druckwellen erzeugt haben muss.

Im Jahre 2004 sichtete der ehemalige NASA-Mitarbeiter und Experte für Überschalldruckwellen Don Maglini die Unterlagen. Er kam zu dem Schluss, dass das Fluggerät Mach 4 bis 5 und eine Höhe von 30 km erreicht habe. Außerdem entsprach der Verlauf der Druckwellen nicht dem üblichen Schema. Maglini ging davon aus, dass die Druckwelle fast senkrecht nach unten gerichtet war. Dies passt zu einer dokumentierten Beobachtung eines Laien, der kondensierte, ringförmige Druckwellen fotografieren und dabei pulsartige Geräusche vernehmen konnte. Experten schließen daraus, dass seit einiger Zeit mit dem »Pulse Detonation Engiene« experimentiert wird. Bei diesem Antrieb erfolgt der Verbrennungsvorgang explosionsartig im Pulstakt. Diese Methode hat zwei wesentliche Vorteile. Zum einen kommt das Triebwerk weitestgehend ohne bewegliche Teile aus – es besteht überwiegend auf taillierten Rohrstücken – zum anderen wird der Kraftstoff effizienter verbrannt, wodurch größere Reichweiten ermöglicht werden.

Neue Antriebstechniken sollen auch beim Bau des B-2-Bombers zur Anwendung gekommen sein. Es wird davon gesprochen, dass das Flugzeug über ein zusätzliches elektrostatisches Antriebssystem verfügt. Dabei machten sich die Ingenieure die elektrische Aufladung des Flugzeugs zunutze. An der Flügelvorderkante werden 15 Millionen positive Volt erreicht, im Bereich der Triebwerkabgase sind es 15 Millionen negative Volt. Die Idee des elektrostatischen Antriebs wurde bereits in den 20er-Jahren von Thomas Townsend Brown in Zusammenarbeit mit Professor Paul Alfred Bielefeld entwickelt und ist als Brown-Bielefeld-Effekt bekannt. Danach erzeugt ein elektrostatischer Tausch zwischen zwei Platten eines Kondensators ein Gravitationsfeld, das als Antrieb genutzt werden kann.

Brown, dem ein enger Kontakt zu Albert Einstein nachgesagt wird, trat 1930 in die US Navy ein, um sich geheimen Projekten zu widmen. Sein Name wird stets mit dem »Philadelphia Experiment« in Verbindung gebracht. Dahinter verbirgt sich eine elektronische Form der Unsichtbarkeit gegenüber Radarstrahlen. Wenngleich die US Navy den Versuch bis heute bestreitet, hat sich Brown vor seinem Tod zweimal anders dazu geäußert. Brown ging 1944 zu Lockheed. Nach dem Zweiten Weltkrieg machte er sich selbständig. 1953 konnte er seine Theorie in praktischen Versuchen an Model-

US-Spionageflugzeuge

len in einer Vakuumkammer der US Air Force demonstrieren. Die Militärs reagierten auf die Tests geradezu euphorisch. Brown entwickelte daraufhin mit Unterstützung der USAF das Projekt »Winterhaven«, das ein Mach 3,5 Jagdflugzeug darstellte. Die Arbeiten kamen allerdings kaum voran. Insbesondere die Isolierung und der Schutz der Flugzeugbesatzung und der Bordelektronik gegen das starke elektromagnetische Feld der Antriebsanlage sollten sich als große Hürde erweisen. Dies und die immensen Entwicklungskosten führten zum Scheitern des Projekts. Brown versuchte anschließend in Frankreich bei SNCASO seine Idee umzusetzen, hatte aber auch hier keinen Erfolg. Anscheinend kam es Ende der 80er-Jahre zu einer Wiederbelebung der Aktivitäten. So wird davon berichtet, dass das Forschungsflugzeug MiG 1.44 über die revolutionäre Antriebstechnik verfügen soll, bei der die herkömmlichen Strahltriebwerke nur eine Hilfsfunktion ausüben.

Neue Antriebstechniken stehen mit Sicherheit im Mittelpunkt der Aktivitäten der Area 51. Neben Detonationsantrieben und der Erzeugung von Gravitationsfeldern gehören auch Ionen- und Plasmatriebwerke dazu. In diesem Zusammenhang ist die Rolle der NASA hervorzuheben, die sich ebenfalls mit diesem Thema befasst und außerdem an Methoden zur Reduzierung des Überschallknalls arbeitet. Nach so vielen Fragezeichen ist es Zeit, sich realisierten Programmen zuzuwenden, deren Existenz aber lange geheim blieb.

Zunächst »Tacit Blue«. Ende der 70er-Jahre fragte die DARPA (Defense Advanced Research Projects Agency) bei Northrop an, ob das Unternehmen in der Lage sei, einen Gefechtsfeldaufklärer mit Tarnkappeneigenschaften zu entwickeln. Das Flugzeug sollte hochmoderne Radargeräte zur Erfassung und Verfolgung kleinster Bodenziele mitführen, wobei die Abstrahlung der Geräte so gering sein sollte, dass ihre Ortung praktisch ausgeschlossen war. Unter dem Oberbegriff »Tacit Blue« begannen 1978 die Arbeiten, die schlussendlich Kosten in Höhe von 165 Millionen US-Dollar nach sich zogen. Geld, das nach Auffassung der DARPA gut angelegt war, konnte doch mit dem ab 5. Februar 1982 von Groom Lake aus eingeflogenen Versuchsträger eine Vielzahl von Erkenntnissen im Bereich der Stealth- und Radartechnologie gewonnen werden.

Zeitgleich hatte Lockheed das im Rahmen des »Have Blue«-Programms entwickelte Angriffsflugzeug F-117 Night Hawk in die Erprobung nehmen können. Auf die von den Skunk Works gewonnenen Erkenntnisse bezüglich einer Reduzierung der Radarrückstrahlfläche konnte Northrop allerdings nicht zurückgreifen. Dafür gab es zwei Gründe. Einerseits wurden und werden die Tarnkappen-Programme – in den Etats als »Special Access Programs« bezeichnet, geheim betrieben, so dass ein Erfahrungsaustausch zwischen Firmen oder der Air Force, Army und Navy, nicht erfolgt und somit zusätzliche Kosten entstehen (die US Air Force stellt momentan rund 7,3 Milliarden US-Dollar für Special Access-Programme pro Jahr zur Verfügung). Andererseits war die Ausgangslage für Tacit Blue und Have Blue völlig unterschiedlich. Die F-117 sollte im Einsatz direkt auf das Ziel zufliegen und sich nach dem Angriff auch so entfernen. Die Konstrukteure legten daher besonderen Wert auf eine geringe Radarsignatur der Front- und Rückseiten des Flugzeugs. Tacit Blue hingegen sollte am Gefechtsfeld entlangfliegen und sich lange im Kampfgebiet aufhalten. Somit mussten auch die Rumpfseiten so ausgelegt sein, dass sie eine minimale Rückstrahlfläche boten.

Während die Zelle der F-117 aus zahlreichen glatten Flächen besteht, die in verschiedenen Winkeln angeordnet sind, musste Northrop Chef-Entwickler Fred O´Sheara andere Wege gehen. Versuche hatten gezeigt, dass gebogene Flächen zur Reduzierung der Radarsignatur die ideale Lösung darstellten. Ihre Berechnung und Bauausführung unter Berücksichtigung von aerodynamischen Anforderungen sind jedoch sehr schwierig. Selbst die damals zur Verfügung stehenden Rechner hatten Probleme, das komplexe Thema darzustellen. Anscheinend konnte die Aufgabe dennoch bewältigt werden. Schenkt man den Aussagen von Lt. General George K. Muellner Glauben, so entsprach die Rückstrahlfläche der Tacit Blue der Größe einer Fledermaus.

Der tief im Rumpfrücken verborgene Lufteinlauf, das V-Leitwerk und die geraden Flächen am Bug und Heck sind charakteristische Erkennungsmerkmale der »Tacit Blue«. (Foto: USAF)

Mythen und Legenden – Area 51 und die US-Black-Programme

Mit der »Bird of Prey« baute Boeing eines der ungewöhnlichsten Flugzeuge der Luftfahrtgeschichte. (Foto: Boeingmedia)

Am Ende der Entwicklung stand ein Flugzeug von außergewöhnlichem Aussehen. Es war ein Mitteldecker mit Trapezflügel, V-Leitwerk und gewölbter Rumpfoberseite. Der Lufteinlauf für die beiden im Rumpfheck nebeneinander platzierten Garrett AFT3-6 Bypass-Turbofan-Triebwerke lag tief versenkt auf dem Rumpfrücken. Diese Lösung ist keineswegs ideal, da die Luftversorgung bei geringen Geschwindigkeiten teilweise unterbrochen war. Ein Problem, dass beim Rollen und Starten mehrfach beobachtet wurde. Versuche zur Ermittlung der Radarrückstrahlfläche hatten offenbart, dass die Verdichterschaufeln von Turbinen-Luftstrahltriebwerken eine enorme Rückstrahlung verursachen, so dass die Triebwerke bei den Tarnkappenflugzeugen entweder »versteckt« werden oder dass die Einlaufkanäle – wie im Fall der F-117 – Abdeckungen erhalten. Tacit Blue sollte in geringen Höhen, d.h. um die 9.000 m und mit etwa 410 km/h operieren. Die Schubleistung der AFT3-6 von je 24 kN reichte für diese Zwecke voll aus. Unterhalb des Triebwerksaustritts befand sich eine große Abdeckung, die die Infrarotabstrahlung des Flugzeuges reduzieren sollte.

Aus Kostengründen wurden einige Bauteile von vorhandenen Mustern übernommen. Die Triebwerke hatten sich bereits im Reiseflugzeug Falcon 20 bewährt. Das Fahrwerk stammte aus Restbeständen der F-5E-Produktion und der McDonnell Douglas ACES II-Schleudersitz konnte aus der Serienfertigung entnommen werden. Wenn trotzdem die Entwicklungskosten hoch ausfielen, so lag dies unter anderem an der Verwendung neuartiger, radarabsorbierender Materialien.

US-Spionageflugzeuge

Die Abbildung vermittelt einen Eindruck von der großzügigen Cockpitverglasung und der V-förmigen Lufteintrittsöffnung hinter der Kanzel. (Foto: Boeingmedia)

Ein markantes Merkmal des Flugzeuges stellt der Rumpfbug dar. Die großen Fenster des Cockpits erinnerten eher an eine moderne Lokomotive als an ein Flugzeug. Vor dem runden Bug war eine Fläche mit leicht gepfeilter Vorderkante angeordnet. Tacit Blue verfügte über modernste Avionik und ein vierfach ausgelegtes Fly-By-Wire-System. Ohne diese Steuerung wäre das Flugzeug um die Hoch- und Querachse instabil und flugunfähig gewesen. An dieser Stelle noch ein interessantes Detail. Während sich bei elektronischen Aufklärern eine Reihe von Auswertern und Beobachtern mit entsprechenden Arbeitskonsolen an Bord befinden, war dies bei der Northrop nicht vorgesehen. Hier erfolgte die Weiterleitung der Daten an Bodenstationen.

Tacit Blue führte 135 Flüge durch und erreichte eine Gesamtflugzeit von mehr als 250 Stunden. Das Gros der Flugversuche lag in den Händen von Lt. Colonel Norman K. »Ken« Dyson, der beim Anblick des Flugzeuges sagte, »es sieht aus wie ein Wal und fliegt wohl auch so«. Damit war der Spitzname »The Whale« geboren. 1985 wurde das Programm beendet. Northrops Hoffnung, das Flugzeug in den Serienbau zu bekommen, erfüllte sich nicht. Da das Muster auch am Tage zum Einsatz kommen sollte, hielt die DARPA die Wahrscheinlichkeit einer visuellen Entdeckung für sehr hoch. Die Aufgaben der Gefechtsfeldaufklärung übernahm die Boeing E-8 J-Stars, die aus sicherer Entfernung beobachten kann und dabei die von der Tacit Blue erprobten Radargeräte verwendet. Die E-8 ist im Übrigen nicht das einzige Flugzeug, das von der Northrop-Konstruktion profitierte, so flossen viele Erkenntnisse aus dem Programm in die Entwicklung des Tarnkappenbombers Northrop B-2 Spirit ein. Nach Abschluss der Erprobung blieb das Flugzeug unter Verschluss. Seine Existenz wurde von der US Air Force erst am 30. April 1996 bekannt gegeben. Heute kann die Maschine auf dem Gelände der Wright-Patterson Air Force Base besichtigt werden. Für seine Verdienste um die Erprobung der Versuchsflugzeuge Have Blue (F-117) und Tacit Blue wurde Dyson 1996 mit dem Kincheloe Award ausgezeichnet.

Auf dem hart umkämpften Militärflugzeugmarkt hatte sich Lockheed mit den Skunk Works komfortabel eingerichtet. Für McDonnell Douglas (MCD) Grund genug, 1986 mit den »Phantom Works« etwas

Mythen und Legenden – Area 51 und die US-Black-Programme

Vergleichbares aufzustellen. Auch nach der Übernahme durch Boeing im Jahre 1998 blieb die Spezialabteilung unter ihrem Namen erhalten, wurde aber Teil der »Boeing Integrated Defense Systems«. Präsident der Phantom Works ist Dave O. Swain, technischer Leiter der ehemalige USAF-General George Muellner. Die Abteilung hat zwei Standorte. Zum einen das ehemalige MCD-Stammwerk in St. Louis mit rund 2.600 Beschäftigten und zum anderen Plant 42 in Südkalifornien mit etwa 1.400 Mitarbeitern. Im Schnitt werden um die 450 Programme aus verschiedenen Bereichen bearbeitet, wobei nur wenig davon an die Öffentlichkeit gelangt. Zu den bekannten Programmen gehört »Bird of Prey«, ein Versuchsträger für Tarnkappen-Technologien, dessen Name einem Klingonen-Raumschiff der Science Fiction Serie »Star Trek« entliehen wurde. Ebenso wie die Tacit Blue stellt auch die Bird of Prey eine bemerkenswerte Konstruktion dar. Zu den vorrangigen Aufgaben der Phantom Works gehörte es, den Erprobungsträger preiswert und binnen kürzester Zeit zu entwickeln. Ein Unterfangen, das gelang. Mit Entwicklungskosten von 67 Millionen US-Dollar gehört das Flugzeug zu den kostengünstigsten seiner Art. Ein Grund dafür ist sicherlich der Verzicht auf eine Fly-By-Wire-Steuerung und aufwendige Stabilisierungssysteme. Bird of Prey ist trotz des futuristischen Äußeren ein eigenstabiles Fluggerät mit mechanischer Steuerung. Dabei werden in einer so genannten »Mix Box« die von der Steuersäule bzw. den Pedalen ausgehenden Kommandos an die vier Steuerflächen des Flugzeugs übertragen. Am Innenflügel befinden sich Elevons und am Außenflügel Rudderons. Diese Kunstworte stehen für die Kombination von Höhenruder (Elevator), Querruder (Aileron) und Seitenruder (Rudder). Der Einsitzer verfügt über ein Dreibeinfahrwerk, das größtenteils von Beech-Reiseflugzeugen stammt. Er kommt dank seiner neuartigen Steuertechnik ohne Seitenleitwerk aus. Ein JT15D-5-Strahltriebwerk von Pratt & Whitney Canada mit einer Schubleistung von 14,2 kN bildet den Antrieb. Der Lufteintritt befindet sich hinter der tropfenförmigen Kabinenhaube.

Das Geheimnis der Bird of Prey wurde durch die US Air Force am 18. Oktober 2002 gelüftet. Einige Monate später ging das Einzelstück in den Bestand des USAF-Museums auf der Wright-Patterson AFB über. Dennoch gibt das Flugzeug nach wie vor Rätsel auf. Vom Beginn der Flugerprobung 1996 bis zu deren Einstellung 1999 konnten nur 38 Flüge mit etwas mehr als 40 Flugstunden durchgeführt werden. Ein Beweis, wie komplex die Technik des Flugzeugs ist. Joe Felock, der für das Gros der Testflüge verantwortlich zeichnet, ließ kaum Einzelheiten an die Öffentlichkeit dringen. Eine Ursache für die bescheidene Flugzahl dürfte der Lufteinlauf gewesen sein, der immer wieder zu Schubverlusten geführt hatte.

Mit der Bird of Prey wurde eine Reihe von Tarntechniken erprobt, die abseits der Radarrückstrahlfläche liegen. Es wird behauptet, dass das Flugzeug dank einer besonderen Beschichtung seine Farbe wie ein Chamälion ändern konnte. Aber auch das Radarecho soll extrem gering gewesen sein. Auf Entfernung nicht größer als das eines Moskitos!

Sicherlich sind Talcit Blue und Bird of Prey nur zwei Fluggeräte aus einer ganzen Reihe von Projekten, die der Allgemeinheit bis heute vorenthalten wurden. Die Vermutung wird unter anderem durch die McDonnell Douglas A-12 Avenger II untermauert. Das für die US Navy bestimmte Nurflügel-Angriffsflugzeug wurde in den 90er-Jahren unter größter Geheimhaltung entwickelt und der Öffentlichkeit erst vorgestellt, als das Programm kurz vor der Fertigstellung des ersten Versuchsmusters aus Kostengründen abgebrochen worden war. Die US-Black-Programme werden uns auch in den kommenden Jahren in ihren Bann ziehen und immer wieder Raum für abenteuerliche Spekulation bieten.

Die A-12 Avenger II wurde jahrelang im Geheimen entwickelt. Schlussendlich wurde sie aber aufgegeben. (Foto: McDonnell Douglas)

Technische Daten: **Tacit Blue**					
Spannweite	Länge	Höhe	Startmasse	Höchstgeschwindigkeit	Dienstgipfelhöhe
14,70 m	17 m	3,20 m	13.606 kg	462 km/h	9.144 m
Technische Daten: **Bird of Prey**					
Spannweite 6	Länge	Höhe	Startmasse	Höchstgeschwindigkeit	Dienstgipfelhöhe
6,90 m	14,80 m	2,80 m	3.360 kg	480 km/h	6.100 m

US-Spionageflugzeuge

Predator, Dark Star, Global Hawk – die automatisierte Aufklärung

Seit einigen Jahren vollzieht sich auf dem Sektor des Militärflugzeugbaus ein Wandel, der von der breiten Öffentlichkeit kaum wahrgenommen wird. Unbemanntes Fluggerät – als »Unmanned Aerial Vehicle« (UAV) oder Drohne bekannt – verdrängt nach und nach das bemannte Flugzeug und den Hubschrauber. Derzeit geht es in der Hauptsache um die Aufgabenbereiche Angriff und Aufklärung. Es ist aber schon jetzt abzusehen, dass bald auch Jagd- und Transporteinsätze hinzukommen werden. Der Vorteil der UAVs liegt auf der Hand. Der Faktor Mensch bleibt bei Entwicklung und Bau außen vor. Alles was für einen bemannten Betrieb notwendig und wichtig ist, kann entfallen. Cockpit, Schleudersitz und die Lebenserhaltungssysteme Druckkabine und Klimaanlage werden nicht benötigt und auch die teure Spezialkleidung der Crew mit Anti-g-Anzug und Helm lässt sich einsparen. Neben der Minimierung der Kosten führt dies alles auch zur Reduzierung der Leermassen, so dass mehr Kraftstoff oder Nutzlast mitgeführt werden kann. Es gibt darüber hinaus noch weitere Aspekte, die für den Einsatz von Drohnen sprechen. Es ist keine Rücksicht auf die Belastbarkeit der Besatzung zu nehmen. Problemlos können Flugmanöver mit höchsten g-Werten geflogen werden und auch die Dauer der Missionen ist beliebig ausdehnbar, da die Kontrollmannschaft am Boden jederzeit austauschbar ist. Ferner sind UAVs gegen alle Ziele einsetzbar, seien diese auch noch so stark verteidigt oder durch atomare, chemische oder biologische Kampfstoffe kontaminiert. Und schließlich spielt auch die teure Flugzeugführerausbildung eine Rolle. Da bei den Missionen keine Personalverluste eintreten, kann die Anzahl der Piloten bzw. der UVA-Führer reduziert werden.

Bei all diesen Vorteilen stellt sich natürlich die Frage, warum die Drohnen erst heute den Durchbruch geschafft haben. Tatsächlich gab es die ersten ferngesteuerten Flugzeuge bereits seit 1914. Der britische Professor A.W. Low hatte sich damals damit befasst und in Abstimmung mit einigen bekannten Konstrukteuren wie H.P. Folland und Geoffrey de Havilland den Bau solcher Maschinen veranlasst, die unter dem Kürzel RPV (Remotely Piloted Vehicle) bearbeitet wurden und über Motoren der Leistungsklasse 25 bis 37 kW verfügten. Die kleinen Flugzeuge mit Spannweiten von 4,27 bis 6,70 m sollten Sprengladungen von rund 25 kg gegen Luftziele wie die deutschen Luftschiffe oder gegen besonders stark verteidigte Bodenziele tragen. Damit waren die RPVs die Vorreiter der späteren Lenkkörperentwicklung. Alles in allem zeigten die verschiedenen Entwicklungen zahlreiche Probleme im Bereich der Steuerung auf, so dass es nicht zum scharfen Einsatz kam. Nach dem Ersten Weltkrieg wurde der Gedanke des unbemannten Fluggeräts sowohl in Großbritannien als auch in den USA weiterverfolgt, wobei die Entwicklungsrichtung Lufttorpedo im Vordergrund stand. Doch gab es hier kaum Fortschritte. Zum einem, weil die komplizierte Steuerung nach wie vor die Achillesferse der RPVs bildete und zum anderen aus Geldmangel.

Anfang der 30er-Jahre tat sich ein neues Gebiet für die unbemannten Flugzeuge auf, es war die Zieldarstellung. De Havilland baute in Großbritannien von 1934 bis 1943 420 Exemplare der »Queen Bee«, die auf dem bekannten Doppeldecker Tiger Moth basierte. Der Abschuss der teuren Flugzeuge rief in Hollywood den bekannten Filmschauspieler Reginald Denny auf den Plan. Denny befasste sich in seiner Freizeit mit dem Modell-Flugzeugbau und hatte sich dort einen ausgezeichneten Ruf verschafft. Er schlug den Bau kleiner Zieldarstellungsflugzeuge vor und entwickelte mit dem Radioplane RP-1 – Spannweite 2,75 m – das erste von mehreren Geräten.

Die de Havilland »Queen Bee« war eines der ersten Zieldarstellungsflugzeuge. (Foto: Sammlung Becker)

Bedingt durch das Aufkommen der Jetfliegerei und den damit verbundenen höheren Geschwindigkeiten reichten Flugzeuge im unteren Geschwindigkeitsbereich für die Ausbildung nicht mehr aus. Daher brachte die Firma Teledyne Ryan 1951 mit der »Firebee« ein strahlgetriebenes Zieldarstellungsgerät heraus, das in den kommenden Jahren ständig weiterentwickelt und in zahlreichen Varianten gebaut wurde. Bis heute verließen rund 6.000 Exemplare der verschiedenen Ausführungen die Werkhallen.

Die Zieldarstellung stellte jedoch nur einen Teilbereich des Firebee-Einsatzspektrums dar. Neue Aufgaben wie Aufklärung und elektronische Störmaßnahmen kamen hinzu. Die Leistungsparameter unterschieden sich von Ausführung zu Ausführung. Die leistungs-

Predator, Dark Star, Global Hawk – die automatisierte Aufklärung

stärksten Versionen konnten in Höhen von bis zu 18.300 m operieren und erreichten bis zu Mach 0.96. Während des Vietnam-Krieges erlebte die Firebee ihren Einsatzhöhepunkt. Wenngleich die Drohnen sowohl vom Boden als auch aus der Luft gestartet werden konnten, gab es überwiegend Luftstarts, bei denen meist die Lockheed DC-130 Hercules als Träger fungierte. Als Aufklärer führte die Firebee vorwiegend die Itek-Panoramakamera KA-80 und Filme für 1.500 Fotos mit. Die Landung der Drohne erfolgte per Fallschirm. Im Landegebiet wurde sie von einem Sikorsky HH-3E Hubschrauber erwartet, der mit einem Fangseil die Firebee noch in der Luft fasste und zu Boden brachte.

Die Einsatzpalette der Drohne wurde ständig erweitert. Unter den Begriffen »Compass Dawn« und »Compass Dwell« begann der Umbau einiger Firebees für das Aufspüren gegnerischer Radargeräte. Andere wiederum wurden unter den Namen »Compass Bin« und »Compass Angel« mit Sendern zur Radar-Störung ausgestattet. In einem weiteren Schritt erfolgte die Erprobung als Lenkwaffenträger und als Jagdflugzeug! Mit einer im Bug montierten TV-Kamera trat das Muster zu einem Scheinkampf mit einer McDonnell F-4 Phantom II an.

Auch außerhalb der USA herrschte auf dem Gebiet der Drohnen-Entwicklung eine rege Betriebsamkeit, ohne dass es jedoch zu einem wirklichen Durchbruch kam. Nur wenige Fluggeräte wurden in nennenswerten Zahlen aufgelegt. Zu diesen seltenen Exemplaren zählt z.B. das französische Zielgerät Aérospatiale CT.20, von dem zwischen 1958 und 1976 1.221 Stück gefertigt wurden. Ansonsten gab es Dutzende von Entwicklungen, die überwiegend die Größe von Modellflugzeugen hatten und der Zieldarstellung dienten. Ferner existierten noch einige Gefechtsfeldaufklärer. In den USA hatten die Militärs die Vorteile der Drohne als solche durch den Einsatz der Firebee erkannt. Sie stellten zu Beginn der 90er-Jahre Milliarden für neue Programme zur Verfügung. Schwerpunkte der Entwicklung lagen dabei auf autonomen Navigationsgeräten, Aufklärungssensoren und Tarnkappeneigenschaften. Auf allen Gebieten hatte die Technik große Fortschritte erzielt. Insbesondere die Verfügbarkeit des satellitengestützten GPS (Global Positioning System) in Verbindung mit Inertialsensorik ragt dabei besonders heraus. Mit welcher Präzision solche Systeme arbeiten, zeigten Luftbetankungsversuche. Die NASA setzte dafür zwei ihrer F-18 Hornet ein und Boeing bewies mit einer KC-10, einer KC-135 und einem Learjet, dass eine automatisierte Betankung mittels des

Die Familie der Ryan »Firebee«-Drohnen gehört zu den erfolgreichsten Vertretern ihrer Art. (Foto: Teledyne Ryan)

137

US-Spionageflugzeuge

Den Einsatzmöglichkeiten der »Firebee«-Drohnen – hier die Version BQM-34 – sind keine Grenzen gesetzt. (Foto: Teledyne Ryan)

Neben der NASA ist Boeing ein Schrittmacher auf dem Gebiet der automatisierten Nachbetankung. Das Bild zeigt einen solchen Versuch mit einem KC-135-Tanker und einem Lear Jet als Empfänger. (Foto: Boeingmedia)

GPS möglich ist. Die Steuerung ist so exakt, dass sie nunmehr auch Verbandsflüge mit UAVs erlaubt. Auch hier war die NASA mit ihren Hornets Vorreiter, wobei ein von den Zugvögeln abgeschauter Aspekt zum Tragen kam. Bekanntlich fliegen die Tiere in gestaffelter Formation. Die von den Vögeln erzeugten Wirbel nutzt der jeweils dahinter fliegende zur Krafteinsparung. Die Tiere lösen sich nach einer gewissen Zeit in der Führungsposition ab und erreichen so große Flugstrecken. Die NASA wies nach, dass dieses Verfahren auch in der Luftfahrt Gültigkeit hat und rund 10% Kraftstoff eingespart werden kann. Flüge dieser Art erfordern allerdings einen sehr geringen Abstand zwischen den Flugzeugen, was auf Dauer für den Flugzeugführer sehr ermüdend ist. Mit einem GPS gestützten System ist dies aber ohne Weiteres machbar. Nun zurück in die 90er-Jahre. Hier gab die DARPA unter dem Oberbegriff »Tier« (~ Rang) drei UAVs unterschiedler Art in Auftrag. Im Einzelnen handelte es sich dabei um:

Tier II MAE Predator
Gefordert wurde ein kleines Air Vehicle (AV) für Medium Altitude Endurance (MAE), also mittlerer Flughöhe und -dauer. Das rund 900 kg schwere Fluggerät sollte eine Nutzlast von etwa 220 kg mitführen und in Höhen von 4.500 m 24 Stunden und länger über dem Zielgebiet kreisen, wobei eine Geschwindigkeit zwischen 112 und 204 km/h erwartet wurde.

Tier II+ (auch Tier II Plus) **HAE Global Hawk**
Das Pflichtenheft sah ein Air Vehicle für große Flughöhen und lange Flugdauer vor (High Altitude Endurance, HAE). Die Startmasse wurde mit zirka elf Tonnen festgelegt. Als Nutzlast waren rund 950 kg vorgesehen. Die Verweildauer auf 19.800 m sollte bei mindestens 24 Stunden liegen und der Einsatzradius 5.500 km betragen. Die Reisegeschwindigkeit wurde auf 650 km/h veranschlagt.

Tier III- (auch Tier III Minus) **LO-HAE Dark Star**
Das Muster sollte ähnlich Tier II+ in größeren Höhen operieren, aber über Tarnkappeneigenschaften (Low-Observable, LO) verfügen. Mit

Drohnen wie der »Predator« werden wohl schon in wenigen Jahren in großem Umfang das bemannte Kampfflugzeug verdrängen. (Foto: USAF)

US-Spionageflugzeuge

einer Startmasse von 4,3 Tonnen und einer Nutzlast von 450 kg lag Tier III- in etwa zwischen den beiden anderen Air Vehicles. Dies galt auch für die Geschwindigkeit von 460 km/h, die Flughöhe von 13.700 m und die Verweildauer von acht Stunden über dem Einsatzgebiet.

Widmen wir uns zunächst dem Predator. Die Arbeiten am dem Fluggerät starteten im Januar 1994. Am 7. des Monats hatte die Firma General Atomics Aeronautical Systems ein Auftrag im Wert von 31,7 Millionen US-Dollar erhalten. Gegenstand des Vertrags war die Erstellung eines Gesamtkonzepts, das als ACTD (Advanced Concept Technology Demonstration) bezeichnet wurde. Das Projekt schritt rasch voran. Bereits am 3. Juli 1994 konnte mit dem Predator AV1 der erste Erprobungsträger die Flugversuche aufnehmen. Das Muster, das zum Teil auf der aus demselben Hause stammenden GNAT 750 basiert, wird überwiegend aus Verbundstoffen gefertigt. Der freitragende Tiefdecker verfügt über ein Tragwerk von großer Streckung und geringer Tiefe. Über die gesamte Hinterkante erstrecken sich Landeklappen und Querruder. Der rechteckige Flügelholm wird durch den Rumpf geführt und teilt dabei den dort platzierten Kraftstoffbehälter in zwei Hälften. Im Heck des UAV befindet sich ein 60 kW leistender Rotax 912 UL Kolbenmotor, der eine einstellbare 2-Blatt-Luftschraube von 1,5 m Durchmesser antreibt. Somit steht der gesamte vordere Rumpf für den Einbau der Avionik und verschiedener Sensoren bzw. Radargeräte zur Verfügung. Außerdem befindet sich unter dem Bug ein turmartiger Anbau für elektro-optische Systeme. Der Predator führt in der Regel ein Synthetic Aperture Radar (SAR) der Bauart AN/APY-8 oder AN/ZPQ-1 mit. Neben der Flächenabtastung ist auch Punkterfassung mit den Radars möglich. Ferner befinden sich ein GPS und ein Freund-Feind-Kenngerät an Bord. Das Rumpfvorderteil ist oben deutlich gewölbt. Hier ist der Platz für die Teller-Antenne der Satellitenkommunikation (Ku-Band). Ein Sende- und Empfangsgerät (C-Band) für die Übertragung der elektro-optischen Signale sowie zur Steuerung und Kontrolle der Drohne ist vorhanden. Der Predator verfügt über ein einfaches, einziehbares Dreibein-Fahrwerk. Im Notfall ist aber auch eine Landung per Bergungsschirm möglich.

Als Erprobungsbasis diente das Ausweichflugfeld der US Air Force in Indian Springs, rund 100 km nordwestlich von Las Vegas. In diesem abgelegenen Gebiet wurde das 11th Reconnaissance Squadron (RS) etabliert, das für die komplette 30-monatige Versuchsreihe zuständig war. Es zeigten sich nur minimale Probleme, so dass das Muster rasch für die US Air Force und den CIA in Serie gefertigt wurde. Der Basisausführung RQ-1K (R für Reconnaissance, Q für unbemannt) folgte die RQ-1L mit 85 kW Rotax 914 Turbolader-Motor.

Die USAF entschloss sich bei der Einführung des Predators ein Bezeichnungssystem zu verwenden, das etwas verwirrend ist und zwischen dem System als solchem und den Komponenten Fluggerät, Bodenkontrollstation und Satellitenkommunikationsterminal unterscheidet. RQ-1A ist die Systembezeichnung. Sie umfasst das Fluggerät RQ-1K bzw. RQ-1L, die Bodenkontrollstation RQ-1P und das Satellitenkommunikationsterminal RQ-1U (auch Trojan SPIRIT II genannt). Der Personalbedarf des Systems RQ-1A umfasst 55 Personen. Darunter sechs Air Vehicle Operator (AVO). Sie steuern den Predator vornehmlich bei Start und Landung. Ansonsten ist der Flugablauf weitgehend automatisiert, so dass der Bodenkontrolle in erster Linie die Überwachung der Mission obliegt. Dem AVO stehen verschiedene Monitore zur Verfügung. Sie zeigen die Bilder der Bordkamera und die für die Flugkontrolle erforderlichen Daten. Der Einsatz der Sensoren erfolgt über die Payload (Nutzlast) Operateure, die mit dem AVO in Kontakt stehen.

Dem System RQ-1A folgte im Mai 1998 das System RQ-1B, das über einige Verbesserungen im Bereich der Bodenkontrolle und der Kommunikation verfügt und neue Bezeichnungen mit sich brachte. Die Bodenkontrolle wird nun RQ-1Q bzw. RQ-1P genannt und das Sat.-Terminal heißt RQ-1W.

Nachdem der »Predator« mit Erfolg als Aufklärer zum Einsatz gekommen war, folgten rasch Kampfmissionen, bei denen Bomben oder Raketen an Unterflügelstationen mitgeführt wurden. (Foto: USAF)

Predator, Dark Star, Global Hawk – die automatisierte Aufklärung

Im Vergleich zum »Predator« ist der »Reaper« – vormals »Predator B« – deutlich größer, schwerer und leistungsstärker und kann die Aufgaben Angriff und Aufklärung übernehmen. (Foto: USAF)

Sämtliche Bestandteile der Systeme RQ-1A/B lassen sich auf dem Luftwege transportieren, so dass ein weltweiter Einsatz in kürzester Zeit möglich ist.

Recht schnell kam der Gedanke auf, den Predator auch für den Angriff zu nutzen. An zwei Außenträgern unter dem Tragwerk können verschiedene Lasten mitgeführt werden. Erste Testschüsse mit AGM-114 C Hellfire Luft-Boden-Lenkwaffen wurden ab dem 16. Februar 2001 durchgeführt. Später folgten Versuchsreihen mit der Luft-Luft-Lenkwaffe FIM-92 Stinger. Als Waffenträger lautet die Bezeichnung MQ-1, wobei M für »Multi« steht. Für den Waffeneinsatz verfügt das Muster über das AN/AAS-44(V) mit Wärmesensor und Laser. Das Gerät ermöglicht Zielerkennung, Zielerfassung und Lenkwaffensteuerung. Da das AN/AAS-44V nur für Höhen von bis zu 4.500 m ausgelegt ist, wurde es später weitgehend durch das AN/AAS-52(V) für bis zu 9.100 m abgelöst.

Im Rahmen des ACTD begann das 11th RS frühzeitig mit Auslandseinsätzen. Zwischen Juli und Oktober 1995 wurde ein System mit drei Predators unter dem Kodenamen »Nomad Vigil« vom albanischen Gjader aus gegen Ziele im ehemaligen Jugoslawien eingesetzt. Innerhalb der 28 Missionen kam es am 11. August 1995 zum ersten Verlust eines Predator. Sowohl das 11th RS als auch der CIA setzte das Luftfahrzeug in zahlreichen Krisengebieten ein. So gegen Bosnien (»Nomad Endeavor«), das von der ungarischen Basis Taszar aus angeflogen wurde. Besonders zu erwähnen ist ein Sondereinsatz vom April 1997, als der Papst Bosnien besuchte und seine Wege und sein Aufenthalt von Predators überwacht wurden (»Nomad Guard«). Die rasche Zuführung neuer AVs machte den Aufbau weiterer Einheiten möglich. Im Januar 2000 wurde die 15th Staffel gegründet, die schon bald zum Einsatz kam. Im März 2002 folgte die 17th RS. Kuwait, Bosnien, Kosovo, Afghanistan und Irak waren bzw.

sind die Einsatzschwerpunkte der Predator-Staffeln. Dabei wurde das Einsatzspektrum immer weiter ausgedehnt. In Afghanistan arbeiten die Drohnen z.B. mit AC-130 Gunships zusammen, indem die Aufklärungsergebnisse an das mit schweren Maschinenwaffen bestückte Kampfflugzeug weitergeleitet werden. Eine weitere Aufgabe lautet Decoy. Der Predator täuscht dem Gegner dabei die Signale eines Kampfflugzeugs vor und lenkt ihn somit vom eigentlichen Ziel ab. Bevorzugt werden die AVs in besonders gefährlichen Bereichen eingesetzt und dabei auch hohe Verluste in Kauf genommen. Bis heute sind mindestens 30 Predators verloren gegangen. Auf der Habenseite stehen rund 300.000 Flugstunden (80% davon in Kampfgebieten), bei denen ungezählte Informationen gesammelt, aber auch erfolgreiche Kampfeinsätze geflogen wurden. Die US Air Force gab inzwischen die eine oder andere Information bezüglich der Missionen bekannt. Danach haben die bewaffneten MQ-1 eine Trefferquote von 100% in Afghanistan erzielt und 700 verschiedene Ziele zerstört. Während der Operation »Iraqi Freedom« sollen sieben MQ-1 und neun RQ-1 zum Einsatz gekommen sein, wobei die Fluggeräte 93 Flüge mit einer Gesamtdauer von 1.354 Stunden absolvierten. Über die Mission des CIA gibt es fast keine Informationen. Zwei Bodenstationen mit neun AVs sind angeblich in Usbekistan oder Afghanistan vorhanden.

Inzwischen wurde auch das Ausland auf den Predator aufmerksam. Italien orderte am 6. August 2001 fünf Fluggeräte und eine Bodenstation zum Paketpreis von 55 Millionen US-Dollar. Das System steht seit März 2002 bei der 1° Gruppo Velivoli Teleguidati im Einsatz.

Alles in allem hat sich der Predator als preiswerte und erfolgreiche Alternative zum bemannten Kampf- und Aufklärungsflugzeug herauskristallisiert, so dass General Atomics mit der MQ-9 ein deutlich leistungsstärkeres Muster herausbrachte. Die Drohne – zunächst als Predator B bzeichnet – erhielt den neuen Namen Reaper (etwa: Sensenmann), der einen Hinweis auf die Hauptaufgabe des Musters gibt: Kampfeinsätze.

Wesentliche Unterscheidungsmerkmale zum Vorgänger ergeben sich aus dem nach oben gestellten V-Leitwerk und dem Honeywell TPE-331-10 Turboprop-Triebwerk mit einer Startleistung von 662 kW. Ferner weist das Muster größere Abmessungen und Maße auf. An sechs Unterflügelstationen können Außenlasten von insgesamt 1.360 kg mitgeführt werden. Nach dem Erstflug am 2. Februar 2001 erfolgte die übliche Erprobung und schlussendlich die Abnahme

Neben der »Bird of Prey« stellt die »Dark Star« eines der ungewöhnlichsten Fluggeräte der Neuzeit dar. (Foto: USAF)

Predator, Dark Star, Global Hawk – die automatisierte Aufklärung

durch die US Air Force, die bis dato über ein Dutzend Reaper verfügt und insgesamt 60 bestellt hat. Weitere Betreiber der Drohnen sind die US Navy, die NASA und das Heimatschutzministerium der USA. Während die Navy eine Version für Überwachungseinsätze unter dem Namen Mariner erprobt, trägt das Muster bei der NASA den Namen Ikhana, der aus der Sprache der Indianer stammt und soviel wie Intelligenz bedeutet. Der Komplettpreis für ein MQ-9 System mit vier Fluggeräten und Sensorausstattung liegt derzeit bei 53,6 Millionen US-Dollar.

Lockheed Martin legte mit der RQ-3 Dark Star einen ungewöhnlichen Entwurf vor, der ganz auf Tarnkappeneigenschaften ausgelegt und an dessen Entwicklung und Bau Boeing mit etwa 50% beteiligt war. Das von Boeing konstruierte Tragwerk wies eine hohe Streckung und eine geringe Tiefe auf. Der gerade Flügel hatte Landeklappen und Querruder, die sich über die gesamte Spannweite erstreckten. Der abgerundete Rumpf war flach und entsprach in seiner Gesamtheit dem landläufigen Bild einer »fliegenden Untertasse«. Auf der Oberseite befand sich der kreisrunde Lufteinlauf für das Williams F129 (FJ44-1A) Turbofan-Triebwerk mit einer Startleistung von 8,4 kN (863 kg). Die flach ausgeführte Schubdüse lag oberhalb der Flügelhinterkante. Die genannten Konstruktionsmerkmale reduzierten die Radar-Rückstrahlfläche und die Infrarotsignatur. Lockheed hatte bei der bekannten F-117 Nighthawk noch auf rechteckige Flächen (Diamant-Bauweise) zur Minimierung der Rückstrahlung gesetzt, wenngleich runde Konturen dafür besser geeignet sind. Die damaligen Computerprogramme waren aber noch nicht in der Lage, derart komplexe Berechnungen anzustellen. Beim Dark Star war dies anders, so dass die Drohne über optimale Tarneigenschaften verfügte. Das Air Vehicle sollte vollautomatisch operieren, d.h. Start, Einsatzflug und Landung liefen nach einem Programm ab. Die Bodenkontrolle hatte nur Überwachungsfunktionen, konnte aber auch jederzeit in den Flugablauf eingreifen. Zwei Datenleitungen befanden sich an Bord. Eine für die Kontrolle und Steuerung

Während des Jungfernflugs der »Global Hawk« blieb das Fahrwerk ausgefahren. (Foto: USAF)

US-Spionageflugzeuge

Das im Kontrast zum dunklen Rumpf weiß bemalte Tragwerk zeichnet sich durch eine große Streckung und geringe Tiefe aus. (Foto: Northrop Grumman)

Predator, Dark Star, Global Hawk – die automatisierte Aufklärung

der Drohne und eine für die Übertragung der Sensordaten. Zu den wesentlichen Geräten der RQ-3 gehörten: GPS, J-Band Satcom, TESAR (Tactical Endurance Synthetic Aperture Radar) und das elektro-optische System CA-236. Alles in allem konnte Dark Star damit ISR-Aufgaben erfüllen (ISR: Intelligence, Surveillance and Reconnaissance).

Die erste Drohne (Article 695) traf am 14. September 1995 auf der Edwards Air Force Base ein, wobei das Dryden Flight Research Center der NASA die erforderliche Bodenunterstützung bot. Dem Erstflug am 29. März 1996 folgte bereits am 22. April des Jahres der Absturz und Totalverlust. Ursächlich für den Crash sollen Stabilitätsprobleme gewesen sein. Die zweite Drohne (Article 696) kam erst am 29. Juni 1998 zum Fliegen. Der Jungfernflug verlief vollautomatisch und dauerte 44 Minuten, dabei wurde eine Flughöhe von 1.524 m erreicht. Insgesamt gab es eine Vielzahl von Problemen, so dass bis zum 9. Januar 1999 nur fünf Flüge durchgeführt wurden. Der längste dauerte 2 Stunden und 37 Minuten und die größte Flughöhe lag bei 7.600 m. Offiziell wurde das Programm am 28. Januar 1999 für beendet erklärt. Es gibt allerdings Gerüchte, wonach die zweite Dark Star in den Monaten März und April 2003 über dem Irak zum Einsatz gekommen ist.

Deutlich größer und schwerer als Predator und Dark Star ist die Global Hawk, die ab 1995 bei Teledyne Ryan Aeronautical in San Diego entstand und die US Air Force-Bezeichnung RQ-4 trägt. Nachdem das Unternehmen von Northrop Grumman übernommen wurde, erfolgte die weitere Entwicklung unter dem Dach dieses Firmenverbundes. Zunächst gab das Denfense Airborne Reconnaissance Office (DARO) zwei Erprobungsträger, zwei Sensorplattformen und eine Bodenkontrollstation in Auftrag. Das erste Exemplar, Air Vehicle 1, wurde im August 1997 an die Edwards AFB ausgeliefert. Von dort aus absolvierte das Muster am 28. Februar 1998 seinen vollautomatisierten 56-minütigen Erstflug, bei dem eine Höhe von 9.753 m erreicht wurde.

Wie bei Programmen dieser Art üblich, erfolgte die Einschaltung zahlreicher Subunternehmer. So fertigt Vought Aircraft Industrie das aus Verbundstoffen bestehende Tragwerk, das über eine große Streckung und eine geringe Tiefe verfügt und über dessen gesamte Hinterkanten sich Querruder und Landeklappen erstrecken. Ferner sind am Tragflügel zwei feste Stationen für Außenlasten von bis zu 454 kg vorhanden. Der Rumpf der Global Hawk ist in konventioneller Alu-Halbschalen-Bauweise erstellt und mit Verbundmaterial bekleidet. Die Sensor- und Avionikschächte sind druckbelüftet und klimatisiert. Das V-Leitwerk wird bei Auro Flight Sciences gebaut, es reduziert die Radarrückstrahlung und schirmt zugleich die Schubdüse des Strahltriebwerks ab, so dass die Infrarotabstrahlung gering ist. Das von Rolls-Royce North America gelieferte AE 3007H Turbofan-Triebwerk hat eine Startleistung von 37 kN. Es ist auf dem Rumpfrücken montiert und weist einen kurzen Lufteinlauf auf. Die Drohne verfügt über ein herkömmliches Dreibein-Fahrwerk, das automatisch beim Erreichen einer Flughöhe von 1.200 m eingefahren wird.

Die Steuerung und Fluglagenkontrolle erfolgt über Integrated Mission Management Computer (IMMC). Den Kern des Systems bilden zwei KN-4072 INS/GSP (Inertial Navigation System / Globals Positioning System) Navigations- und Kontrollsysteme, die von der Firma Kearfott Guidance & Navigation Corporation aus New Jersey bezogen werden. Raytheon Space & Airborne Systems liefert das Synthetic Aperture Radar sowie die elektro-optischen und Infrarot-Sensoren. Des Weiteren befindet sich ein Ground Moving Target Indicator (GMTI) zur Erfassung von Bodenbewegungen, wie z.B. Kraftfahrzeuge oder Marschkolonnen, an Bord. Das Bordradar verfügt über verschiedene Betriebsarten. Beim Abtasten größerer Flächen (maximal 40.000 Quadratmeilen in 24 Stunden) liegt die Auflösung bei 1 m. Bei der Punkterfassung beträgt sie 3 cm. Die Daten werden fast in Echtzeit entweder direkt an Bodenstationen, andere Flugzeuge wie die Boeing E-3 AWACS, oder via Satellit übertragen. Für die Satellitenkommunikation (Satcom) verfügt der Global Hawk über eine Antenne von 1,22 m Durchmesser, die sich in einer blasenförmigen Ausbuchtung im Rumpf befindet und die der Drohne ihre typische Silhouette verleiht. Auch zur Eigensicherung führt die RQ-4 verschiedene Geräte mit. Darunter befinden sich der Radarwarner AN/ALR 89 sowie ein ALE 50 »Köder« der an einem Seil hinter der Drohne geschleppt werden kann.

Die Bodenstation besteht aus zwei Teilen. Dem Mission Control Element (MCE) und dem Launch and Recovery Elemet (LRE). Das MCE verfügt über vier Arbeitsplätze und ist über Ku-Band bzw. UHF mit dem Global Hawk verbunden. Das LRE ist über separate Leitungen, die ebenfalls auf Ku-Band bzw. UHF arbeiten, an die Drohne angeschlossen. Sowohl MCE als auch LRE sind lufttransportfähig.

Das typische Einsatzszenario einer RQ-4 sieht wie folgt aus: Anflug an ein 5.500 km entferntes Zielgebiet, hier verweilt die Drohne für 24 Stunden und kehrt dann zum Ausgangspunkt zurück.

Nachdem der Global Hawk und seine Systeme genug Potenzial für einen Serienbau aufwiesen, kam es in den folgenden Jahren zu weiteren Aufträgen. Neben der USAF (54) und der US Navy (2) beschaffte auch die Bundeswehr die Drohne. Großes Interesse zeigte auch Australien, das seine P-3 Orion-Aufklärer zum Teil durch die RQ-4 ersetzen will. Im April 2001 flog ein Global Hawk zu Demonstrationszwecken von der Edward AFB zur Royal Australian AFB, Edinburgh, Südaustralien. Es war das erste Mal, dass ein unbemanntes Fluggerät den Pazifischen Ozean überquerte.

Die Erprobung der Drohnen verlief aber keineswegs reibungslos. Eine Reihe von Verlusten war in Kauf zu nehmen. Am 29. März 1999 gab es den ersten Absturz, bei dem auch eine Sensorplattform zerstört wurde. Grund für den Unfall waren Kontrollprobleme. Im Dezember 1999 dann der nächste Unfall. Diesmal hatte man die Drohne falsch programmiert und sie mit einer Rollgeschwindigkeit von 290

Die Heckansicht erlaubt einen Blick auf einige konstruktive Besonderheiten. Zu ihnen gehören das aufgesetzte Triebwerk und die Gestaltung des Hecks, die die Wärmeabstrahlung des Triebwerks reduziert sowie die großen Fahrwerkschächte. (Foto: USAF)

US-Spionageflugzeuge

Die Frontansicht lässt erkennen, dass der vordere Rumpf mit seiner im Inneren verborgenen Satellitenantenne den Lufteinlauf quasi abschirmt. Radarstrahlen können so erst gar nicht auf die Triebwerkschaufeln treffen und reflektiert werden. (Foto: USAF)

Predator, Dark Star, Global Hawk – die automatisierte Aufklärung

km/h zur Startbahn geschickt. Eine Fehlfunktion des Ruder-Antriebs wurde der fünften Global Hawk zum Verhängnis, die nach einer Gesamtflugzeit von 940 Stunden am 30. Dezember 2001 abstürzte.

Ab Anfang 2002 waren die »Kinderkrankheiten« jedoch soweit überwunden, dass die Drohne zum Einsatz kommen konnte. Während der Operationen »Southern Watch«, »Enduring Freedom« und »Iraqi Freedom« wurden mehr als 15 Einsätze mit mehr als 350 Flugstunden im Kampfgebiet durchgeführt und 4.832 Abbildungen erstellt, die sich wie folgt aufteilen: 1.296 elektro-optische, 1.290 infrarote und 2.246 mittels Radar. Dabei entdeckte die RQ-4 unter anderem 13 einsatzbereite Flugabwehrbatterien, 50 Flugabwehrstellungen und 300 Kampfpanzer. Ein weiteres Einsatzgebiet stellt Afghanistan dar. Informationen darüber fließen aber nur spärlich. Bekannt wurde aber, dass mindestens zwei Global Hawk abgestürzt sind und bis heute mehr als 4.000 Flugstunden – davon 1.500 in Kampfgebieten – absolviert worden sind. 95% davon werden als erfolgreich betrachtet.

Seit 2004 sind die RQ-4 Drohnen dem 9th Reconnaissance Wing auf der Beale AFB unterstellt und bilden dort die 12. Staffel. Nach dem Bau der ersten Exemplare – Block 0 und Block 10 (RQ-4A) – kam mit dem Block 20 am 1. März 2007 eine neue Variante zum Fliegen. Die als RQ-4B und AF-8 bezeichnete Drohne weist größere Maße und Massen auf. So stiegen Spannweite und Länge von 35,40 m und 13,50 m auf 39,90 m und 14,50 m. Die Nutzlast konnte um 50% auf nunmehr 1.360 kg gesteigert werden. Neu ist auch ein vereinfachtes System zum Anschließen oder Wechseln der verschiedenen Sensoren sowie Generatoren, die 150% mehr Strom als ihre Vorgänger produzieren. Kaum dass die ersten Block 20-Drohnen die Werkhallen verlassen hatten, begann bereits die Fertigung des Block 30, der eine SIGINT-Variante darstellt und des Block 40, der eine Multi-Plattform für neue Radar-Technologie mitführen kann.

Auf der Suche nach einem Nachfolger für ihre veralteten Breguet Atlantic-Aufklärer und zum Teil auch als Ablösemuster für ihre Tornado-Aufklärer stieß die Bundeswehr recht schnell auf die RQ-4. EADS entwickelte für den Einsatz der Drohne ein auf die deutschen Bedürfnisse zugeschnittenes SIGINT-Sensoren-Paket, das Ende 2002 in den USA erprobt werden konnte und schwerpunktmäßig die Bereiche ELINT und COMINT umfasst. Da die Tests auf der Edwards AFB nicht ausreichten, verlegte im Oktober 2003 eine RQ-4 Block 10 auf dem Luftweg von Edwards nach Nordholz, der Heimat des Marinefliegergeschwaders 3. Im Anschluss daran erfolgte eine rund zweiwöchige Erprobung über der Nordsee, wobei sechs Flüge in Höhe um 19.000 m stattfanden.

Der Überführungsflug konfrontierte die Flugüberwachung mit einer Reihe von Fragen. Was passiert bei einem TCAS-Alarm (Traffic Alert and Collision Avoidance System – Kollisionswarngerät), beim Ausfall der Funkverbindung oder bei der Unterbrechung der Datenleitung? Im Vorfeld des Flugs gab das Amt für Flugsicherung der Bundeswehr (AFSBw) einen Auftrag an das Deutsche Zentrum für Luft- und Raumfahrt (DLR) heraus, der den Betrieb einer Drohne unter Sicherheitsaspekten untersuchen sollte. Zur Klärung des Fragenkatalogs zog das DLR die Deutsche Flugsicherheit (DFS) hinzu, die an einem Simulator alle erdenklichen Szenarien durchspielte und am Ende resümierte: die Teilnahme einer Drohne am allgemeinen Flugbetrieb unterscheidet sich nur unwesentlich von der bemannten Luftfahrt. Alle auftretenden Probleme lassen sich meistern. Schwierig wird es erst, wenn die Datenverbindung ausfällt. Doch hier beruhigen Northrop Grumman und die US-Luftfahrtbehörde FAA gleichermaßen. In einem solchen Fall greift der Bordcomputer ein. Kurz nach Ausfall der Verbindung trifft er die Entscheidung, den Einsatz entweder wie vorprogrammiert durchzuführen oder die Mission abzubrechen und zum Abflughafen oder einem Ausweichplatz zurückzukehren.

Die bis heute mit der RQ-4 gesammelten Erfahrungen sind von großer Bedeutung. Während Drohnen bisher in eigens zugewiesenen Lufträumen agierten, werden sie künftig am allgemeinen Flugverkehr teilnehmen und dabei eine ganze Reihe von Kontroll- und Überwachungsmissionen, z.B. im Bereich des Grenzschutzes, des Umweltschutzes, des Katastrophenschutzes und der Kontrolle von Pipelines, Überlandleitungen usw. übernehmen und auch als fliegende Relaisstation für Telefonnetze und Ähnlichem werden uns Drohnen künftig begegnen.

Wenngleich der Preis einer RQ-4 von ursprünglich 15 Millionen US-Dollar ohne Sensoren bereits beim siebten Exemplar auf 48 Millionen US-Dollar geklettert war, konnte sich die Global Hawk durchsetzen. Die US-Navy erprobt unter dem Begriff »Global Hawk Maritime Demonstration« (GHMD) seit dem 6. Oktober 2004 zwei Fluggeräte, deren Sensoren Schiffe erfassen und erkennen und die Abstrahlung gegnerischer Radar-Geräte auffangen und analysieren.

Die Bundeswehr hat am 31. Januar 2007 mit der EuroHawk GmbH, einem Gemeinschaftsunternehmen von Northrop Grumman und EADS, einen Vertrag über die Lieferung von fünf RQ-4B Block 20 in Höhe von 559 Millionen US-Dollar geschlossen. Für den Betrieb der Drohne wird 2009 eine Staffel beim Aufklärergeschwader 51 Immelmann in Jagel aufgestellt. Die erste RQ-4 wird 2010 den Flugbetrieb aufnehmen und die Ablieferung der restlichen Drohnen wird 2014 abgeschlossen sein.

Die Entwicklung und der Bau von Drohnen haben sich inzwischen zu einem lukrativen Geschäft für die Luftfahrtindustrie entwickelt. Die USA stellten in den letzten fünf Jahren mehr als 13,7 Milliarden Dollar für die verschiedenen Programme bereit. Global Hawk und J-UCAS (Joint Unmanned Combat Air System) ragen dabei

In Vorbereitung auf einen Auftrag der Bundeswehr für die »Euro Hawk«-Drohne operierte eine »Global Hawk« im Oktober 2003 von Nordholz aus über der Nordsee. (Foto: USAF)

Predator, Dark Star, Global Hawk – die automatisierte Aufklärung

Ungewöhnlicher Blick auf einen Boeing X-45A Erprobungsträger. (Foto: Boeingmedia)

geschnitten. Nach dem jetzigen Zeitplan wird die Borderprobung ab 2011 beginnen und die Aufstellung des ersten Einsatzverbandes 2020 erfolgen. Derzeit nutzt die US Navy die kleinen Aufklärungsdrohnen RQ-2 Pioneer und ScanEagle, die mittels Katapult gestartet und nach Ende der Mission durch Fangvorrichtungen gelandet werden. Aufgrund ihrer geringen Größe und der beschränkten Nutzlastkapazität waren solche Drohnen nur begrenzt einsetzbar. Die Verwendung von Nano-Technik offerierte jedoch ganz neue Perspektiven. So konnte ein ScanEagle erstmals mit einem Synthetik Aperture Radar erprobt werden. Das Radar wiegt nur noch etwas mehr als 2 kg und hat die Außmaße eines Schuhkartons.

mit 4,3 bzw 3,8 Milliarden heraus. J-UCAS, besser bekannt als X-45 und X-47, ist ein Mehrzweckflugzeug mit den Schwerpunkten Aufklärung und Kampfeinsatz.

Boeing brachte am 22. Mai 2002 den ersten von zwei X-45A-Versuchsträgern für 14 Minuten in die Luft. Welche Leistungen solche Systeme erreichen, wurde am 4. Februar 2005 unter Beweis gestellt. Die beiden Drohnen flogen einen Kampfeinsatz, bei dem ein Ziel vorgegeben wurde. Nach Entdecken und Identifizieren des Objekts tauschten die Drohnen untereinander verschiedene Daten aus und ermittelten eigenständig, welche von ihnen für die Bekämpfung am besten geeignet sei. Nach erfolgreichem Angriff machten die Drohnen noch ein verstecktes Ziel aus, das ebenfalls mit Erfolg angriffen wurde. Dies zeigt, dass Drohnen schon heute weit mehr können als das einfache Abfliegen von vorprogrammierten Flugstrecken. Für den Serienbau ist die X-45C vorgesehen, die deutlich größer und schwerer ist und in Kürze in die Erprobung geht.

Ebenso wie Boeing baute auch Northrop Grumman mit der X-47A zwei Versuchsträger, von denen der erste am 23. Februar 2003 für 12 Minuten flog. Die kleine Drohne mit einer Spannweite von 8,47 m, einer Länge von 8,50 m und einer Startmasse von 2.678 kg soll den Weg für die X-47B ebnen, die Ende 2009 in die Erprobung gehen soll und die mit einer Spannweite von 18,92 m, einer Länge von 11,63 m und einer Startmasse von 19.000 kg deutlich größer und schwerer ist. Die X-47 ist für den Einsatz bei der US Navy zu-

Die Fotomontage vermittelt einen Eindruck vom Aussehen der X-45C. (Foto: Boeingmedia)

US-Spionageflugzeuge

Die kleine Aufklärungsdrohne Boeing »Scan Eagle« hat sich sowohl bei den US Marines als auch bei der US Navy außergewöhnlich gut bewährt. Die US Marine Expeditionary Forces (MEF) flogen im Irak mehr als 50.000 Einsatzstunden mit der Drohne und die US Navy fing das Fluggerät mehr als 1.000 mal ohne jeden Zwischenfall an Bord ihrer Schiffe mit einer speziellen Anlage auf. (Foto: Boeingmedia)

Die Drohne »Desert Hawk« stellte unter Beweis, dass selbst kleine Fluggeräte sehr effektiv zum Einsatz kommen können. Hauptaufgabe der Drohne ist die Überwachung des Umfeldes von Flugplätzen. (Foto: USAF)

Gegenwärtig ist eine Reihe von Drohnen in der Entwicklung, die nur die Größe einer Hand haben und für die Infanterie bestimmt sind. Doch das ist nur der Anfang der Miniaturisierung. Schon heute wird darüber nachgedacht, Drohnen in Insektengröße zu fertigen. Sie könnten im Häuserkampf eingesetzt werden und unter anderem die Position von Scharfschützen ermitteln und Kampfstoffe zur Ausschaltung des Gegners einsetzen. Ein Vorbote dieser Entwicklung ist die von Lockheed Martin entwickelte »Desert Hawk«, die zur Kontrolle des Umfeldes von Flugplätzen in Kampfgebieten eingesetzt wird. Die rund 30.000 US-Dollar teure Drohne wird mit einem Gummiseil gestartet. Sekunden nach dem Start schaltet sich der Elektromotor mit einer Betriebszeit von 60 Minuten ein. Das aus Kunststoff gefertigte Fluggerät wiegt 3,2 kg, seine Spannweite und Länge betragen 1,32 m bzw. 0,86 m. Es ist wahlweise mit einer TV-Kamera oder einer Infrarotkamera ausgestattet und fliegt mit 92 km/h eine vorprogrammierte Strecke in einer Höhe von maximal 150 m ab.

All diese Beispiele zeigen, dass die unbemannten Fluggeräte in naher Zukunft das Feld der Militärfliegerei beherrschen werden und auch der Schritt in Richtung Zivilluftfahrt ist nicht mehr fern.

Technische Daten RQ-1L Predator											
Spannweite	Länge	Höhe	Flügelfläche	Startmasse	Leermasse	Nutzlast	Höchstgeschwindigkeit	Reisegeschwindigkeit	Verweildauer über dem Zielgebiet:	Reichweite	Dienstgipfelhöhe
14,85 m	8,13 m	2,21 m	11,45 m²	1.020 kg	513 kg	204 kg	217 km/h	130 km/h	bis zu 16 Stunden	740 km	7.620 m

Technische Daten MQ-9 Reaper											
Spannweite	Länge	Höhe	Startmasse	Nutzlast intern	Nutzlast extern		Höchstgeschwindigkeit	Reisegeschwindigkeit	Verweildauer über dem Zielgebiet:	Reichweite	Dienstgipfelhöhe
20,11 m	10,97 m	3,97 m	4.436 kg	363 kg	1361 kg		430		mehr als 24 Stunden	5.923 km	15.240 m

Technische Daten RQ-3 Dark Star						
Spannweite	Länge	Höhe	Rumpfbreite	Startmasse	Höchstgeschwindigkeit	Flugdauer	Dienstgipfelhöhe
21,03 m	4,57 m	1,52 m	3,66 m	3.900 kg	460 km/h	12 Stunden	19.800 m

Technische Daten RQ-4B Global Hawk									
Spannweite	Länge	Höhe	Startmasse	Nutzlast	Höchstgeschwindigkeit	Verweildauer über dem Zielgebiet:	Flugdauer	Überführungsreichweite	Dienstgipfelhöhe
39,90 m	14,50 m	4,60 m	14.628 kg	1.360 kg	575 km/h	24 Stunden	Max. 36 Stunden	22.780 km	Mehr als 18.300 m

Anhang

Boeing KC/RC-135-Aufklärer und Trainer Baureihen- und Einzelübersicht

KC-135A Serial-Numbers 55-3121, 59-1465 und 59-1514

Im Jahr 1961 erfolgte der erste Umbau von KC-135-Tankerflugzeugen zu Elektronikaufklärern, die sowjetische Atombombenversuche überwachten und auswerteten. 1963 wurden die Flugzeuge auf den Rüststand »Rivet Stand« gebracht, der unter anderem ein Selbstschutzsystem Namens »Garlic Salt« beinhaltete. Die Spezialmaschinen wurden auch bei amerikanischen Atomwaffentests eingesetzt. 1969 erfolge der Umbau der 55-3121 auf den Rüststand »Rivet Jaw«. 1967 wurden die Flugzeuge erneut umgerüstet, nun zu KC-135R mit Nachbetankungssonde. Die 55-3121 erhielt später die Bezeichnungen KC-135T und RC-135T. Sie verunfallte am 25. Februar 1985. Die 59-1465 war bereits am 19. Juli 1967 abgestürzt. Die verbliebene 59-1514 wurde noch dreimal umgebaut. 1970 zur »Rivet Quick«. 1979 zur KC-135A (ARR) und 1981 zur KC-135E (ARR).

KC-135A-II Serial-Numbers 60-0356, 60-0357 und 60-0362

Die KC-135A-II repräsentieren die erste offizielle Aufklärerausführung der KC-135. Sie kam ab Dezember 1962 in der Konfiguration »Office Boy« zum Einsatz. In einigen Veröffentlichungen werden die Flugzeuge fälschlicherweise als RC-135A bezeichnet. Die Flugzeuge führten mit einer sechsköpfigen Besatzung SIGINT-Missionen durch. Ab 1965 lautete ihre Bezeichnung RC-135D.

KC-135R Serial-Numbers 55-3121, 58-0126, 59-1465 und 59-1514

Die Baureihe entstand durch Umbenennung der KC-135A 55-3121, 59-1465 und 59-1514. Nach dem Absturz der 59-1465 kam als Ersatz die 58-0126 hinzu.
Vielfach werden die Flugzeuge auch als RC-135R bezeichnet. In offiziellen Dokumenten finden sich aber dazu keine Hinweise. Der Einsatz erfolgte als SIGINT- und ELINT-Aufklärer. 59-1465 und 55-3121 erhielten unter der Bezeichnung »Briar Patch« eine Kabelanlage am Heck. Am Ende des fast 3.700 m langen Stahlseils befand sich ein 3 m großes »Segel« zur Messung nuklearer Druckwellen. 55-3121 wurde später zur KC-135T umgebaut.

KC-135T Serial-Number 55-3121

Die KC-135A wurde im Laufe ihrer Einsatzzeit mehrfach modifiziert. Ab 1969 trug sie die Bezeichnung KC-135T und ab 1971 RC-135T (»Rivet Dandy«). Am 25. Februar 1985 ging das Flugzeug verloren.

OC-135B, OC-135W und TC 135B Serial-Numbers 61-2667, 61-2670, 61-2672 und 61-2674

Es handelt sich um die Einsatz- und Trainingsflugzeuge für das zwischen der NATO und den Staaten des Warschauer Paktes abgeschlossene Abkommen »Open Skies« (siehe Kapitel 1). 61-2667 ist ein ehemaliger WC-135B-Wetteraufklärer, der zum Trainingsflugzeug TC-135B abgeändert wurde. Auch bei den Ausführungen OC-135B (61-2670) und OC-135W (61-2672/61-2674) handelt es sich um ehemalige Wetterbeobachter.

RC-135A Serial-Numbers 63-8058 bis 63-8061

Vier Flugzeuge wurden 1964 als Fotoaufklärer zur Erstellung topografischer Karten von nicht feindlichen Gebieten bestellt. Dazu wurde der vordere Unterflurtank ausgebaut und ein umfangreiches Kamerapaket installiert. Das Flugzeug war in der Lage, täglich ein Gebiet von fast 104.000 km² Größe zu fotografieren. Das erste Muster absolvierte am 28. April 1965 seinen Erstflug. Die sehr komplexen Flugzeuge waren als Bindeglied zwischen der herkömmlichen Luft- und der Satellitenfotografie gedacht.

RC-135B und C Serial-Numbers 63-9792, 64-14841 bis 64-14849

Boeing bereitete diese Flugzeuge als RC-135B von vornherein für die Aufgabe eines Elektronikaufklärers vor. Die erforderliche Ausrüstung wurde von der Glenn L. Martin Corporation eingebaut und die Bezeichnung in RC-135C geändert. Ab dem 27. Januar 1967 verfügte das 55th Strategic Reconnaissance Wing über den Spezialaufklärer, der für das Aufspüren, Erfassen und Auswerten von elektronischen Signalen ausgestattet war. Zu den Neuheiten des Flugzeugs gehörte, dass die vorgenannten Aufgaben vollautomatisch ausgeführt wurden, wobei das System die Besatzung selbsttätig auf festgestellte Besonderheiten oder Anomalitäten hinwies. Die Flugzeuge kamen als SIGINT und COMINT Aufklärer in großem Umfang während des Vietnamkriegs zum Einsatz und wurden später zu RC-135V bzw. U umgebaut (Einzelheiten siehe dort).

RC-135D Serial-Numbers 60-0356, 60-0357 und 60-0362

Es handelt sich um die ehemaligen KC-135A-II-Aufklärer, die 1965 die Bezeichnung RC-135 D erhielten. Die »Rivet Bass«-Flugzeuge erwiesen sich im Einsatz als sehr störanfällig. Hohe oder niedrige Temperaturen bereiteten ihnen ebenso Probleme wie Starkregen. Im Frühjahr 1975 führten sie die letzten Aufklärermissionen durch, dann erfolgte der Umbau zu KC-135A (ARR)-Flugzeugen.

RC-135E Serial-Number 62-4137

In nur einem Exemplar entstand die RC-135E, die für die Beschattung sowjetischer Raketentestgelände konzipiert war und über ein

Anhang

Die Serial-Number 64-14849 wurde zunächst als RC-135B in den Dienst genommen. Dann erfolgten die Umbenennung in RC-135C und schließlich der Umbau zur hier gezeigten RC-135U. (Foto: USAF)

Seitenradar mit einer Reichweite von 1.852 km verfügte. Zu den Besonderheiten des Flugzeugs gehörten zwei Außenbehälter unter dem Mittelflügel. Links befand sich eine T55-L5-Turbine zur elektrischen Versorgung der Ausrüstung und Geräte. Rechts war der Antrieb für das Kühlsystem platziert. Das Rivet Amber Flugzeug hatte bis zu 19 Mann an Bord. Es stürzte am 5. Juni 1969 wegen Materialermüdung über der Bering-See ab, wobei die gesamte Besatzung ums Leben kam.

RC-135M Serial-Numbers 62-4131, 62-4132, 62-4134, 62-4135, 62-4138 und 62-4139

Die auf der C-135B basierenden Umbauflugzeuge kamen ab 1967 im Großraum Vietnam zum Einsatz. Der Schwerpunkt lag dabei auf dem Abhören des gegnerischen Funkverkehrs und der Identifizierung von Radargeräten. Die unter dem Begriff »Combat Apple« geführten Missionen dauerten in der Regel 18 bis 22 Stunden, wobei im Normalfall zwei Flugzeuge in der Luft waren. Die gewonnenen Daten wurden direkt an fliegende Relaisstation der Bauart EC-135L und KC-135A-VIII übertragen, die diese an verschiedene Empfänger am Boden oder in der Luft weiterleiteten. So war es unter anderem den amerikanischen Kampffliegern möglich, Störmaßnahmen gegen vietnamesisches Boden- oder Bordradar einzuleiten. 1978 begann die Modifizierung auf den Ausrüstungszustand »Rivet Joint« mit TF33-P-5 Triebwerken und Nachbetankungssonde. Später erfolgte der schrittweise Umbau zur Ausführung RC-135W.

RC-135S und TC-135S Serial-Numbers 59-1491, 61-2662 bis 61-2664, 62-4128 und 62-4133.

Von der Aufgabenstellung her entsprach die Ausführung S der Version E, hatte aber als äußeres Unterscheidungsmerkmal Rumpffenster für optische Geräte.
Einsatzgebiet war das Raketentestgelände auf der Halbinsel Kamtschatka. Die Besatzung bestand aus bis zu 16 Mann, darunter zwölf Missionsspezialisten, die die Spezialgeräte für die Aufgabenstel-

Anhang

Die Besatzung einer RC-135W geht an Bord. (Foto: USAF)

lungen TELINT und OPTINT bedienten. Zunächst wurde nur ein Flugzeug 1967 als »Cobra Ball« gebaut (Serial-Number 59-1491). Nachdem das Muster am 13. Januar 1969 bei der Landung verunfallt war, folgten Ersatzmaschinen. 61-2662 trug die Bezeichnung »Cobra Ball III«, 61-2663 hieß »Cobra Ball Minimum« und die ab Anfang 1970 eingesetzte 61-2664 wurde zunächst »Cobra Ball II« und dann »Cobra Ball III« genannt. Das Flugzeug stürzte am 15. März 1981 ab. Als der Bedarf an Flugzeugen der Ausführung RC-135S in den 90er-Jahren zunahm, wurde die RC-135X (61-4128) »Cobra Eye« auf den Stand RC-135S »Cobra Ball« gebracht. Die TC-135S (62-4133) war ein Trainingsflugzeug mit einem Flugdeck, das der »Cobra Ball«-Ausführung entsprach. Die Variante entstand 1985 durch den Umbau einer EC-135B. Sie diente als Ersatz für die verunglückte RC-135T. Neben TF33-P-5 Turbofan-Triebwerken verfügt das Flugzeug über eine Nachbetankungssonde.

RC-135T Serial-Number 55-3121

Im Mai 1971 entstand durch den Umbau einer KC-135T die RC-135T mit »Rivet Jaws«-Ausstattung. Nach dem Ausbau der COMINT-Ausrüstung entsprach der Rüstzustand der Ausführung »Rivet Dandy«. Das Flugzeug wurde im Juli 1973 erneut modifiziert und als Trainer eingesetzt, wobei es sich mit Einschränkungen auch weiterhin als Aufklärer einsetzen ließ. 1982 kam es zum Wechsel der Triebwerkanlage. Das J57 machten dem TF33-PW-102 Turbofan Platz. Das Trainingsflugzeug stürzte am 25. Februar 1985 während eines Instrumenten-Landeanflugs ab. Die dreiköpfige Crew kam dabei ums Leben.

RC-135U Serial-Numbers 63-9792, 64-14847 und 64-14849

General Dynamics baute 1970 drei RC-135C zu RC-135U »Combat Sent« um. Die mit TF33-P-9 Turbofan-Triebwerken motorisierte Variante war ab dem 18. Juni 1971 einsatzbereit. 63-9792 wurde als »Combat Sent 3«, 64-14847 als »Combat Sent 1« und 64-14849 als »Combat Sent 2« bezeichnet. Das zuletzt genannte Flugzeug nahm an der Bomberoffensive der US Air Force gegen Nordvietnam im Jahre 1972 teil.

RC-135V Serial-Numbers 64-14841 bis 64-14847

Diese »Rivet Joint«-Ausführung entstand ab 1972 durch den Umbau von sechs RC-135C (64-14841 bis 64-14846) und einer RC-135U (64-14847). Die Triebwerkanlage bildete das Pratt & Whitney TF33. Seit den 80er-Jahren sind die Flugzeuge an allen Militäreinsätzen der USA beteiligt gewesen.

RC-135W und TC-135W Serial-Numbers 62-4125, 62-4127, 62-4129 bis 62-4132, 62-4134, 62-4135, 62-4138 und 62-4139

Zusammen mit der RC-135V ist die RC-135W seit 1978 wichtiger Bestandteil der globalen Präsenz der US Air Force. Die Rivet Joint Flugzeuge entstanden durch den Umbau von drei C-135B (62-4125, 62-4127, 62-4130) sowie sechs RC-135M. Als Antrieb dient das TF-33 Turbofan-Triebwerk von Pratt & Whitney. Die Trainerausführung TC-135W (62-4129) basiert auf einem C-135B VIP-Transporter.

RC-135X Serial-Number 62-4128

Im Jahre 1983 begann der Umbau einer EC-135B zur RC-135X. Die Arbeiten verliefen sehr schleppend, so dass das Flugzeug erst ab Sommer 1989 zum Einsatz kam. Aufgabe sollte die optische Erfassung von ballistischen Flugkörpern bei Wiedereintritt in die Erdatmosphäre sein, wobei auch amerikanische Raketenprogramme dazugehörten. 1995 erfolgte der Umbau zur RC-135S.

Lockheed U-2 Einzelübersicht

Article 341

Erstflug 4. August 1955. Diente der allgemeinen Flugerprobung und verschiedenen Spezialtests. Absturz am 4. April 1957. Flugzeugführer Bob Sieker fand dabei den Tod.

Article 342 Serial-Number 56-6675

Ablieferung im September 1955. 1959 Umbau zum U-2C-Versuchsträger. 1961 erneuter Umbau, nun zur U-2F. Nach mehreren Unfällen und Reparaturen am 25. Februar 1966 abgestürzt. Der Pilot überlebte.

Article 343 Serial-Number 56-6676

Ablieferung im Oktober 1955. 1961 zur U-2F umgebaut und am 27. Oktober 1962 über Kuba abgeschossen. Flugzeugführer Rudolph Anderson wurde dabei getötet.

Article 344 Serial-Number 56-6677

Ablieferung im November 1955. 1961 zur U-2F umgebaut und am 1. März 1962 während einer Luftbetankung abgestürzt. Captain John Campbell überlebte den Crash nicht.

Article 345 Serial-Number 56-6678

Ablieferung im Dezember 1955. Bill Rose verunfallte am 15. Mai 1956 mit dem Flugzeug tödlich.

Article 346 Serial-Number 56-6679

Ablieferung im Januar 1956. Beim Start im westdeutschen Giebelstadt stürzte Howard Carey zu Tode.

Article 347 Serial-Number 56-6680

Ablieferung im Februar 1956. Ende 1957 vom CIA an das SAC abgegeben und 1962 zur U-2E bzw. 1966 zur U-2F umgebaut. Nach vorübergehender Stilllegung 1972 zum Versuchsträger für das ALSS-Programm modifiziert. Heute ist das Flugzeug im National Air and Space Museum ausgestellt.

Article 348 Serial-Number 56-6681

Ablieferung im März 1956. Zunächst beim CIA, dann beim SAC im Einsatz. Ab 1959 Rückgabe an Lockheed als Musterflugzeug für verschiedene Änderungen. 1963 erneute Auslieferung an den CIA und ein Jahr später Umbau zur U-2G. Von 1969 bis 1971 mit der Registrierung N708NA bei der NASA geflogen. Derzeit steht das Flugzeug als Ausstellungsstück auf dem Gelände des Ames Research Center.

Article 349 Serial-Number 56-6682

Ablieferung im März 1956. 1964 zur U-2H abgeändert und 1965 zur U-2G umgebaut. Von 1971 bis 1987 als N709NA bei der NASA. Das Flugzeug befindet sich nun im Besitz des Museum of Aviation auf der Robins AFB.

Anhang

Die vielfältigen Möglichkeiten zum An- und Einbau diverser Geräte demonstriert diese U-2C der NASA. (Foto: NASA)

Article 350 Serial-Number 56-6683
Ablieferung im April 1956. 1963 Umbau zur U-2F. Das Flugzeug stürzte am 20. November 1963 in der Nähe von Kuba ab. Der Flugzeugführer kam dabei ums Leben.

Article 351 Serial-Number 56-6684
Ablieferung im Mai 1956. 1959 zur U-2C abgeändert. Der Taiwanese Yuo-Hua Chih verunfallte am 19. März 1961 mit dem Flugzeug. Er überlebte den Absturz nicht.

Article 352 Serial-Number 56-6685
Ablieferung im Juni 1956. 1959 Umbau zur U-2C. Pete Wang verunglückte am 22. Oktober 1965 tödlich mit dem Muster.

Article 353 Serial-Number 56-6686
Ablieferung im Juli 1956. Buster Evans – ein CIA-Pilot – stürzte am 14. September 1961 mit der Maschine ab, überlebte aber den Crash.

Article 354 Serial-Number 56-6687
Ablieferung im Juli 1956. Bereits am 31. August 1956 gab es einen schweren Unfall bei dem der Flugzeugführer zu Tode kam.

Article 355 Serial-Number 56-6688
Ablieferung im August 1956. 1962 zur U-2C abgeändert. Am 1. November 1963 über China abgeschossen. Der Pilot überlebte.

Article 356 Serial-Number 56-6689
Ablieferung im September 1956. 1963 zur U-2F umgebaut. Am 23. März 1964 abgestürzt. Der taiwanesische Flugzeugführer ließ dabei sein Leben.

Article 357 Serial-Number 56-6690
Ablieferung im September 1956. Das Flugzeug stürzte bereits am 19. Dezember des Jahres ab. Der Flugzeugführer überlebte den Unfall.

Article 358 Serial-Number 56-6691
Ablieferung im Oktober 1956. 1959 zur U-2C abgeändert. Am 10. Januar 1965 über China abgestürzt. Major Jack Chang konnte sich retten.

Article 359 Serial-Number 56-6692
Ablieferung im Oktober 1956. 1962 Umbau zur U-2F. Ab 1965 Erprobungsträger für die Version U-2R. Von 1972 bis 1975 im Rahmen des TRIM-Projekts eingesetzt. Dann Bauzustand U-2C und Einsatz als ALSS-Versuchsträger. 1975 zum zweisitzigen Schulflugzeug U-2CT umgebaut und 1988 für Bodenversuche der Zelle an die Royal Air Force abgegeben. Heute ist das Flugzeug Bestandteil des Imperial War Museums in Duxford.

Article 360 Serial-Number 56-6693
Ablieferung im November 1956. 1959 zur U-2C umgebaut und am 1. Mai 1960 mit CIA-Pilot Gary Powers in der Nähe von Swerdlowsk abgeschossen.

Article 361 Serial-Number 56-6694
Ablieferung im September 1956. Stürzte am 26. September 1957 ab. Der Flugzeugführer konnte sich retten.

Article 362 Serial-Number 56-6695
Ablieferung im November 1956. Im Dezember 1963 zur U-2G abgeändert. Am 7. Juli 1964 über China abgeschossen. Der Pilot überlebte nicht.

Article 363 Serial-Number 56-6696
Ablieferung im Dezember 1956. Bei einem Absturz am 22. März 1966 zerstört. Der Flugzeugführer konnte sich mit dem Schleudersitz retten.

Article 364 Serial-Number 56-6697
Ablieferung im Januar 1957. Verunfallte am 6. August 1958. Leutnant Paul Haughland starb beim Absturz.

Article 365 Serial-Number 56-6698
Ablieferung im Januar 1957. Abgestürzt am 9. Juli 1958. Der Pilot kam dabei zu Tode.

Article 366 Serial-Number 56-6699
Ablieferung im Februar 1957. Am 28. Juni 1957 abgestürzt. Dabei wurde der Flugzeugführer getötet.

Article 367 Serial-Number 56-6700
Ablieferung im Februar 1957. 1966 zur U-2C umgebaut. 1972 zum

Erprobungsträger für das ALSS modifiziert. Stürzte am 29. Mai 1975 in der Nähe von Winterberg ab. Der Pilot überlebte den Crash.

Article 368 Serial-Number 56-6701
Ablieferung im März 1957. 1966 Umbau zur U-2C und 1972 zum ALSS Versuchsträger. Das Flugzeug ist heute im SAC-Museum auf der Offutt AFB ausgestellt.

Article 369 Serial-Number 56-6702
Ablieferung im März 1957. Stürzte bereits am 28. Juni 1957 ab, wobei der Flugzeugführer ums Leben kam.

Article 370 Serial-Number 56-6703
Ablieferung im April 1957. 1962 zur U-2E umgebaut und am 18. September 1964 abgestürzt. Major Robert Primrose starb dabei.

Article 371 Serial-Number 56-6704
Ablieferung im April 1957. Am 28. November des Jahres verunfallt. Der Flugzeugführer überlebte nicht.

Article 372 Serial-Number 56-6705
Ablieferung im April 1957. Zunächst »Sammelflugzeug« für radioaktiven Niederschlag, dann Abgabe an den CIA. 1965 zur U-2F abgeändert. Am 17. Februar 1966 über Taiwan abgestürzt. Der Pilot konnte sich nicht retten.

Article 373 Serial-Number 56-6706
Ablieferung im Mai 1957. 1966 zur U-2C umgebaut und am 9. September 1967 über China abgeschossen, wobei der Flugzeugführer zu Tode kam.

Article 374 Serial-Number 56-6707
Ablieferung im Mai 1957. 1962 zur U-2E, 1966 zur U-2F und 1972 zur U-2C (ALSS) umgebaut. Heute steht das Flugzeug im Eingangsbereich der Laughlin AFB, Texas.

Article 375 Serial-Number 56-6708
Ablieferung im Juni 1957. 1966 zur U-2C abgeändert und am 1. Juli 1967 abgestürzt, wobei der Pilot überlebte.

Article 376 Serial-Number 56-6709
Ablieferung im Juni 1957. Stürzte am 2. Januar 1962 ab. Der Flugzeugführer konnte sich retten.

Article 377 Serial-Number 56-6710
Ablieferung im Juni 1957. Umbau zum Zweisitzer im Rahmen des Spezialprogramms. Verunfallte am 11. September 1958. Pilot Pet Hunerwadel fand dabei den Tod.

Article 378 Serial-Number 56-6711
Ablieferung im Juli 1957. 1962 zur U-2C umgebaut und am 9. September 1962 über China abgeschossen. Der Flugzeugführer überlebte nicht.

Article 379 Serial-Number 56-6712
Ablieferung im Juli 1957. Stürzte am 18. Dezember 1964 während eines Trainingsflugs ab. Der taiwanesische Pilot konnte abspringen und sich retten.

Article 380 Serial-Number 56-6713
Ablieferung im Juli 1957. Beim Absturz am 8. Juli 1958 kam Royal Air Force Pilot Christopher Walker zu Tode.

Article 381 Serial-Number 56-6714
Ablieferung im August 1957. Zunächst »Sammelflugzeug« für radioaktive Niederschläge. 1965 zur U-2G und 1972 zur U-2C (ALSS) umgebaut. Am 31. Januar 1980 abgestürzt. Der Flugzeugführer überlebte den Unfall.

Article 382 Serial-Number 56-6715
Ablieferung im August 1957. Ein weiteres »Sammelflugzeug«, das 1965 zur U-2G abgeändert wurde. Absturz am 26. April 1965 mit tödlichem Ausgang.

Article 383 Serial-Number 56-6716
Ablieferung im September 1957. Auch diese U-2 wurde zunächst als »Sammelflugzeug« eingesetzt. 1965 Umbau zur U-2C. Später im Rahmen des ALSS-Programms verwendet und heute im Eingangsbereich der Davis-Monthan AFB ausgestellt.

Article 384 Serial-Number 56-6717
Ablieferung im September 1957. Das »Sammelflugzeug« wurde 1965 zur U-2C abgeändert. Es stürzte am 21. Juni 1966 bei Start in Taiwan ab. Dabei kam der Flugzeugführer ums Leben.

Article 385 Serial-Number 56-6718
Ablieferung im September 1957. Zunächst als »Sammelflugzeug« eingesetzt, erfolgte 1965 der Umbau zur U-2G. Beim Absturz ins Gelbe Meer fand der Taiwanese Billy Chang den Tod.

Article 386 Serial-Number 56-6719
Ablieferung im Oktober 1957. Am 28. Juli 1966 über Bolivien abgestürzt. Der Pilot konnte sich nicht retten.

Article 387 Serial-Number 56-6720
Ablieferung im Oktober 1957. Verunfallte am 14. Juli 1960, wobei der Flugzeugführer den Absturz überlebte.

Article 388 Serial-Number 56-6721
Ablieferung im Oktober 1957. 1960 Umbau zur zweisitzigen U-2D. Heute ist das Flugzeug im Lockheed Blackbird Air Park ausgestellt.

Anhang

Article 389 Serial-Number 56-6722
Ablieferung im November 1957. Testflugzeug für Infrarot-Anlagen. Das Flugzeug befindet sich derzeit im Besitz des USAF-Museums.

Article 390 Serial-Number 56-6690
Ablieferung im Dezember 1957. 1966 Umbau zur U-2C. Am 8. Oktober 1966 abgestürzt. Der Pilot rette sich mit dem Schleudersitz. Unklar ist bis heute, warum die Serial-Number der Article 357 nach deren Absturz für die Article 390 erneut vergeben wurde.

Article 391 Serial-Number 56-6951
Ablieferung im Dezember 1958. Das Flugzeug wurde am 17. Oktober 1966 bei einem Crash zerstört. Der Flugzeugführer überlebte.

Article 392 Serial-Number 56-6952
Ablieferung im Januar 1959. 1966 zur U-2C abgeändert. Am 18. November 1971 bei der Landung abgestürzt. Flugzeugführer John Cunney kam dabei zu Tode.

Article 393 Serial-Number 56-6953
Ablieferung im Februar 1959. 1966 Umbau zur U-2C und 1973 zur U-2CT. Nach dem Ende der Dienstzeit Rückbau zur U-2C und Abgabe an das Cold War Museum in Bodo, Norwegen.

Article 394 Serial-Number 56-6954
Ablieferung als zweisitzige U-2D im März 1959. 1967 zur U-2C umgebaut. Stürzte am 31. Mai 1968 ab. Der Pilot konnte sich retten.

Article 395 Serial-Number 56-6955
Ablieferung im März 1959. Bei einem Trainingsflug am 14. August 1964 abgestürzt. Captain Steve Sheng von den taiwanesischen Luftstreitkräfte überlebte den Unfall.

Lockheed U-2R Einzelübersicht

Article 051 Serial-Number 68-10329 zuvor Kennzeichen N803X
Ablieferung im August 1967. 1995 zur U-2S umgebaut.

Article 052 Serial-Number 68-10330 zuvor Kennzeichen N809X
Ablieferung im Dezember 1967. Am 7. Dezember 1977 beim Start in Zypern in die Wetterstation gestürzt. Der Flugzeugführer und fünf weitere Personen kamen ums Leben, 14 Menschen wurden verletzt.

Article 053 Serial-Number 68-10331 zuvor Kennzeichen N800X
Ablieferung im Februar 1968. Umbau zur U-2S im Jahre 1996.

Article 054 Serial-Number 68-10332 zuvor Kennzeichen N810X
Ablieferung im März 1968. Stürzte am 15. Januar 1992 vor der Küste Koreas ab, wobei der Pilot den Tod fand.

Article 055 Serial-Number 68-10333 zuvor Kennzeichen N812X
Ablieferung im Mai 1968. Am 22. Mai 1984 über Korea abgestürzt. Der Flugzeugführer überlebte den Crash.

Article 056 Serial-Number 68-10334 zuvor Kennzeichen N814X
Ablieferung im Mai 1968. Stürzte am 15. August 1975 in den Golf von Thailand. Pilot David Bonsi konnte sich retten.

Article 057 Serial-Number 68-10335 zuvor Kennzeichen N815X
Ablieferung im Juli 1968. Stürzte am 24. November 1970 ab, dabei kam der taiwanesische Flugzeugführer zu Tode.

Article 058 Serial-Number 68-10336 zuvor Kennzeichen N816X
Ablieferung im August 1968. Später zur U-2S umgebaut.

Article 059 Serial-Number 68-10337 zuvor Kennzeichen N817X
Ablieferung im September 1968. 1998 zur U-2S umgebaut.

Article 060 Serial-Number 68-10338 zuvor Kennzeichen N818X
Ablieferung im Oktober 1968. Am 29. August 1995 über Großbritannien abgestürzt.

Article 061 Serial-Number 68-10339 zuvor Kennzeichen N819X
Ablieferung im Oktober 1968. Absturz am 13. Dezember 1993. Flugzeugführer Rich Snyder kam dabei ums Leben.

Article 062 Serial-Number 68-10340 zuvor Kennzeichen N820X
Ablieferung im November 1968. Stürzte am 5. Oktober 1980 über Korea ab. Der Pilot konnte sich retten.

Article 063 Serial-Number 80-1063
Im Juni 1981 als ER-2 mit dem Kennzeichen N706NA an die NASA geliefert. Später mit F118-Triebwerk motorisiert und als N806NA registriert.

Article 064 Serial-Number 80-1064
Ablieferung als TR-1B im März 1983. 1994 zur TU-2S umgebaut.

Die Serial-Number 80-1066 wurde 1981 als TR-1A abgeliefert und 1997 zur U-2S umgebaut. (Foto: LAGL-Dokumentation Gerhard Lang)

Article 065 Serial-Number 80-1065
Ablieferung als TR-1B im Mai 1983. 1995 zur TU-2S umgebaut.

Article 066 Serial-Number 80-1066
Ablieferung als TR-1A im August 1981. 1997 zur U-2S umgebaut.

Article 067 Serial-Number 80-1067
Ablieferung als TR-1A im Juli 1982. Später zur U-2S umgebaut.

Article 068 Serial-Number 80-1068
Ablieferung als TR-1A im Juli 1982. 1998 zur U-2S und 2004 zur U-2ST umgebaut.

Article 069 Serial-Number 80-1069
Ablieferung als TR-1A im Juli 1982. 1987 zur ER-2 abgeändert und bis 1995 der NASA überlassen (N708NA). 1997 Umbau zur U-2S.

Article 070 Serial-Number 80-1070
Ablieferung als TR-1A im Oktober 1982. 1995 Umbau zur U-2S.

Article 071 Serial-Number 80-1071
Ablieferung als U-2R im November 1983. 1994 Umbau zur U-2S.

Article 072 Serial-Number 80-1072
Ablieferung als TR-1A im November 1983. Stürzte am 18. Juli 1984 über Beale AFB ab. Der Pilot überlebte den Crash.

Article 073 Serial-Number 80-1073
Ablieferung als TR-1A im Februar 1984. 1996 Umbau zur U-2S.

Article 074 Serial-Number 80-1074
Ablieferung als TR-1A im Februar 1984. 1996 Umbau zur U-2S.

Article 075 Serial-Number 80-1075
1984 als U-2R abgeliefert und am 8. Oktober des Jahres über Korea abgestürzt. Der Flugzeugführer konnte sich retten.

Article 076 Serial-Number 80-1076
1984 als U-2R abgeliefert und 1997 zur U-2S umgebaut.

Anhang

Article 077 Serial-Number 80-1077
Ablieferung als TR-1A im März 1985. 1996 zur U-2S umgebaut.

Article 078 Serial-Number 80-1078
Ablieferung als TR-1A im März 1985. Nach einem Unfall im April 1990 zunächst bei Lockheed eingelagert und 1994 zur TU-2S umgebaut.

Article 079 Serial-Number 80-1079
Ablieferung als TR-1A im März 1985. 1997 Umbau zur U-2S.

Article 080 Serial-Number 80-1080
Ablieferung als TR-1A im Mai 1985. 1997 Umbau zur U-2S.

Article 081 Serial-Number 80-1081
Ablieferung als TR-1A im Oktober 1985. 1996 Umbau zur U-2S.

Article 082 Serial-Number 80-1082
Ablieferung als TR-1A im November 1985. 1997 Umbau zur U-2S.

Article 083 Serial-Number 80-1083
Ablieferung als TR-1A im März 1986. 1996 zur U-2S umgebaut.

Article 084 Serial-Number 80-1084
Ablieferung als TR-1A im April 1986. 1998 zur U-2S umgebaut.

Article 085 Serial-Number 80-1085
1986 als TR-1A abgeliefert und 1997 zur U-2S umgebaut.

Article 086 Serial-Number 80-1086
1986 als TR-1A abgeliefert und 1997 zur U-2S umgebaut.

Article 087 Serial-Number 80-1087
Ablieferung als TR-1A im Mai 1987. 1998 zur U-2S umgebaut.

Article 088 Serial-Number 80-1088
Ablieferung als TR-1A im Dezember 1987. Am 7. August 1996 abgestürzt, wobei der Flugzeugführer ums Leben kam.

Article 089 Serial-Number 80-1089
1988 als U-2R abgeliefert und 1995 zur U-2S umgebaut.

Article 090 Serial-Number 80-1090
1988 als TR-1A abgeliefert und 1989 zum 1. Versuchsmuster für die Ausführung U-2S abgeändert.

Article 091 Serial-Number 80-1091
Ablieferung als TU-2R im März 1988. 1998 Umbau zur TU-2S.

Article 092 Serial-Number 80-1092
Ablieferung als TR-1A im April 1988. 1998 Umbau zur U-2S.

Ein TU-2S-Trainingsflugzeug setzt zur Landung an. Der Sicherheitspilot wartet bereits im »Chase Car«, um hinter dem Flugzeug herzufahren und dem Flugzeugführer Hinweise zur Flughöhe und -lage zu geben. (Foto: USAF)

Article 093 Serial-Number 80-1093
Ablieferung als TR-1A im Juni 1988. 1995 Umbau zur U-2S.

Article 094 Serial-Number 80-1094
Ablieferung als TR-1B im September 1988. 1995 Umbau zur U-2S.

Article 095 Serial-Number 80-1095
1988 Ablieferung als U-2R. 1996 Umbau zur U-2S. Am 26. Januar 2003 abgestürzt.

Article 096 Serial-Number 80-1096
Ablieferung als U-2R im April 1989. 1996 Umbau zur U-2S.

Article 097 Serial-Number 80-1097
1989 als ER-2 an die NASA geliefert (N709NA). 1997 Umbau der Triebwerkanlage auf den F118-Antrieb. Neues Kennzeichen N806NA.

Article 098 Serial-Number 80-1098
1989 als U-2R ausgeliefert. Totalschaden bei Landeunfall im August 1994.

Article 099 Serial-Number 80-1099
Letztes Flugzeug der U-2/TR-1-Serie. Auslieferung am 3. Oktober 1989. 1995 zur U-2S umgebaut.

Lockheed A-12 Einzelübersicht

A-12 Serial-Number 60-6924 Article 121
Erstflug 26. April 1962, Flugzeugführer Lou Schalk. Beginn der Flugerprobung mit einem J58 (links) und einem J75-Triebwerk (rechts). Erster Flug mit zwei J58 am 15. Januar 1963. Gesamtflugzeit 418 Stunden, zwölf Minuten (322 Flüge). Das Flugzeug ist heute im Blackbird Air Park, Palmdale, Kalifornien ausgestellt.

A-12 Serial-Number 60-6925 Article 122
Erstflug 26. Juni 1962, Flugzeugführer Lou Schalk. J75-Triebwerke. Zur Ermittlung der Radarsignatur wurde das Flugzeug für fünf Monate auf einem Spezialmast montiert. Fortsetzung der Flugversuche ab Dezember 1962. Später Umbau auf SR-71 Standard. Gesamtflugzeit 177 Stunden, 52 Minuten (161 Flüge). Heute befindet sich das Flugzeug als Ausstellungsstück auf dem Flugzeugträger *USS Intrepid*, New York.

A-12 Serial-Number 60-6926 Article 123
Erstflug Herbst 1962. Flugzeugführer Lou Schalk. Das Flugzeug stürzte nach einer Gesamtflugzeit von 135 Stunden, 20 Minuten (79 Flüge) unter Führung des CIA-Piloten Ken Collins nach Problemen mit dem Staurohr am 24. Mai 1963 ab. Collins konnte sich retten, die A-12 ging jedoch verloren.

A-12B Serial-Number 60-6927 Article 124
Erstflug 22. Januar 1963. Flugzeugführer Lou Schalk. Das Flugzeug repräsentiert die einzige Trainervariante des Musters. Gesamtflugzeit 1.076 Stunden, 25 Minuten (614 Flüge).

A-12 Serial-Number 60-6928 Article 125
Erstflug Januar 1963. Flugzeugführer Bill Park. Die A-12 ging am 5. Januar 1967 verloren. CIA-Mitarbeiter Walter L. Ray hatte bei einer Luft-Nachbetankung anscheinend zu wenig Kraftstoff aufgenommen und stürzte bei der Rückkehr zur Aera 51 ab. Ray kam dabei ums Leben. Gesamtflugzeit 169 Stunden, 15 Minuten (105 Flüge)

A-12 Serial-Number 60-6929 Article 126
Erstflug vermutlich März 1963. Flugzeugführer Bill Park. Das Flugzeug stürzte am 28. Dezember 1967 wegen eines falsch verkabelten Stabilitätssystems (SAS) beim Start ab. CIA-Pilot Mele Vojvodich konnte sich mit dem Schleudersitz retten.
Gesamtflugzeit 409 Stunden, 55 Minuten (268 Flüge).

A-12 Serial-Number 60-6930 Article 127
Erstflug vermutlich März 1963. Nahm an Aufklärungseinsätzen über Kuba teil. Gesamtflugzeit 499 Stunden, zehn Minuten (258 Flüge). Das Flugzeug steht heute auf dem Gelände des Space & Rocket Center in Huntsville, Alabama.

A-12 Serial-Number 60-6931 Article 128
Erstflug vermutlich Juni 1963. Nahm an Aufklärungseinsätzen über Kuba teil. Gesamtflugzeit: 453 Stunden (232 Flüge). Die A-12 gehört zum Bestand des Minnesota Air National Guard Museums in St. Paul.

A-12 Serial-Number 60-6932 Article 129
Erstflug vermutlich September 1963. Flugzeugführer Bob Gilland. Seit dem 5. Juni 1968 fehlt von dem Flugzeug und seinem CIA-Piloten Jack Weeks jede Spur. Es wird vermutet, dass beim Checkflug über dem Chinesischen Meer ein Triebwerk explodierte. Gesamtflugzeit 409 Stunden, 55 Minuten (268 Flüge).

A-12 Serial-Number 60-6933 Article 130
Erstflug vermutlich Dezember 1963. Flugzeugführer Lou Schalk. Das Flugzeug ist im San Diego Aerospace Museum ausgestellt. Gesamtflugzeit 406 Stunden, 20 Minuten (217 Flüge).

A-12 Serial-Number 60-6937 Article 131
Erstflug 19. Februar 1964. Flugzeugführer Jim Eastham. Das Flugzeug diente als Versuchsträger für ECM-Geräte und Seitenblick-Radar. Ferner erfolgten mit ihm Aufklärungsflüge über Nord Vietnam. Die A-12 ist im Besitz des Southern Museum of Flight in Birmingham, Alabama. Gesamtflugzeit 342 Stunden, 45 Minuten (177 Flüge).

Anhang

A-12 Serial-Number 60-6938 Article 132
Erstflug 4. März 1964. Flugzeugführer Bill Park. Einsatz als Aufklärer über Kuba. Das Flugzeug steht heute auf dem Gelände des USS Alabama Battleship Memorial Park in Alabama. Gesamtflugzeit: 369 Stunden, 55 Minuten.

A-12 Serial-Number 60-6939 Article 133
Erstflug 18. März 1964. Flugzeugführer Bill Park. Am 9. Juli 1964 stieg Parker auf rund 30.000 m. Beim nachfolgenden Landeanflug auf Aera 51 ging das Flugzeug langsam in eine Linksrolle über. Park konnte die A-12 nicht mehr kontrollieren und rettete sich mit dem Schleudersitz. Grund für den Absturz war ein eingefrorener Servoantrieb.

Lockheed M-21 Einzelübersicht

M-21 Serial-Number 60-6940 Article 134
Erstflug 22. Dezember 1964. Flugzeugführer Bill Park. Das Flugzeug ist Bestandteil des Museum of Flight, Seattle. Gesamtflugzeit 123 Stunden, 55 Minuten.

M-21 Serial-Number 60-6941 Article 135
Erstflug Mai 1965. Flugzeugführer Bill Park. Das Flugzeug stürzte am 30. Juli 1966 beim Luftstart einer D-21 Drohne über dem Meer ab. Die Besatzung – Bill Park und Ray Torrick – konnten sich zunächst mit dem Schleudersitz in Sicherheit bringen. Torrick war aber so schwer verletzt, dass er nicht in sein Schlauchboot klettern konnte und ertrank. Gesamtflugzeit 152 Stunden, 46 Minuten.

Lockheed YF-12A Einzelübersicht

YF-12A Serial-Number 60-6934 Article 1001
Erstflug 7. August 1963. Flugzeugführer Jim Eastham. Stürzte am 14. August 1966 beim Landeanflug zur Edwards AFB wegen Überhitzung der Bordelektronik ab. Die Besatzung blieb unverletzt. Die hintere Hälfte der Zelle einschließlich des Tragwerkes wurde später mit dem vorderen Teil der SR-71 Bruchzelle zur SR-71C 64-17981 zusammengebaut.

YF-12A Serial-Number 60-6935 Article 1002
Erstflug 23: November 1963. Flugzeugführer Lou Schalk. Das Flugzeug wurde 1969 an die NASA abgegeben und absolvierte bis zum 7. November 1979 146 Flüge für die Behörde. Es befindet sich heute im Besitz des USAF Museums auf der Wright Patterson AFB.

YF-12A Serial-Number 60-6936 Article 1003
Erstflug 13. März 1964. Flugzeugführer Bob Gilliland. Am 1. Mai 1965 stellte die YF-12A mehrere Geschwindigkeits- und Höhenweltrekorde auf. Die NASA übernahm 1969 das Flugzeug, das am 24. Juni 1971 beim Absturz verloren ging und bis dahin 62 Flüge für die Behörde durchgeführt hatte. Ursächlich war eine defekte Kraftstoffleitung, die ein Feuer an Bord nach sich zog. Die Besatzung konnte sich unverletzt retten.

Lockheed SR-71 Einzelübersicht

SR-71A Serial-Number 61-7950 Article 2001
Erstflug 22. Dezember 1964. Flugzeugführer Bob Gilliland. Das Flugzeug wurde 1967 zerstört, als bei Bremsversuchen die Reifen platzten und die SR-71 in Brand geriet.

SR-71A Serial-Number 61-7951 Article 2002
Erstflug 5. März 1965. Flugzeugführer Bob Gilliland. RSO Jim Zwayer. Das Flugzeug wurde auf Anweisung der USAF als YF-12C bezeichnet und trug die falsche Serial-Number 60-6937. Nach einem längeren Einsatz bei der NASA (90 Flüge bis zum 22. Dezember 1978) erfolgte die Abgabe an das Pima Air Museum in Tucson, Arizona. Gesamtflugzeit 796,7 Stunden.

SR-71A Serial-Number 61-7952 Article 2003
Erstflug 24. März 1965. Das Flugzeug stürzte am 25. Januar 1966 ab, als bei Mach 3,17 das rechte Triebwerk plötzlich ausfiel und die SR-71 zerbrach. Flugzeugführer Bill Weaver überlebte, RSO Jim Zwayer kam ums Leben. Gesamtflugzeit 79,47 Stunden.

SR-71A Serial-Number 61-7953 Article 2004
Erstflug 8. Dezember 1964. Die SR-71 explodierte am 18. Dezember 1969 in der Luft. Eine Unfallursache konnte nicht ermittelt werden. Die Besatzung konnte sich mit dem Schleudersitz retten. Gesamtflugzeit 290,2 Stunden.

SR-71A Serial-Number 61-7954 Article 2005
Erstflug 20. Juli 1965. Bei einem Testflug mit maximaler Startmasse kam es zu Reifenplatzern und anschließendem Brand. Das Flugzeug musste abgeschrieben werden. Die Besatzung kam unverletzt davon.

SR-71A Serial-Number 61-7955 Article 2006
Erstflug 17. August 1965. Die SR-71 steht heute auf dem Gelände der Edwards Air Force Base. Gesamtflugzeit 1.993,7 Stunden.

SR-71B Serial-Number 61-7956 Article 2007
Erstflug 18. November 1965. Erstes von zwei Flugzeugen der Trainingsversion SR-71B. Das Flugzeug wurde später an die NASA abgegeben (93 Flüge) und befindet sich derzeit auf dem Kennedy AFS in Cape Canaveral. Gesamtflugzeit USAF 3.760 Stunden.

Die Landung einer SR-71 hatte immer etwas Spektakuläres. (Foto: USAF Museum)

SR-71B Serial-Number 61-7957 Article 2008
Erstflug 10. Dezember 1965. Das Trainingsflugzeug stürzte am 11. Januar 1968 etwa 10 km von der Beale AFB ab, nachdem wegen Kraftstoffmangel beide Triebwerke ausgefallen waren. Die Besatzung konnte mit dem Schleudersitz aussteigen und wurde unverletzt geborgen.

SR-71A Serial-Number 61-7958 Article 2009
Erstflug 15. Dezember 1965. Die SR-71 stellte im Juli 1976 mit 3.366 und 3.528 km/h zwei Weltgeschwindigkeitsrekorde auf der geschlossenen 1.000 km-Strecke auf. Gegenwärtig ist das Flugzeug im Museum of Aviation ausgestellt. Gesamtflugzeit 2.288,9 Stunden.

SR-71A Serial-Number 61-7959 Article 2010
Erstflug 19. Januar 1966. 1975 wurde die SR-71 umgebaut und erhielt ein neues Heck, das als »Big Tail« bezeichnet wurde. Das Flugzeug befindet sich im Besitz des Air Force Armament Museums auf dem Gelände der Eglin AFB. Gesamtflugzeit 866,1 Stunden.

SR-71A Serial-Number 61-7960 Article 2011
Erstflug 9. Februar 1966. Die SR-71 blieb bis 1990 im Einsatz und steht heute auf der Castle Air Force Base. Gesamtflugzeit 1.669,6 Stunden.

SR-71A Serial-Number 61-7961 Article 2012
Erstflug 13. April 1966. Nach 1.601 Flugstunden schied das Muster 1977 bei der Air Force aus. Anschließend wurde es dem Cosmosphere and Space Center in Hutchinson, Kansas, übergeben. Gesamtflugzeit 1.601 Stunden.

SR-71A Serial-Number 61-7962 Article 2013
Erstflug 29. April 1966. Das Flugzeug ist heute im Imperial War Museum in Duxford ausgestellt. Gesamtflugzeit 2.835,9 Stunden.

SR-71A Serial-Number 61-7963 Article 2014
Erstflug 9. Juni 1966. Nach 1.604,4 Flugstunden erfolgte im Herbst 1976 die Ausmusterung und die Abgabe zur Ausstellung auf der Beale AFB. Gesamtflugzeit 1.604,4 Stunden.

SR-71A Serial-Number 61-7964 Article 2015
Erstflug 11. Mai 1966. 1990 wurde die SR-71 vom Strategic Air Museum in Nebraska übernommen. Gesamtflugzeit 3.373,1 Stunden.

SR-71A Serial-Number 61-7965 Article 2016
Erstflug 10. Juni 1966. Bei einem Nachtflug stürzte das Flugzeug am 25. Oktober 1967 wegen des Ausfalls des Navigationssystems ab. Die Besatzung konnte sich mit dem Schleudersitz in Sicherheit bringen.

Anhang

SR-71A Serial-Number 61-7966 Article 2017
Erstflug 21. März 1966. Die SR-71 ging nach nur 64,4 Flugstunden am 13. April 1967 in der Nähe von Las Vegas durch Absturz verloren. Den beiden Besatzungsmitgliedern gelang der Absprung mit dem Schleudersitz.

SR-71A Serial-Number 61-7967 Article 2018
Erstflug 3. August 1966. Das Muster flog zeitweise bei der NASA (neun Flüge), es ist zur Zeit auf der Barksdale AFB ausgestellt. Gesamtflugzeit 2.636,8 Stunden.

SR-71A Serial-Number 61-7968 Article 2019
Erstflug 10. Oktober 1966. Stellte am 26. April 1971 mit der Besatzung Major Thomas B. Estes und Major Dewain C. Vick einen Langstreckenrekord auf. In zehn Stunden und 30 Minuten wurden mehr als 24.100 km zurückgelegt. Heute gehört das Flugzeug zum Bestand des Virginia Aviation Museums in Richmond. Gesamtflugzeit 2.279 Stunden.

SR-71A Serial-Number 61-7969 Article 2020
Erstflug 18. Oktober 1966. Der Aufklärer ging am 10. Mai 1970 während eines heftigen Gewittersturms über Thailand nach dem Ausfall beider Triebwerke verloren. Die Besatzung konnte sich retten.

SR-71A Serial-Number 61-7970 Article 2021
Erstflug 12. Oktober 1966. Nach einer Luftbetankung am 17. Juni 1970 kam es über Texas wegen starker Turbulenzen zu einer Kollision mit dem Tanker und anschließendem Absturz der SR-71, deren Besatzung mit dem Schleudersitz ausstieg und mit geringen Verletzungen gerettet werden konnte. Der KC-135Q Tanker kam mit wenigen Schäden davon. Gesamtflugzeit 545,3 Stunden.

SR-71A Serial-Number 61-7971 Article 2022
Erstflug 17. November 1966. Das Flugzeug, das auch von der NASA genutzt wurde (zehn Flüge), steht heute im Del Smith/Evergreen Museum in Oregon. Gesamtflugzeit 3.512,4 Stunden.

SR-71A Serial-Number 61-7972 Article 2023
Erstflug 12. Dezember 1966. Am 6. März 1990 stellte das Muster unter der Führung von Lt.Col. Ed Yielding und Lt.Col. Joseph T. Vida einen Geschwindigkeitsrekord von der amerikanischen West- zur Ostküste auf. Die rund 3.400 km lange Strecke wurde in einer Stunde und sieben Minuten zurückgelegt. Die SR-71 ist im Smithsonian National Air & Space Museum in Washington ausgestellt. Gesamtflugzeit 2.801,1 Stunden.

SR-71A Serial-Number 61-7973 Article 2024
Erstflug 6. Februar 1967. Das Flugzeug ist nun Bestandteil des Blackbird Air Park in Palmdale. Gesamtflugzeit 1.729,9 Stunden.

SR-71A Serial-Number 61-7974 Article 2025
Erstflug 16. Februar 1967. Die SR-71 stürzte am 21. April 1989 im Bereich der Phillipinen ab. Grund dafür war ein Triebwerkdefekt, bei dem Teile abrissen und eine Hydraulikleitung durchschlugen. Die Mannschaft konnte mit dem Schleudersitz abspringen und wurde von einheimischen Fischern geborgen.

SR-71A Serial-Number 61-7975 Article 2026
Erstflug 13. April 1967. Seit 1990 ist das Flugzeug auf der March Air Force Reserve Basis in Riverside, Kalifornien, ausgestellt. Gesamtflugzeit 2.854 Stunden.

SR-71A Serial-Number 61-7976 Article 2027
Erstflug 13. Mai 1967. Die SR-71 kam als Aufklärer über Vietnam zum Einsatz und steht heute im US Air Force Museum in Wright-Patterson, Ohio. Gesamtflugzeit 2.985,7 Stunden.

SR-71A Serial-Number 61-7977 Article 2028
Erstflug 6. Juni 1967. Bei einem Start am 10. Oktober 1968 von Beale AFB aus nahm das linke Fahrwerk Schaden. Teile durchdrangen die Außenhaut der SR-71, die anschließend Feuer fing, so dass der Start abgebrochen wurde. Während der RSO mit dem Schleudersitz ausstieg und sich mit geringen Verletzungen rettete, blieb der Pilot im Flugzeug. Er überlebte den Unfall unverletzt. Das vordere Cockpit ist im Museum of Flight in Seattle ausgestellt.

SR-71A Serial-Number 61-7978 Article 2029
Erstflug 5. Juli 1967. Als Folge starken Seitenwindes ging der Aufklärer am 20. Juli 1972 beim Ausrollen nach der Landung auf dem Stützpunkt Kadena in Okinawa verloren.

SR-71A Serial-Number 61-7979 Article 2030
Erstflug 10. August 1967. Heute befindet sich das Flugzeug als Ausstellungsstück auf dem Gelände der Lackland AFB in Texas. Gesamtflugzeit 3.321,7 Stunden.

SR-71A Serial-Number 61-7980 Article 2031
Erstflug 25. September 1967. Das Flugzeug wurde 1990 von der NASA übernommen. Es blieb bis zum Oktober 1999 im Einsatz und führte dort 56 Flüge durch. Heute ist es vor dem NASA Flight Research Center ausgestellt. Gesamtflugzeit 2.255,6 Stunden.

SR-71C Serial-Number 61-7981 Article 2000
Erstflug 14. März 1969. 556,4 Flugstunden. Die SR-71C entstand durch den Zusammenbau der SR-71 Bruchzelle (Heck) und dem Vorderteil der YF-12 60-6934. Das Flugzeug steht heute auf dem Gelände der Hill Air Force Base in Utah. Gesamtflugzeit 556,4 Stunden.

Personenverzeichnis

Abel, Rudolf ... 59
Adams, Harold B. ... 113
Adenauer, Konrad ... 49
Anderson, Rudolph ... 62, 98, 157
Andre, Daniel ... 106
Appold ... 90
Attllee, Clement R. ... 12
Austin, Harold R. ... 8
Baker, Jim ... 47
Batista, Fulgenico ... 59
Beaumont, Edward ... 73
Belenko, Victor ... 114
Belyakov, R.A. ... 98
Bielefeld, Paul Alfred ... 131
Bissell, Richard ... 45, 96
Bledsoe, Adolphus H. ... 114
Bonsi, David ... 160
Borzow, Gen.Lt. ... 9
Brown, Thomas Townsend ... 131
Brown, William H. ... 94
Bush, George ... 29
Bush, George W. ... 79
Campbell, John ... 157
Carey, Howard ... 52, 157
Carpenter, Buzz ... 115
Carter, Jimmy ... 114
Castro, Fidel ... 59ff.
Castro, Raoul ... 59
Chang, Billy ... 159
Chiang, Jack ... 66, 158
Chapin, Alfred ... 54
Chen-Huai ... 59
Cherbonneaux, Jim ... 52
Chiang Kai-shek ... 13
Chih, Yuo-Hua ... 158
Chruschtschow, Nikita ... 6, 25, 49, 57ff
Churchill, Winston ... 14
Collins, Ken ... 98
Cooney, James ... 106
Cooper, Roger ... 54
Culver, Irvin ... 32
Cunney, John ... 160
Curtis, Billy A. ... 106
Dai, Bao ... 65
Dalai Lama ... 54
Daniel, Walter ... 106
de Gaulle, Charles ... 58
de Havilland, Geoffrey ... 136
Denny, Reginald ... 136
Diem, Ngo Dinh ... 65
Dixon, Ed ... 57
Dryden, Hugh ... 49
Dyson, Norman K. „Ken" ... 134
Eastham, Jim ... 97, 106, 163
Edgerton, Harold ... 128
Eisenhower, Dwight D. ... 14, 16, 19, 29, 45ff, 56ff, 92
Elliott, Larry A. ... 114
Ericson, Bob ... 52, 57
Estes, Thomas B. ... 166
Evans, Buster ... 158
Felock, Joe ... 135
Flickinger, Don ... 97
Folland, H.P. ... 136
Fuller, John T. ... 114
Fulton, Fritzhugh L. ... 106
Germeshausen, Kenneth ... 128
Gilland, Bob ... 109, 163
Glasgow, Ed ... 38
Goldwater, Barry M. ... 88
Goudey, Ray ... 46
Grace, Frank ... 52
Greenamyer, Darryl ... 113
Gregor, William ... 95
Grier, Herbert ... 128
Gromiko, A.A. ... 19
Guevara, Ernesto Che ... 59
Haughland, Paul ... 54
Heavillin, Vance ... 8
Helt, Robert C. ... 114
Henderson, Robert ... 73
Hibbard, Hall L. ... 31
Hillman, Donald E. ... 16
Ho Chi Minh ... 65ff
Holland, David I. ... 12
Holt, Carl ... 8
Horton, Victro W. ... 106
Hunerwadel, Pet ... 159
Hussein, Saddam ... 76, 78ff
Hutchinson, Milton ... 17
Joersz, Eldon W. ... 114
Johnson, Clarence Leonard „Kelly" ... 31ff, 45ff, 55ff, 72, 89ff
Johnson, Lyndon B. ... 65, 88
Kennedy, John F. ... 59ff
Kessler, Melvin J. ... 12
Killian, James ... 92
Kissinger, Henry ... 71
Klinghofer, Leon ... 27
Lamar, William ... 42
Land, Edwin ... 92
Layton, Ronald J. „Jack" ... 106

167

Anhang

Lazar, Bob ... 128
Leghorn, Richard ... 42
LeMay, Curtis E. ... 8ff
Lemmon, Alexis ... 88
LeVier, Tony ... 46
Liang, Chuang Jen ... 67
Low, A.W. ... 136
Machorek, Williams C. ... 113
Maglini, Don ... 131
Mallick, Donald L. ... 106
Mao Tse-tung ... 13, 70
Matranga, Gene ... 106
Mayte, Bob ... 46
McNamara, Robert S. ... 106
Miller, Richmond ... 96
Morgan, George T. ... 114
Muellner, George K. ... 132
Mullin, Sherm ... 37
Murphy, John ... 115
Nasser, Gama Abdel ... 50
Nixon, Richard ... 65, 69, 71
O´Malley, Jerry ... 110
O´Sheara, Fred ... 132
O´Swain, Dave ... 135
Overstreet, James ... 25, 49
Plamer, Don ... 31
Park, Bill ... 69, 82, 97ff 163
Pawlowski, Felix ... 31
Payne, Ed ... 110
Penkowskij, Oleg ... 58
Piao, Lin ... 70
Poe, Bryce ... 12
Powers, (Francis) Gary ... 6, 22, 57ff, 158
Powles, Edward „Ted" C. ... 12
Primrose, Robert ... 159
Rae, Randolph Samuel ... 88ff
Rendleman, Robert ... 71
Rich, Benjamin Robert ... 31ff, 72, 110, 130
Ray, Walter ... 100, 163
Robinson, Robbie ... 56
Roche, John E. ... 17
Rose, Billy ... 52
Sänger, Eugen ... 130
Schalk, Lou ... 97ff, 163
Schumacher, Robert ... 46, 64
Schwetzow, A.D. ... 15
Seaberg, John ... 42, 90
Sheffield, Butch ... 112
Sheng, Steve ... 160
Sieker, Bob ... 46, 52, 157
Smith, Richard ... 42
Snyder, Rich ... 160
Somoza, Anastajo ... 115
Spencer, Bob ... 112
Stalin, Josef ... 15
Stalker, Edward A. ... 31
Stephens, Robert ... 106
Stewart, Leo ... 66
Stockmann, Hervey ... 49
Sukaron, Achmed ... 54
Sullivan, James ... 113
Torick, Ray ... 103
Truman, Harry S. ... 10ff.
Tupolew, Andrei N. ... 15
U-Thant, Sithu ... 63
Van Minh, Duong ... 65
Vick, Dewain C. ... 166
Vida, Joseph T. ... 169
Vojvodich, Mel ... 163
Vovell, John R. ... 14
Walker, Christopher ... 54, 159
Walter, Noel ... 106
Wang, Pete ... 158
Weaver, Bill ... 110, 164
Weeks, Jack ... 101, 163
Weir, Ken ... 73, 77
Welch, Harold W. ... 12
Widdifield, Noel F. ... 113
Yeh, Robin ... 64
Yielding, Ed ... 169
Young, William R. "Ray" ... 106
Zwayer, Jim ... 110, 164

Verzeichnis Kode- und Operationsnamen

Allied Force 79
Aquaton 45ff
Archangel 92ff
Area 51 .... 93ff, 128ff
Aurora 129ff
Baby Face 54
Bald Eagle 42
Big Blast 99
Big Safari 26, 30
Black Knight 43
Black Shield 99
Blue Box 112
Blue Dog 99
Blue Moon 83
Blue Tail Fly Project 43
Bordertown 43
Box 128
Briar Patch 154
Baltic Candy 30
Burning Candy 30
Carbon Copy 59
Chalice 59
Clipper 114
Cobra Ball 156
Cobra Eye 156
Coldwall 108
Combat Apple 30, 155
Combat Sent 30, 157
Congo Maiden 54
Container 128
Corona 56
Covered Wagon 52
Crowflight 53
Cuba Candy 30
Desert Fox 79
Desert Shield 74
Desert Storm 76ff
Desert Strike 79
Dirty Bird 52
Dreamland 128
Eldorado Canyon 117
Enduring Freedom 79, 149
Even Steven 70
Farm 128
Fish 90
Garlic Salt 154
Genetrix 19
Giant Nail 70
Giant Plate 114

Giant Reach 113
Giant Stride 53
Gopher 19
Grandson 19
Granger Box 55
Grayback 19
Greek Spectre 74
Green Eyes 59
Gusto 90
Have Blue 132
Heartthrob 42
High Boy 72
High Tea 56
High Wire 56
Idealist 59, 64
Iraqi Freedom 142, 149
Kedlock 106
Kick Off 59
Kingfish 91
Knight 43
Leopard 11
Linebacker 70, 112
Lightweight 42
Lucky Dragon 66
Mad Mouth 99
Metro Tango 73
Moby Dick 19
Nomad Endeavor 141
Nomad Guard 141
Nomad Vigil 141
Northern Watch 76
Office Boy 154
Oilstone 48
Olive Branch 77
Olive Tree 74
Olympic Fire 74
Olympic Race 73
Olympic Torch 74
Overcalls 11
Oxcart 92ff
Patricia Lynn 44
Pave Strike 71
Pin Peg 99
Project 51 118
Project 52 AFR-18 16
Project HQ 57
Quarz 130
Rainbow 52
Ranch 128
Rickrack 11
Rivet Amber 155

169

Anhang

Rivet Bass	154
Rivet Dandy	154, 157
Rivet Jaw	154, 157
Rivet Joint	30, 155
Rivet Quick	154
Rivet Stand	154
Rolling Thunder	66
Sea Lion	44
Senior Ball	71
Senior Blade	74
Senior Book	70
Senior Crown	109ff
Senior Dagger	72
Senior Glass	78
Senior Lance	72
Senior Ruby	73
Senior Span	74, 76ff
Senior Spear	73
Senior Spur	77
Senior Year	74ff
Shoehorn	48
Skylark	98
Soft Touch	52
Southern Focus	79
Southern Watch	30, 76, 149
Speed Light	26, 27
Speed Light-Alpha	27
Speed Light-Delta	27
Stonework	11
Suntan	90ff
Tabasco	67ff
Tacit Blue	132ff
Tackle	72
Tagboard	102
Test Site	128
Touchdown	55
Trojan Horse	66
Volleyball	19
Watertown Strip	118
Whale Tale	64
White Cloud	19
Winterhaven	132
Zapata	59

Quellenverzeichnis

James A. Albers *NASA Technical Memorandum TM X-56039 – Status of the NASA YF-12 Propulsion Research Program*

Autorenteam *Jane´s All The World´s Aircraft* Editor John W. Taylor, diverse Ausgaben, Jane´s Yearbooks, UK

Timothy R. Conners *Predicted Performance of a Thrust-Enhanced SR-71 Aircraft with an External Payload,* NASA Technical Memorandum 104330

Paul F. Crickmore *Lockheed SR-71 – The Secret Missions Exposed,* Osprey, UK, 1993

René J. Francillon *Lockheed Aircraft since 1913,* Putnam, UK

James Goodall und Jay Miller *Lockheed´s SR-71 Blackbird Family,* Midland Publishing, UK, 2002

Doug Gordon *Tactical Reconnaissance in the Cold War,* Pen and Sword, UK, 2006

Robert S, Hopkins III *Boeing KC-135 Stratotanker – More than just a Tanker,* Aerofax / Midland Publishing, UK, 1997

Dennis R. Jenkins *Lockheed U-2 Dragon Lady* WarbirdTech Series Volume 16, Specialty Press Publisherss and Wholesalers, USA, 1998

Clearance L. Kelly Johnson und Maggie Smith *Kelly – More than my share,* Smithsoinan Institution, USA, 1985

Paul Lashmar *Spy Flights of the Cold War.* Sutton Publishing, UK, 1996

Peter W. Merlin *Mach3+ NASA/USAF YF-12 Flight Research 1969-1979* NASA Special Publication SP-2001-4525

Jay Miller *Lockheed´s Skunk Works – The First Fifty Years ,* Aerofax Inc., USA, 1993

Jay Miller *Lockheed U-2,* Aerograph 3, Aerofax Inc., USA, 1983

Mark Natola *Boeing B-47 Stratojet – True Stories of the Cold War in the Air,* Schiffer Publishing, USA, 2002

Chris Pocock *50 Years of the U-2 – The Complete Illustrated Histrory of the Dragon Lady,* Schiffer Publishing, USA, 2005

Ben Rich und Leo Janos *Skunk Works – a personal memoir of my years at Lockheed,* Back Bay Book, USA, 1994

John L. Sloop *Liquid Hydrogen as a Propulsion Fuel 1945-1959* NASA Special Publication SP-4404

Bill Yenne *Attack of the Drones – A History of Unmanned Aerial Combat.* Zenith Press, USA. 2004

Anhang

Start einer SR-71B mit eingeschalteten Nachbrennern. Die lang gezogenen Triebwerkflammen weisen die typischen »Schock-Diamanten« auf. (Foto: NASA)

Luftstreitkräfte

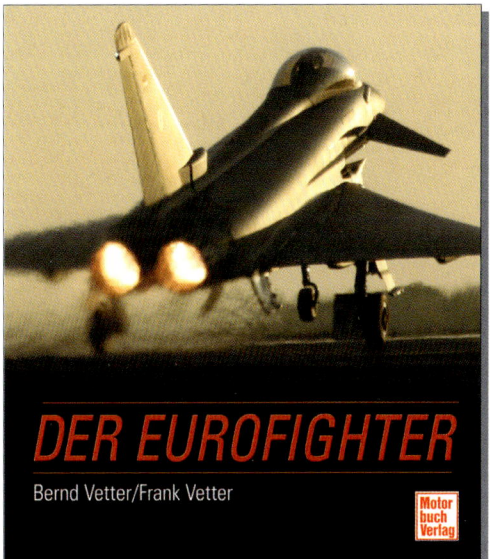

Jens Schymura
Moderne europäische Luftstreitkräfte
Das Buch zeichnet die Strukturen der Luftwaffen in Europa ab 2000 nach, gibt einen historischen Überblick und gewährt einen Ausblick auf die Aufgaben in naher Zukunft.
368 Seiten, 314 Farbbilder
Bestell-Nr. 02671 € 29,90

Frank und Bernd Vetter
Der Eurofighter
Der »Eurofighter« befindet sich zur Zeit in der Auslieferung bei der deutschen, britischen, italienischen und spanischen Luftwaffe – der Schulungsbetrieb läuft auf Hochtouren. Dieses Buch zeigt die Entwicklung von der ersten Studie bis zur Serienreife und beschreibt den aktuellen und geplanten Einsatz des »High-Tech-Fighters« bei den verschiedenen Luftwaffen. Testpiloten, Entwickler und Ingenieure erlauben einen Blick hinter die Kulissen dieses einmaligen Projekts.
188 Seiten, 209 Bilder, davon 205 in Farbe, 5 Zeichnungen
Bestell-Nr. 02820 € 29,90

Frank und Bernd Vetter
Deutsche Einsatzhubschrauber
Hubschrauber, die bei Bundeswehr, Bundespolizei, deutscher Polizei und NVA im Einsatz standen und stehen. Beginnend mit der Entwicklung im Zweiten Weltkrieg, gibt es von jedem Muster einen kurzen Abriss zu Entwicklung, Einsatzzeit und Standort. Ein Anhang mit Staffelwappen rundet dieses Buch ab.
196 Seiten, 293 Bilder, dav. 272 in Farbe, 19 Zeichn.
Bestell-Nr. 02672 € 24,90

Bernd Vetter/Frank Vetter
Luftwaffe im 21. Jahrhundert
Dieses Buch beschreibt den Wandel der Luftwaffe nach der deutschen Wiedervereinigung bis in die heutige Zeit und zeigt ihren Weg in die Zukunft.
168 Seiten, 246 Farbbilder
Bestell-Nr. 02475 € 24,90

Hans-Jürgen Becker/Ralf Swoboda
Flugzeuge und Hubschrauber der Luftwaffe
Diese reich bebilderte Typenkunde stellt sämtliche in Serie gebauten Flugzeuge vor, die bei der Luftwaffe 1935 bis 1945 im Einsatz standen.
456 Seiten, 567 Bilder, davon 139 in Farbe
Bestell-Nr. 02524 € 39,90

IHR VERLAG FÜR LUFTFAHRT-BÜCHER

Postfach 10 37 43 · 70032 Stuttgart
Telefon (07 11) 2108065 · Fax (07 11) 2108070
www.paul-pietsch-verlage.de

Die ganze Welt der Luft- und Raumfahrt

FLUG REVUE präsentiert die spannendsten Geschichten aus der faszinierenden Welt der Luft- und Raumfahrt.

Jeden Monat neu am Kiosk!

www.flugrevue.de